普通高等教育“十三五”规划教材

Visual Basic 程序设计教程

（第 2 版）

杨国林　安　琪　主编

吴文广　高　磊　编著

電子工業出版社

Publishing House of Electronics Industry

北京·BEIJING

内 容 简 介

本书按照教育部教指委课程教学基本要求编写，共 10 章，主要内容包括：Visual Basic 程序设计概述、Visual Basic 可视化编程基础、Visual Basic 语言基础、Visual Basic 控制结构、常用控件、数组、过程、用户界面设计、数据文件、图形操作等。全书以培养学生程序设计基本能力为主线，设计大量代表性实例，强调程序设计的方法和技巧，提供配套多媒体电子课件、例题和实验题源代码等教学资源。《Visual Basic 程序设计教程习题解答与实验指导（第 2 版）》与本书同步出版。

本书可作为高等学校非计算机专业程序设计公共基础课程教材，也可作为参加全国计算机等级考试的考生、工程技术人员的参考书和程序设计爱好者的自学用书。

图书在版编目（CIP）数据

Visual Basic 程序设计教程/杨国林，安琪主编. —2 版. —北京：电子工业出版社，2018.2
ISBN 978-7-121-33700-0

Ⅰ. ①V… Ⅱ. ①杨… ②安… Ⅲ. ①BASIC 语言－程序设计－高等学校－教材 Ⅳ. ①TP312

中国版本图书馆 CIP 数据核字（2018）第 029509 号

策划编辑：王羽佳
责任编辑：王羽佳　　特约编辑：曹剑锋
印　　刷：北京盛通商印快线网络科技有限公司
装　　订：北京盛通商印快线网络科技有限公司
出版发行：电子工业出版社
　　　　　北京市海淀区万寿路 173 信箱　　邮编：100036
开　　本：787×1 092　1/16　印张：16.75　字数：498 千字
版　　次：2014 年 1 月第 1 版
　　　　　2018 年 2 月第 2 版
印　　次：2023 年 8 月第10次印刷
定　　价：39.90 元

凡所购买电子工业出版社图书有缺损问题，请向购买书店调换。若书店售缺，请与本社发行部联系，联系及邮购电话：（010）88254888，88258888。

质量投诉请发邮件至 zlts@phei.com.cn，盗版侵权举报请发邮件至 dbqq@phei.com.cn。

本书咨询联系方式：（010）88254535，wyj@phei.com.cn。

前　言

随着计算机技术的飞速发展，推出了很多种高级程序设计语言。Visual Basic 是 Windows 环境下的一种功能较强、应用范围较广的程序设计语言，它继承了 BASIC 语言简单易学的特点，并引入了面向对象的事件驱动编程机制和可视化的程序设计方法。使用 Visual Basic 可摆脱面向过程语言编程时需要考虑的许多细节，而将主要精力集中于解决实际问题，极大地提高了应用程序的开发效率。因此，Visual Basic 在各领域得到了广泛的应用，特别适合于初学者学习，国内高校的许多非计算机专业都将 Visual Basic 作为程序设计的入门课程。

近几年来，作者在进行"Visual Basic 程序设计"精品课程建设和该课程教学改革项目的研究中，对课程的教学内容和教学方法进行了改革实践，重点对教学内容进行了优化和完善。在此基础上，按照教育部高等学校计算机基础课程教学指导委员会制定的《高等学校计算机基础教学发展战略研究报告暨计算机基础课程教学基本要求》，编写了本书和与之配套的《Visual Basic 程序设计教程习题解答与实验指导（第 2 版）》。本书中的教学内容经过多年的教学实践证明，内容组织易于被学生接受。

本书以 Visual Basic 6.0 为背景，从实用性出发，较全面地介绍了 Visual Basic 的基本理论和程序设计方法及技巧。全书共分 10 章，第 1 章介绍了 Visual Basic 的特点、安装、启动、集成开发环境的使用、程序设计的步骤；第 2 章介绍了程序设计方法、事件驱动编程机制、窗体和基本控件；第 3 章介绍了基本语法、数据类型、常量和变量、运算符和表达式、常用内部函数；第 4 章介绍了程序的三种基本控制结构和相应的语句；第 5 章介绍了常用控件；第 6 章介绍了数组的概念、数组的声明和引用、数组的基本操作、控件数组；第 7 章介绍了过程的定义与调用、参数传递、变量和过程的作用域；第 8 章介绍了键盘与鼠标事件、通用对话框、菜单设计、多重窗体与 Sub Main 过程；第 9 章介绍了顺序、随机和二进制数据文件、文件系统控件；第 10 章介绍了坐标系统、图形方法等。

本书概念准确，结构合理，层次清晰，语言通俗易懂，案例丰富，启发性强。为了便于读者牢固掌握本书知识，并能尽快地把它们应用到实际开发中，书中给出了大量难易不等并具有代表性的实例，所有实例程序均在 Visual Basic 6.0 集成开发环境下调试通过。按照本书各章内容在配套的《Visual Basic 程序设计教程习题解答与实验指导（第 2 版）》中给出了大量的习题，可供不同层次的读者做练习。

本书由杨国林、安琪主编，第 2、3、4 章和附录由杨国林编写，第 1、6、7 章由安琪编写，第 8、9 章由吴文广编写，第 5、10 章由高磊编写，全书由杨国林、安琪修改并统稿。

本套教材配套多媒体电子课件、例题和实验题源代码，请登录华信教育资源网（http://hxedu.com.cn）下载。

本书在编写过程中，得到了校内外同行的大力支持和帮助，参考了一些已出版的书籍，吸取了许多同仁和专家的宝贵经验，在此一并表示衷心的感谢。

限于编者的水平，书中难免存在错误和不当之处，敬请广大读者批评指正。

编　者

2018 年 1 月

目　录

第 1 章　Visual Basic 程序设计概述

Visual Basic 是微软（Microsoft）公司推出的基于 Windows 操作系统的一种可视化程序设计语言，它不仅功能强大，是专业人员常用的软件开发工具，而且简单易学，成为广大初学者非常喜爱的入门语言，也是全国各高校最常用的教学语言。

本章主要介绍 Visual Basic 的功能、特点、安装、启动、退出以及 Visual Basic 的集成开发环境，并通过设计一个简单的 Visual Basic 程序，使读者初步了解开发简单应用程序的基本方法和步骤。

1.1　概　　述

1.1.1　Visual Basic 简介

Visual Basic 语言的前身是 BASIC 语言。BASIC 是“Beginner's All-purpose Symbolic Instruction Code”的缩写，意思是“初学者通用符号指令代码”。它是 1964 年由美国 Dartmouth 学院 John George Kemeny 与 Thomas Eugene Kurtz 两位教授开发的一种小型的、简单易学的程序设计语言。虽然 BASIC 不是最早诞生的高级语言（公认最早诞生的高级语言是美国人 John Warner Backus 于 1954 年开发的 FORTRAN 语言），但由于其简单易学的基本特性，很快就普遍流行起来，几乎所有小型机、微型机都配置了这种语言，为计算机的普及和推广应用起到了十分重要的作用。

随着计算机科学技术的飞速发展和微型计算机的广泛使用，各行各业对计算机应用的需求与日俱增，计算机厂商就在原有 BASIC 语言的基础上不断地进行功能扩充，出现了许多 BASIC 版本，如 IBM BASIC（即 BASICA）、GW BASIC、MS BASIC、True BASIC、Quick BASIC、Turbo BASIC、QBASIC 等。BASIC 由初期小型、简单的学习型语言发展成为功能丰富的实用型语言，它的许多功能已经丝毫不逊色于其他高级语言，有的功能（如绘图）甚至超过其他语言。

各种版本的 BASIC 语言尽管功能不断丰富，但都是在字符界面的操作系统（如 DOS、UNIX 等）环境下使用的，设计出的程序界面简单、单调，操作也不方便。如果需要在界面中增加图形元素，如命令按钮、单选按钮、列表框等，程序员则需要编写大量相关设计图形界面的程序代码，工作量非常大。

20 世纪 80 年代中期，美国微软公司推出了图形界面的操作系统 Windows（即视窗操作系统），图形用户界面 GUI（Graphical User Interface）改变了字符界面操作系统通过键盘输入复杂的命令和简单的字符输出等缺陷，提供了菜单、窗口、对话框、图标等图形界面元素，用户只需使用鼠标单击、双击或拖动就可以完成指定的操作，操作计算机变得更直观、更简单，使用计算机更容易、更方便。

以 Windows 为代表的图形用户界面操作系统的推出，迫切需要开发图形用户界面环境下的应用程序。如果仍然使用 BASIC、C 等结构化的程序设计语言进行开发，其难度是相当大的，即使像在界面上设计一个命令按钮这样的简单工作，也需要编写大量的程序代码，对于非专业的程序员来说更是望而却步。

在此背景下，微软公司于 1991 年推出了 Visual Basic 1.0 版。这里的“Visual”是“可视化”的意思，即采用直观的、可视化的程序设计方法设计图形用户界面中的图形对象。Visual Basic 系统提供了许多事先设计好的称为“控件”的图形对象，程序设计人员按照界面的设计要求和布局，可以方便地

“画出”所需的各种图形对象并设置其属性，Visual Basic 会自动生成这些图形对象的代码，程序设计人员就可以省去大量时间和精力，只需编写实现程序功能的那部分代码，因而大大提高了程序设计的效率。

Visual Basic 1.0 版推出后，微软公司又相继在 1992 年推出 2.0 版，1993 年推出 3.0 版，1995 年推出 4.0 版，1997 年推出 5.0 版。1998 年，随着 Windows 98 操作系统的发布，微软公司又推出功能更强、更完善的 6.0 版。

随着因特网（Internet）技术的飞速发展，为了满足网络应用程序的开发要求，微软公司提出了.NET 战略，并于 2002 年推出了 Visual Basic.NET 2002，它是经过重新设计的 Visual Basic 的全新版本，并不是 Visual Basic 6.0 版的简单升级。目前最新的版本是 Visual Basic.NET 2012。

1.1.2 Visual Basic 的功能和特点

目前可选择使用的程序设计语言有很多，但 Visual Basic 是最简单、最容易使用、功能较全的语言。Visual Basic 语言继承了传统 BASIC 语言简单易学的优点，提供了在 Windows 平台下的集成开发环境，无论是初学者还是专业人员，都可以使用它进行程序设计。概括起来，Visual Basic 具有以下主要功能和特点。

1. 可视化的界面设计工具

以前绝大多数高级程序设计语言如 BASIC、C、PASCAL 等都是面向过程的语言，用这些语言编写程序时，无论是设计用户界面，还是处理任务的过程，包括数据的输入和输出，程序设计人员都需要编写大量的程序代码来实现。

在 Visual Basic 语言中，设计界面的许多图形元素以“控件”工具的形式给出，这些控件作为一个程序单元供程序设计人员直接使用。设计界面时，程序设计人员只需根据界面的设计要求，用鼠标将所需的控件拖放到界面的适当位置就可以了，大大提高了程序设计的效率。

2. 面向对象的程序设计方法

传统面向过程的结构化程序设计方法采用“算法+数据结构”的设计模式，将一个复杂问题的求解过程分解为人们容易理解和处理的子问题。由于该方法把算法和数据结构分离，当数据发生变化时，处理数据的程序也随之改变，使得程序的可维护性和可重用性差。

面向对象的程序设计方法采用“对象+消息”设计模式，将一个复杂问题分解为一个个对象（Object）。对象是算法和数据结构组成的整体，供程序设计人员使用。用面向对象的程序设计方法设计的程序可维护性和可重用性好。

Visual Basic 中的窗体和控件都是对象，利用这些对象编写设计用户界面的程序时，程序设计人员只需编写对象所应实现功能的那部分程序代码，而不必编写建立和描述对象的程序代码，这些代码会自动生成。

3. 事件驱动的编程机制

传统面向过程的程序设计方法是根据程序所实现的功能，编写出一个完整的程序，其中包括一个主程序和若干子程序。运行程序时，从主程序的第一条语句开始执行，之后按照程序中指定的顺序一直执行下去，直到遇见结束语句为止。也就是说程序执行哪一部分代码以及按什么顺序执行代码，完全由程序本身来控制。

面向对象的程序设计方法改变了这种编程机制，编写的程序是面向对象的，没有传统意义上的主程序，程序的执行是通过在对象上触发“事件”（Event）来驱动运行的。所谓事件就是发生在对象上并能被其识别的操作。例如，在窗体界面上有 4 个命令按钮，分别是“加”、“减”、“乘”、“除”，程序运行后，在“加”命令按钮上单击鼠标，就在该命令按钮上发生了“鼠标单击”事件，此时就应执行相应的一段完成加法的程序代码，该段代码在 Visual Basic 中称为“事件过程”，相当于子程序。执行完事件过程后，程序处于暂停状态，等待用户下一次触发其他事件（如单击“减”、“乘”、“除”命令按钮）。

在事件驱动的编程机制下，程序不是按照预定的顺序执行，而是通过触发不同的事件执行不同的事件过程。事件可以由用户操作触发，也可以由操作系统或应用程序触发。触发事件的顺序决定了程序执行的顺序，因此，每次运行程序的顺序可以是不一样的，如上例的加、减、乘、除算术运算中，可以先做减法或乘法或除法。

4．结构化的程序设计语言

虽然 Visual Basic 语言支持面向对象的程序设计方法，在设计用户界面时，建立和描述图形对象的程序代码会自动生成，但完成指定功能的事件过程代码还需要程序设计人员编写。这部分代码仍然采用结构化程序设计方法。

另外，Visual Basic 应用程序以“工程”（Project）文件为单位来组织和管理其所有文件，它通常由窗体模块文件、标准模块文件和类模块文件组成，而每个模块文件又由若干个过程（事件过程或通用过程）组成，这种程序的组织方式也符合“自顶向下、逐步求精”的结构化程序设计方法。

Visual Basic 是在结构化的 BASIC 语言基础上发展起来的，继承了许多 BASIC 语言的语法规则，在此基础上，又增加或增强了许多新功能，如增强了数值和字符串的处理功能，增加了动态数组和控件数组，加强了程序输入、调试、运行和错误处理功能等，是功能更完善、更容易使用的结构化程序设计语言。

5．强大的开放性和可扩展性

虽然 Visual Basic 语言自身的语法较为简单，功能也不算十分强大，但它具有强大的开放性和可扩展性，为用户扩展其功能提供了多种途径，主要体现在以下几方面：

（1）支持多种数据库系统的访问。在 Visual Basic 应用程序中，利用 ADO（ActiveX Data Objects）等数据控件可以访问 Access、FoxPro 等数据库；利用开放式数据库连接 ODBC（Open DataBase Connectivity）数据库访问接口标准可以访问和管理 SQL Server、Oracle 等大型数据库。

（2）支持访问应用程序编程接口 API（Application Program Interface）。API 是 Windows 操作系统提供的可供应用程序访问和调用的函数集合。Visual Basic 提供了访问和调用这些 API 函数的能力，充分利用这些函数可以增强 Visual Basic 开发应用程序的能力，也可以实现 Visual Basic 语言本身不能实现的特殊功能。

（3）支持动态链接库 DLL（Dynamic Link Library）技术。DLL 是一个包含可由多个程序同时使用的代码和数据的库。可以将其他语言如 C、C++或汇编语言编写的程序编译成动态链接库，然后供 Visual Basic 进行调用。通过对 DLL 的调用，可以提高 Visual Basic 对硬件或低层软件的控制能力以及共享数据和资源。

（4）支持对象的链接和嵌入 OLE（Object Linking and Embedding）技术。OLE 是在用户应用程序间传输和共享信息的一组综合标准。OLE 技术将用户的应用程序看作对象，可以将不同的对象链接起来，然后嵌入到某个 Visual Basic 应用程序中，使 Visual Basic 能够开发出具有文本、音频、视频、动画、图形图像等多媒体功能的应用程序。

（5）支持动态数据交换 DDE（Dynamic Data Exchange）技术。DDE 是在 Windows 内部交换数据的一种方式，它可以将某一种应用程序中的数据动态地链接到另一种应用程序中，使得两种完全不同的应用程序之间可以交换数据，进行通信。当原来的数据发生变化时，可以自动更新链接的数据。

（6）支持使用 ActiveX 控件。ActiveX 控件通常是由第三方软件商开发的软件组件或对象，是 Visual Basic 工具箱的扩充部分。这些控件以文件（扩展名为.ocx）的形式提供给用户，可以将其插入到 Visual Basic 应用程序中，ActiveX 控件特有的方法和属性可以大大增强程序设计语言的功能和灵活性。

1.2 Visual Basic 的安装、启动和退出

考虑到全国计算机等级考试二级 Visual Basic 采用的是 6.0 版本，我国绝大多数高校开设 Visual Basic 课程采用的也是 6.0 版本，并且该版本是 Visual Basic.NET 推出前的最后一个版本，因此本书使用 Visual Basic 6.0 中文版进行介绍。

Visual Basic 6.0 又分为学习版（Learning Edition）、专业版（Professional Edition）和企业版（Enterprise Edition）三种版本。这三种版本适合于不同的用户层次，具有相同的基础部分，多数应用程序可在三种版本中通用。其中，学习版是 Visual Basic 6.0 的基础版本，主要是为初学者学习 Windows 应用程序的开发而设计的。该版本包括所有的内部控件以及网格、数据绑定控件等，可用于开发 Windows 和 Windows NT 应用程序。专业版是为专业程序设计人员提供的一整套功能完备的开发工具。该版本除包括学习版的全部内容外，还包括 ActiveX 控件、Internet Information Server 应用程序设计器、集成数据工具和数据环境、Active Data Objects 以及动态 HTML 页面设计器等。企业版是 Visual Basic 6.0 最完善的版本，该版本包括专业版的全部功能，同时具有部件管理器、数据库管理工具等，主要用于开发企业级分布式应用程序。

本书主要针对程序设计语言的初学者，介绍的是 Visual Basic 的基础内容和功能，因此书中的内容基本与版本无关。

1.2.1 Visual Basic 的运行环境

在安装 Visual Basic 6.0 之前，首先应根据使用要求和应用环境选择合适的版本，不同的版本对计算机硬件和软件环境的要求也不同。其次在确定安装版本后，还要根据该版本对计算机系统的要求，选择适合的安装环境，以确保 Visual Basic 6.0 的正确安装和运行。

目前常用的计算机系统配置一般都能满足 Visual Basic 6.0 的要求，当然要使 Visual Basic 6.0 运行流畅，系统配置越高越好。下面给出安装 Visual Basic 6.0 所需软硬件的最低要求。

（1）微处理器（CPU）为 486DX/66MHz 或更高，推荐使用 Pentium（奔腾）或更高的处理器。

（2）内存至少 16MB 以上。

（3）读入设备为 CD-ROM 光盘驱动器。

（4）显示设备为 VGA 或更高分辨率的显示器。

（5）硬盘空间的要求因版本不同而有所差别。

① 学习版：典型安装需要 48MB，完全安装需要 80MB。

② 专业版：典型安装需要 48MB，完全安装需要 80MB。

③ 企业版：典型安装需要 128MB，完全安装需要 147MB。

（6）操作系统为 Microsoft Windows 95/98/2000/XP 或更新的版本，或 Microsoft Windows NT3.51 或更新的版本。

（7）附加软件为 MSDN（Microsoft Developer Network）Library 联机帮助文档，需要 67MB 空间。

1.2.2　Visual Basic 的安装

Visual Basic 6.0 是一个较为庞大的软件系统，由许多文件组成，可以单独存储在一张光盘中，也可以作为 Microsoft Visual Studio 6.0 套件（除 Visual Basic 外，还包括 Visual FoxPro、Visual C++、Visual J++等其他软件）中的一个成员而存储在一张或多张光盘中。因此 Visual Basic 6.0 可单独安装，也可以和 Visual Studio 6.0 套件中的其他成员一起安装，两种安装方法类似，但后一种因涉及其他成员而稍微复杂一些。

下面以单独安装为例，介绍 Visual Basic 6.0 简体中文专业版的安装步骤。

（1）将 Visual Basic 6.0 安装盘放入光盘驱动器中。若光盘没有取消“自动播放”功能，则安装程序会自动运行，否则执行光盘中的 setup.exe 可执行程序。

（2）如果计算机中已经安装了 Visual Basic 6.0，此时将会启动 Visual Basic 6.0 简体中文专业版安装向导，打开如图 1.1 所示的对话框。

选定“工作站工具和组件”单选按钮后，单击“下一步”按钮，打开 Visual Basic 6.0“安装维护程序”对话框，如图 1.2 所示。若单击其中的“添加/删除”按钮，用户可选择安装尚未安装的组件，或删除已安装的组件；若单击“重新安装”按钮，则可重新安装；若单击“全部删除”按钮，则删除所有已安装的组件，相当于卸载 Visual Basic。

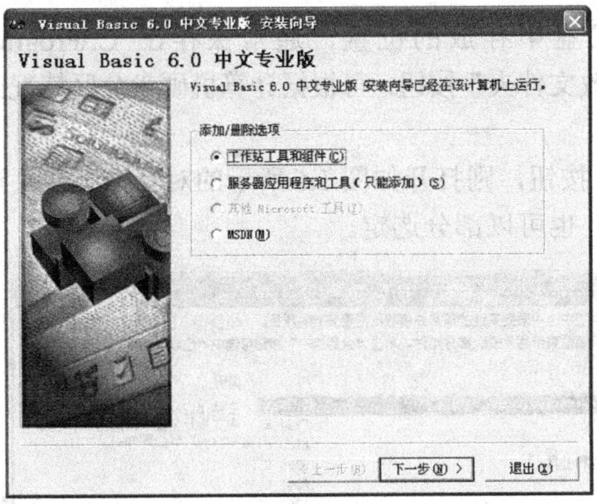

图 1.1　“添加/删除选项”对话框

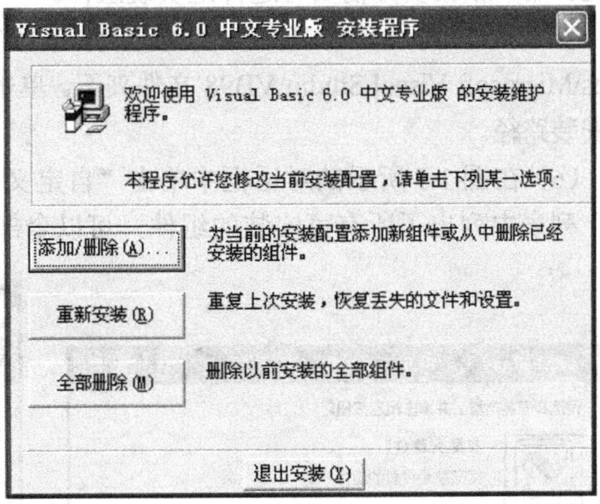

图 1.2　“安装维护程序”对话框

（3）如果计算机中没有安装 Visual Basic 6.0，此时会弹出如图 1.3 所示的对话框。单击其中的“显示 Readme”按钮，则会打开 Visual Basic 6.0 版的自述文件，该文件中包含了比帮助系统所包含信息更新的一些补充信息，供用户参考。

（4）单击“下一步”按钮，打开确认接受“最终用户许可协议”对话框，应选择“接受协议”。再单击“下一步”按钮，在打开的“产品号和用户 ID”对话框中，输入产品的 ID 号、用户姓名和用户公司名称。继续单击“下一步”按钮，打开“自定义-服务器安装程序选项”对话框，应选择“安装 Visual Basic 6.0 中文专业版”单选按钮，如图 1.4 所示。

（5）选定“安装 Visual Basic 6.0 中文专业版”单选按钮后，单击“下一步”按钮，打开“选择公用安装文件夹”对话框，可选择 Visual Studio 6.0 应用程序公用文件的位置。再单击“下一步”按钮，则开始启动 Visual Basic 6.0 中文专业版安装程序，打开如图 1.5 所示的对话框。

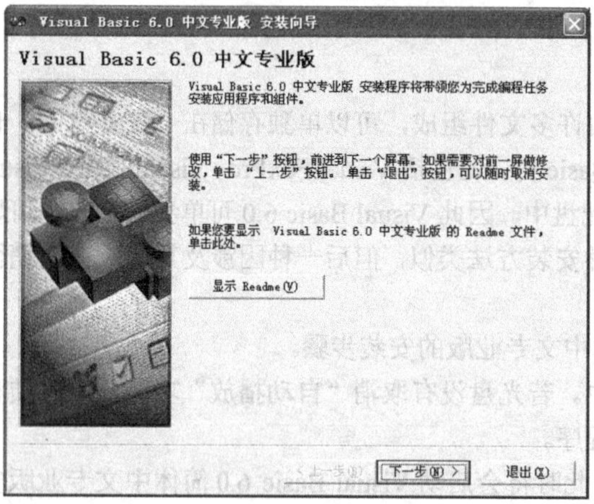

图 1.3 “Visual Basic 6.0 中文专业版安装向导”对话框

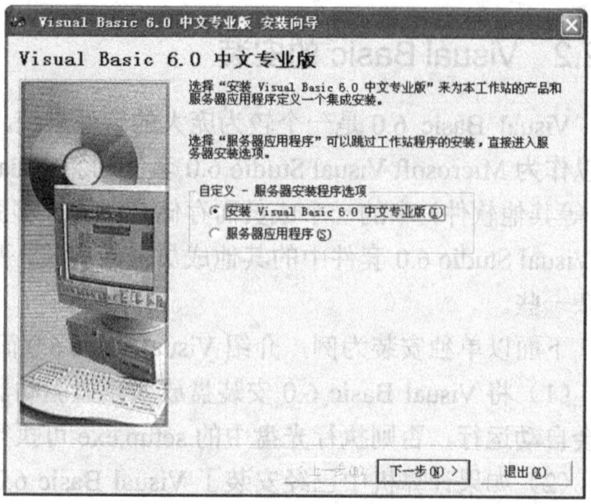

图 1.4 “自定义-服务器安装程序选项”对话框

若单击“典型安装”按钮，则安装程序会安装一些最常用的组件，将 Visual Basic 系统文件从光盘复制或解压缩到计算机硬盘指定的文件夹下，直到安装结束；若单击“自定义安装”按钮，则安装程序允许用户根据实际需要有选择地安装组件。

安装路径是 Visual Basic 系统文件在计算机硬盘中存放的位置，通常保存在 C:\Program Files\Microsoft Visual Studio\VB98 文件夹下。单击“更改文件夹”按钮，可根据计算机硬盘分区情况改变安装路径。

（6）在图 1.5 所示的对话框中单击“自定义安装”按钮，则打开如图 1.6 所示的对话框。在“选项”列表中列出了所有可安装的组件，可以全部选定，也可以部分选定。

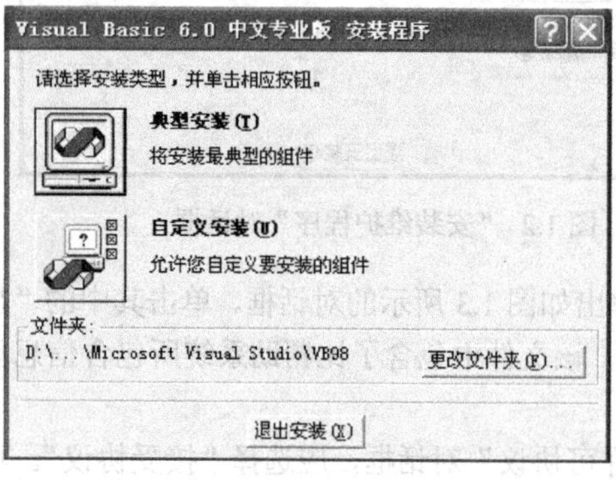

图 1.5 选择安装类型和安装路径

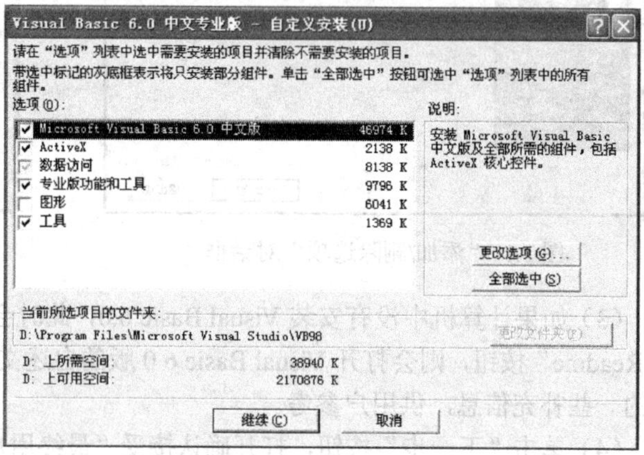

图 1.6 “自定义安装”对话框

（7）在“自定义安装”对话框中单击“继续”按钮，安装程序将 Visual Basic 系统文件安装到指定的文件夹下。安装结束后，将打开如图 1.7 所示的“安装 MSDN”对话框，此时，“安装 MSDN”复选框已经被选定。若不选定该复选框，则不安装联机帮助文档。

（8）将 MSDN 光盘插入光盘驱动器中，或者从网上免费下载 MSDN，单击“下一步”按钮，安装联机帮助文档，最终完成 Visual Basic 6.0 系统的安装。

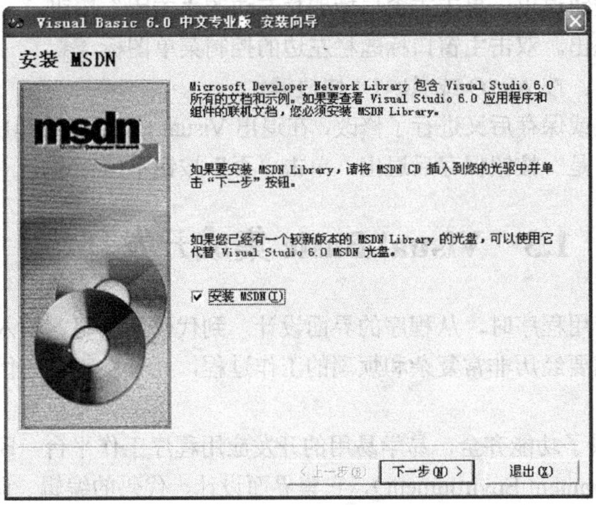

图 1.7 “安装 MSDN”对话框

1.2.3　Visual Basic 的启动

Visual Basic 6.0 安装完成后，就可以启动运行了。与其他 Windows 应用程序类似，Visual Basic 6.0 的启动可以采用以下 4 种方法：

（1）通过“开始”菜单启动。在“开始”→“所有程序”→“Microsoft Visual Basic 6.0 中文版”→“Microsoft Visual Basic 6.0 中文版”上单击鼠标，便可启动。

（2）通过创建快捷方式启动。可以通过在桌面上双击或者在快速启动栏中单击预先创建好的 Visual Basic 6.0 快捷方式来启动。

创建快捷方式的具体操作方法是：在“开始”→“所有程序”→“Microsoft Visual Basic 6.0 中文版”→“Microsoft Visual Basic 6.0 中文版”上右击鼠标，在弹出的快捷菜单中选择“发送到”→“桌面快捷方式”命令。也可以将“开始”菜单中的“Microsoft Visual Basic 6.0 中文版”快捷方式直接拖到桌面或快速启动栏内（在拖动时需同时按下“Ctrl”键或“Alt”键），即可创建 Visual Basic 6.0 的快捷方式。

（3）直接执行 Visual Basic 6.0 主应用程序启动。双击 C:\Program Files\Microsoft Visual Studio\VB98 文件夹下的可执行文件 VB6.exe 即可启动。也可以选择“开始”菜单中的“运行”命令，在打开的“运行”对话框中输入 C:\Program Files\Microsoft Visual Studio\VB98\VB6.exe，然后单击“确定”按钮即可启动。

（4）通过打开已经设计好的 Visual Basic 程序启动。如果磁盘中已经保存有设计好的程序文件，如工程文件、窗体文件等，可以在 Windows 的“资源管理器”或“我的电脑”中双击扩展名为.vbp 的工程文件，在打开该工程文件的同时启动 Visual Basic 6.0。

1.2.4　Visual Basic 的退出

如果需要退出 Visual Basic，可采用以下 5 种方法：

（1）使用下拉菜单命令退出。选择“文件”菜单下的“退出”命令。

（2）使用快捷菜单命令退出。在主窗口标题栏中右击鼠标，在弹出的快捷菜单中选择“关闭”命令。

（3）使用“关闭”按钮退出。单击主窗口标题栏右边的“关闭”按钮。

（4）使用控制菜单退出。双击主窗口标题栏左边的控制菜单图标。

（5）使用快捷键退出。按 Alt+Q 或 Alt+F4 快捷键。

如果程序从未保存过或保存后又进行了修改，在退出 Visual Basic 时将弹出一个对话框，提示用户保存所做的修改。单击“是”按钮保存后退出，单击“否”按钮不保存退出。

1.3 Visual Basic 集成开发环境

程序设计人员开发应用程序时，从程序的界面设计，到代码的编写、输入、编辑，再经过反复的调试、排错和运行，其间要经历非常复杂和烦琐的工作过程，而开发工具的优劣将直接影响程序的开发效率。

Visual Basic 6.0 提供了功能齐全、易学易用的开发应用程序工作平台，即通常所说的集成开发环境 IDE（Integrated Development Environment），它集界面设计、代码的编辑、调试、运行和编译，以及获取联机帮助等多种功能于一体，可以完成几乎所有的应用程序设计工作，为程序设计人员开发程序带来了极大的便利，大大提高了程序开发的效率。

Visual Basic 6.0 启动后，在进入集成开发环境之前，默认情况下会先打开“新建工程”对话框，如图 1.8 所示。

图 1.8 “新建工程”对话框

在 Visual Basic 中，编写一个应用程序要涉及多个相关的、不同类型的程序文件，这些文件要用“工程”进行管理，也就是说，创建一个应用程序就是创建一个（或多个）工程，每个工程都包含了一个“工程文件”，其中包含与该工程有关的全部文件、对象的清单和设置环境选项方面的信息。当通过 Visual Basic 打开工程文件时，工程中所有的文件也将同时打开。

“新建工程”对话框有“新建”、“现存”和“最新”3 个选项卡。

（1）新建：包含 13 个创建一个新工程所使用的工程类型。默认选定的是“标准 EXE”，这也是创建一个应用程序最常使用的工程类型，初学者新建工程时选择该种类型即可，本书也只介绍该种工程类型的使用。

（2）现存：允许用户打开指定文件夹下现有的工程。如果用户以前创建过一些应用程序，而目前新建的工程又与以前某个工程类似，则可以使用这种方法新建工程以提高效率。

（3）最新：列出最近创建或打开过的工程及其所在位置（给出全路径），用户可根据需要从中选择并打开一个工程。

默认情况下每次启动 Visual Basic 时，都要打开“新建工程”对话框。对初学者来说，通常只使用“标准 EXE”工程类型，因此不必每次启动 Visual Basic 时都打开该对话框，这只需在该对话框内选定“不再显示这个对话框”复选框即可。也可以通过选择主窗口“工具”菜单下的“选项”命令，在打开的“选项”对话框内选择“环境”选项卡，然后选定“创建缺省工程”单选按钮来实现。

1.3.1 主窗口

在图 1.8 所示的“新建工程”对话框中单击“打开”按钮，就进入到 Visual Basic 6.0 的集成开发环境，如图 1.9 所示。

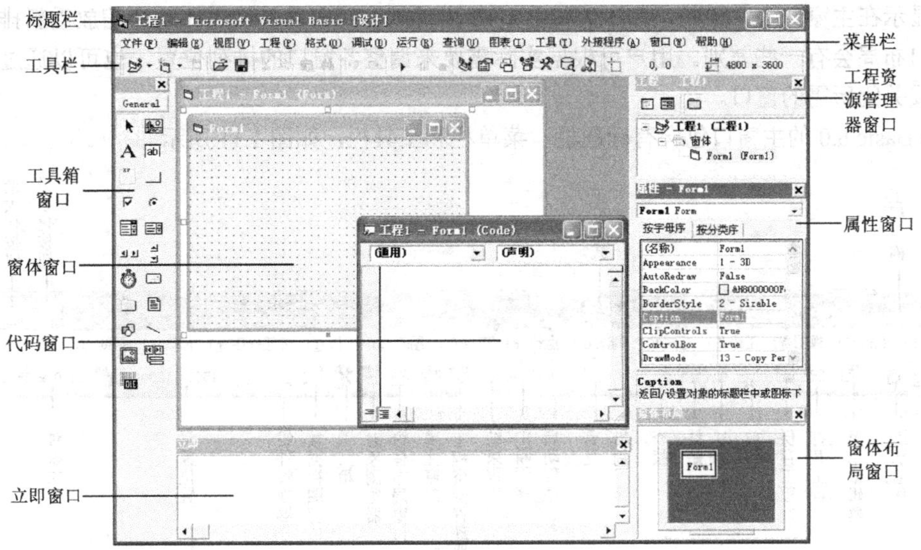

图 1.9　Visual Basic 6.0 主窗口和其他常用窗口（MDI 类型）

与其他 Windows 应用程序窗口界面类似，Visual Basic 6.0 集成开发环境也有两种不同的窗口界面类型，即单文档界面 SDI（Single Document Interface）和多文档界面 MDI（Multiple Documents Interface）。SDI 中的所有窗口相对分离，都位于其他应用程序（非当前窗口）上面，并可以在主菜单下的任何地方自由移动和缩放；MDI 中的所有窗口都包含在主窗口中，这些窗口可以在主窗口中自由移动和缩放。默认情况下，Visual Basic 6.0 的集成开发环境为 MDI 类型，若想变成 SDI 类型，可选择主窗口“工具”菜单下的“选项”命令，在打开的“选项”对话框内选择“高级”选项卡，然后选定“SDI 开发环境”复选框，单击“确定”按钮后退出 Visual Basic，再重新启动，即可进入 SDI 的集成开发环境，如图 1.10 所示。用户可根据自己的操作习惯选择 SDI 或 MDI 类型。

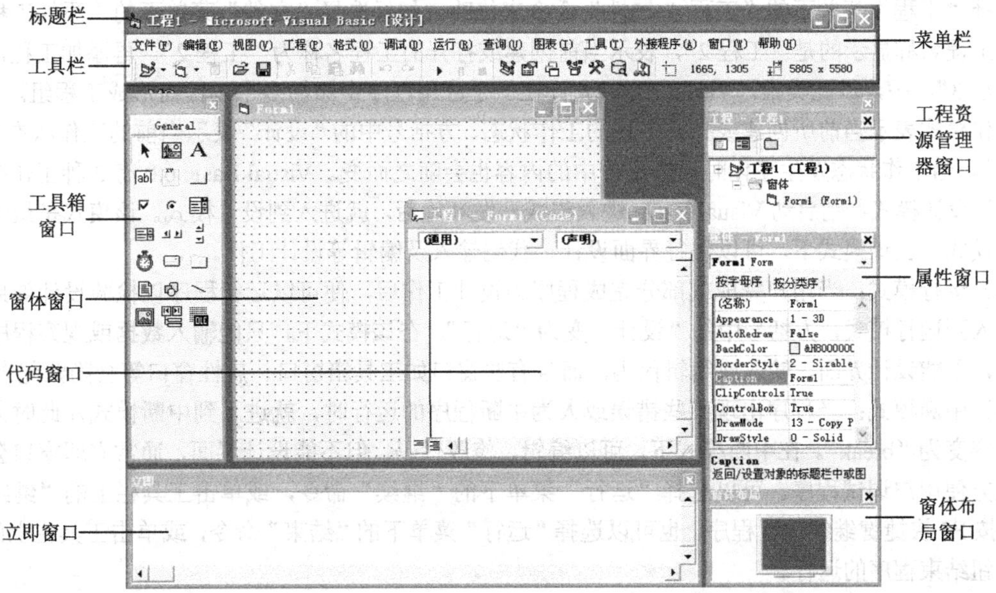

图 1.10　Visual Basic 6.0 主窗口和其他常用窗口（SDI 类型）

需要说明的是，通常启动 Visual Basic 6.0 进入集成开发环境后，有些窗口如立即窗口、代码窗口等并不会显示在主窗口中。因此，图 1.9 和图 1.10 出现的窗口布局是经过移动和缩放重新排列的，与原始的窗口布局会有一些差别。用户可根据实际需要来调整各窗口的排列位置，也可以通过“视图”菜单打开或关闭所需的窗口。

Visual Basic 6.0 的主窗口包含有标题栏、菜单栏和工具栏，如图 1.11 所示。

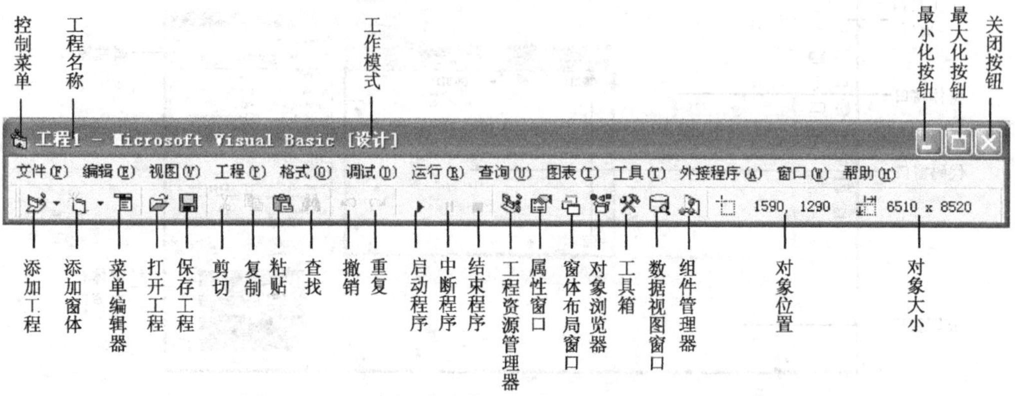

图 1.11 Visual Basic 6.0 主窗口的标题栏、菜单栏和工具栏

1. 标题栏

标题栏位于窗口的最上方，由控制菜单、工程名称、工作模式、最小化按钮、最大化/还原按钮和关闭按钮组成，如图 1.11 所示。

控制菜单主要用于控制窗口的外观，单击（左击、右击鼠标均可）控制菜单图标可弹出一个快捷菜单，可以选择其中的菜单命令，对窗口进行移动、缩放、最小化、最大化/还原以及关闭等操作。

工程名称表示当前正在创建或打开的工程。例如，在图 1.11 所示的标题栏中，工程名称显示的是“工程 1”（注意：不是工程文件名），表示当前创建或打开的工程名称为“工程 1”，该名称是默认的，可以选择“工程”菜单下的“工程 1 属性”命令来修改。如果选择“文件”菜单下的“添加工程”命令，则工程名称显示的是“工程 2”，表示当前创建或打开的工程名称为“工程 2”，再添加工程，则显示“工程 3”，…，以此类推。Visual Basic 允许在一个应用程序中添加多个工程而形成工程组。

工作模式表示当前所创建或打开工程的工作状态。方括号中的“设计”表示当前的工作状态是“设计模式”。当工作状态发生变化时，方括号中的内容也会随之而变。Visual Basic 6.0 有 3 种工作模式。

（1）设计模式：刚启动 Visual Basic 进入集成开发环境后，就进入到设计模式。该模式是最常使用的一种模式，在该模式下，可以进行界面设计、代码输入及编辑等设计工作。

（2）运行模式：当用户完成或部分完成程序的设计工作后，便可以运行程序以检验设计效果，此时就进入到运行模式，方括号中的“设计”变为“运行”。在该模式下，只能输入数据或观察程序的运行效果，不能设计界面、输入或编辑代码，而且有些窗口如工具箱窗口、属性窗口等会隐藏起来。

（3）中断模式：当程序出现某些错误或人为中断程序的运行时，就进入到中断模式，此时方括号中的内容变为“break”。在中断模式下，可以编辑、修改代码，但不能设计界面，通常立即窗口会显示出来以方便用户调试程序。可以选择“运行”菜单下的“继续”命令，或单击工具栏上的“继续”按钮，或按 F5 快捷键继续运行程序，也可以选择“运行”菜单下的“结束”命令，或单击工具栏上的“结束”按钮结束程序的运行。

2. 菜单栏

Windows 环境下开发的软件通常有两种菜单：下拉式菜单和弹出式菜单（即快捷菜单）。标题栏下面显示的是 Visual Basic 6.0 下拉式菜单的主菜单项，共有 13 个，如图 1.11 所示。每个主菜单项中都含有若干个子菜单项（即菜单命令），有些子菜单项中又含有其下级子菜单项，所有这些菜单项构成了开发 Visual Basic 应用程序所需的命令。用户只需用鼠标单击菜单命令或按快捷键或热键，便可执行相应的操作。下面简要介绍 13 个主菜单项的功能。

（1）文件（File）：用于创建、打开、添加和移除工程，保存工程和窗体，生成可执行程序，列出最近打开的工程文件名，打印和退出 Visual Basic 等。

（2）编辑（Edit）：主要用于对源程序代码进行剪切、复制、删除、查找、替换等编辑操作。

（3）视图（View）：主要用于显示各种窗口和工具栏，设置窗体或控件的背景色等。

（4）工程（Project）：用于在工程中添加窗体、模块、外部控件和对象，设置工程属性等。

（5）格式（Format）：用于设置多个控件在窗体中的对齐方式、间距、相对大小等。

（6）调试（Debug）：用于调试程序，监视程序的运行过程等。

（7）运行（Run）：用于执行程序，中断和结束程序的运行。

（8）查询（Query）：主要用于数据库表的查询及其相关操作。

（9）图表（Diagram）：主要用于数据库中表和视图的相关操作。

（10）工具（Tools）：用于在程序中添加自定义过程，在窗体中添加菜单，配置集成开发环境等。

（11）外接程序（Add-Ins）：用于选择、添加和管理外接程序，以增强 Visual Basic 开发应用程序的能力。

（12）窗口（Window）：用于对工程中的窗体窗口、代码窗口、标准模块窗口等进行平铺、层叠等布局操作，并列出已打开的这些窗口的类型。

（13）帮助（Help）：用于启动 MSDN Library Visual Studio 6.0 帮助系统（在已安装的情况下），为用户提供全面、系统、详细的帮助信息。

除了上述下拉式菜单外，Visual Basic 还提供了丰富的弹出式菜单，它们都是“上下文相关”的，即鼠标指针处在集成开发环境中不同位置时，单击鼠标右键后弹出的快捷菜单所包含的菜单项也是不同的。用户可以灵活地使用快捷菜单以提高操作效率。

虽然 Visual Basic 提供了大量的菜单命令，但设计简单的应用程序只会用到其中最常用的一些菜单命令。

3. 工具栏

工具栏以图标按钮的形式列出了一些最常用的菜单命令，方便用户使用。操作时，只需单击图标按钮，就可执行相应的菜单命令。Visual Basic 6.0 提供了编辑、标准、窗体编辑器和调试 4 种工具栏，默认显示的是标准工具栏，位于菜单栏下面，共有 21 个图标按钮，如图 1.11 所示。

标准工具栏也能以“浮动”的形式停放在主窗口的任意位置，这只需用鼠标拖动工具栏左侧的两条竖线即可。若双击浮动工具栏的标题栏，则又可使其回到原来位置。

如果需要显示其他工具栏，可以在菜单栏或工具栏上右击鼠标，在弹出的快捷菜单中选择所需的工具栏即可；也可以选择“视图”菜单中“工具栏”级联菜单下的菜单项打开。

此外，在工具栏的右边有两个数字区，左边的数字区显示的是当前活动对象（包括窗体和控件）的相对位置，如果当前活动对象是窗体，则该数字是窗体左上角在屏幕上的坐标，坐标原点在屏幕的左上角，横轴（X 轴）正方向向右，纵轴（Y 轴）正方向向下；如果当前活动对象是控件，则该数字是控件在窗体或其他容器类控件上的坐标，坐标原点同样在窗体或其他容器类控件的左上角。右边的数字区显示的是当前活动对象的大小，即宽和高。

1.3.2 窗体设计器窗口

窗体设计器窗口也称为对象窗口或简称为窗体（Form）窗口，是设计应用程序用户界面的工作平台。默认情况下位于主窗口的中央，其内部还包含了一个称为窗体的对象，如图 1.12 所示。

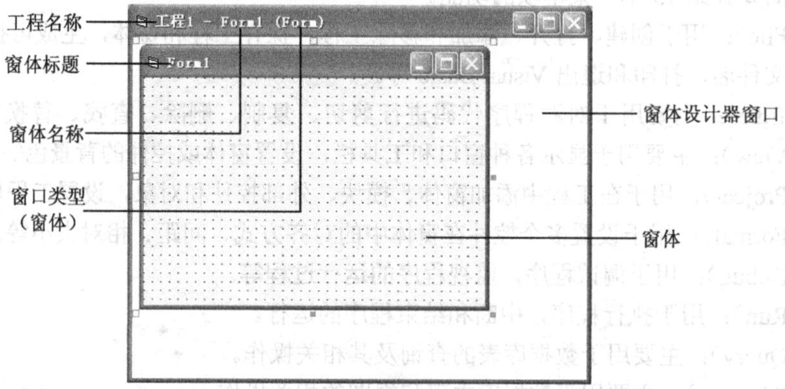

图 1.12 设计模式下的窗体设计器窗口和窗体

从图 1.12 中可以看出，窗体本身也是一个窗口，由标题栏和工作区组成。标题栏由窗体的控制菜单、标题、最小化按钮、最大化按钮/还原按钮和关闭按钮组成。工作区是放置控件、菜单等其他对象的地方。

在 Visual Basic 中，窗体与各种控件一样，也是对象，而且是最常用的容器类对象，即在窗体中可以添加控件、菜单等其他对象，从而可以设计出丰富多彩的用户界面。窗体的作用类似于绘画时所用的画纸或画布，在设计应用程序中是必不可少的，每个应用程序至少应有一个窗体，也可以有多个窗体。

在设计模式下，窗体总是包含在窗体设计器窗口中，并位于左上角，不能任意移动（窗体设计器窗口可以移动），但可以改变大小（拖动窗体右下侧 3 个实心小方块）。在该模式下，窗体的控制菜单、最小化按钮和关闭按钮都是不可用的，只有最大化按钮/还原按钮可用。此外，在默认情况下，窗体的工作区布满了均匀分布的网格点，其主要作用是对齐控件。如果不希望出现网格点或想改变网格点之间的距离，可以通过选择“工具”菜单下的“选项”命令，在打开的对话框中选择“通用”选项卡进行设置。

在运行或中断模式下，窗体设计器窗口被隐藏起来，窗体以图标按钮的方式出现在任务栏中，并显示在屏幕的某个位置上，该位置由窗体的 StartUpPosition 属性决定，也可以通过拖动窗体布局窗口中的窗体小图像来调整。运行以后的窗体是用户实际看到的应用程序窗口，因此其控制菜单、最小化按钮和关闭按钮都变为可用，但在中断模式下，窗体的关闭按钮仍然不可用，可以单击工具栏中的“继续”或“结束”按钮，继续运行程序或结束运行程序。

在设计模式下，如果窗体设计器窗口没有出现在主窗口中或被关闭，可以选择“视图”菜单下的“对象窗口”命令，或按 Shift+F7 快捷键将其打开。也可以在工程资源管理器窗口中，选择要查看的窗体后单击“查看对象”按钮 ，或双击要查看的窗体将其打开。如果在运行或中断模式下窗体没有出现在主窗口中，则单击任务栏中的窗体图标即可打开。

1.3.3　工具箱窗口

窗体设计器窗口提供了设计应用程序用户界面的工作平台，在此平台基础上，还需要添加构成用户界面的图形设计元素，即控件（Control），也称为图形对象。工具箱就是存放这些控件的窗口，其中各种各样的图标代表不同类型的控件，如图 1.13 所示。

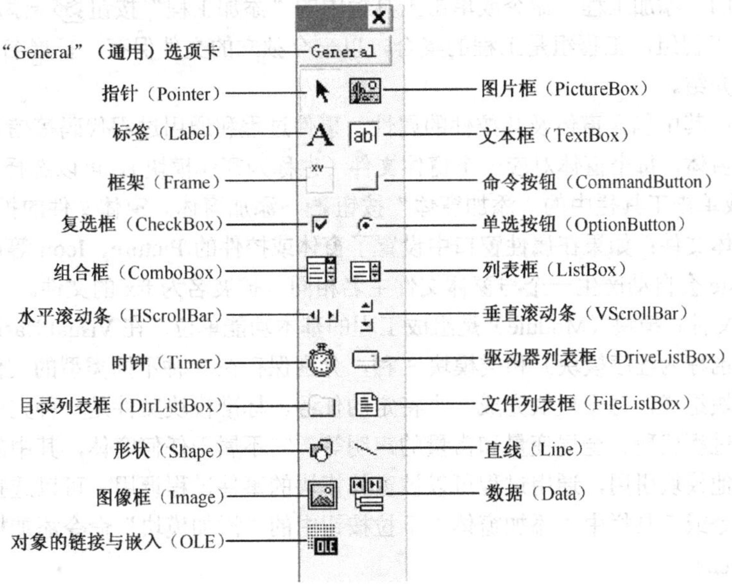

图 1.13　工具箱窗口

Visual Basic 中的控件可以分为 3 类：第一类称为内部控件或标准控件，是设计界面最常用的基本控件；第二类称为外部控件或 ActiveX 控件，是扩展名为.ocx 的独立文件，包括各种 Visual Basic 版本提供的控件以及由第三方厂家提供的控件；第三类为可插入对象，是由其他应用程序创建的对象，如 Excel 工作表、公式等。在默认情况下，工具箱窗口只显示 20 个内部控件（指针不是控件，仅用于移动窗体、控件和调整其大小），如果需要使用外部控件或可插入对象，就要事先将这些控件或对象添加到工具箱中，这可以通过选择"工程"菜单下的"部件"命令，在打开的"部件"对话框中进行选择来完成。

如果工具箱中添加的控件比较多，以至于难以容纳所有控件，则可以通过在工具箱中添加新的选项卡来重新组织。其方法只需右击工具箱窗口，在弹出的快捷菜单中选择"添加选项卡"命令，在打开的对话框中输入新选项卡名称即可。控件默认组织在"General"（通用）选项卡中。

工具箱只能在设计模式下使用，默认显示在主窗口的左侧，可以拖动或双击标题栏使其变为"浮动"的（下面介绍的窗口都可用同样方法变为浮动）。单击其右上角的关闭按钮可关闭工具箱窗口；选择"视图"菜单下的"工具箱"命令或单击工具栏中的"工具箱"按钮可显示工具箱窗口。在运行模式或中断模式下，工具箱窗口会自动隐藏。

1.3.4　工程资源管理器窗口

利用 Visual Basic 开发一个应用程序被视为创建一个工程。在设计、编译和运行工程的过程中，都会使用和创建一些文件，所涉及的文件可多达 30 余种。一个工程由多种不同类型的文件组成，工程需要哪些文件取决于它的功能和复杂度。下面是 Visual Basic 常用的一些文件类型。

（1）工程文件：其中包含与该工程有关的所有文件和对象。每个应用程序可包含一个或多个工程，每个工程对应一个工程文件。可以选择“文件”菜单下的“新建工程”命令创建一个新工程，也可以选择“文件”菜单下的“打开工程”命令或单击工具栏中的“打开工程”按钮打开一个已有的工程。工程文件的扩展名为.vbp。

（2）工程组文件：如果一个应用程序包含两个以上的工程，这些工程便构成一个工程组。可以选择“文件”菜单下的“添加工程”命令或单击工具栏中的“添加工程”按钮添加工程，从而创建由多个工程组成的工程组。工程组是工程的集合，以一个独立的文件保存，扩展名为.vbg。有关工程组的内容本书不作介绍。

（3）窗体文件：其中包含窗体及其控件的属性、事件过程和通用过程代码等信息。每个应用程序可包含一个或多个窗体，每个窗体对应一个窗体文件（也称为窗体模块）。可以选择“工程”菜单下的“添加窗体”命令或单击工具栏中的“添加窗体”按钮添加窗体。窗体文件的扩展名为.frm。

（4）二进制窗体文件：如果在属性窗口中设置了窗体或控件的 Picture、Icon 等属性，则保存窗体文件时，Visual Basic 会自动产生一个与窗体文件主名相同、扩展名为.frx 的文件。

（5）标准模块文件：模块（Module）是组成工程的基本功能单位。在 Visual Basic 中，模块有窗体模块、标准模块（也称为程序模块）和类模块 3 种，分别保存在 3 种不同类型的文件中。一个工程可以由多个不同的模块组成，每个模块完成一个特定的任务。标准模块文件是一种完全由代码组成的文件，其中包含通用过程代码、全局变量和常量的声明等。它不属于任何窗体，其中的全局变量和常量可以被工程中的其他模块引用，通用过程可以被窗体模块的事件过程调用。可以选择“工程”菜单下的“添加模块”命令或工具栏中“添加窗体”下拉按钮中的“添加模块”命令添加标准模块。标准模块文件的扩展名为.bas。

（6）类模块文件：Visual Basic 除了提供许多预定义的类（如工具箱中的控件类）外，还允许用户根据需要定义自己的类，这些新定义的类保存在类模块文件中。一个工程可以包含多个类模块，每个类模块对应一个类模块文件。可以选择“工程”菜单下的“添加类模块”命令或工具栏中“添加窗体”下拉按钮中的“添加类模块”命令添加类模块。类模块文件的扩展名为.cls。有关类模块的内容本书不作介绍。

（7）资源文件：包含文本、图像、音频等多种资源。一个工程最多包含一个资源文件。资源文件的扩展名为.res。

（8）ActiveX 控件文件：Visual Basic 和第三方厂家提供了大量 ActiveX 控件，每个控件都以扩展名为.ocx 的文件保存，可以将这些控件添加到工具箱像标准控件一样使用。

此外，在创建工程的过程中，还会自动产生一个称为“工程工作空间”的文件，扩展名为.vbw，其中包含了窗体窗口和代码窗口的状态信息。该文件的有无不会对程序设计产生任何影响，初学者可不必理会。

由于创建工程涉及多种文件，因此 Visual Basic 提供了“工程资源管理器”进行管理。工程资源管理器窗口类似于 Windows 操作系统中的“资源管理器”窗口，以树形目录结构列出当前工程中包含的所有模块名称和对应的文件名，如图 1.14 所示，默认显示在主窗口右侧上方。图 1.14 显示的工程由 3 个窗体模块、2 个标准模块和 1 个类模块组成。

在工程资源管理器窗口上方还有 3 个按钮，其中“查看代码”按钮用于打开或切换到代码窗口，显示当前所选模块文件的源代码；“查看对象”按钮用于打开或切换到窗体窗口，显示当前所选窗体及其所包含的对象（选择标准模块或类模块时，该按钮无效）；“切换文件夹”按钮用于显示或取消显示各类文件所在的文件夹。

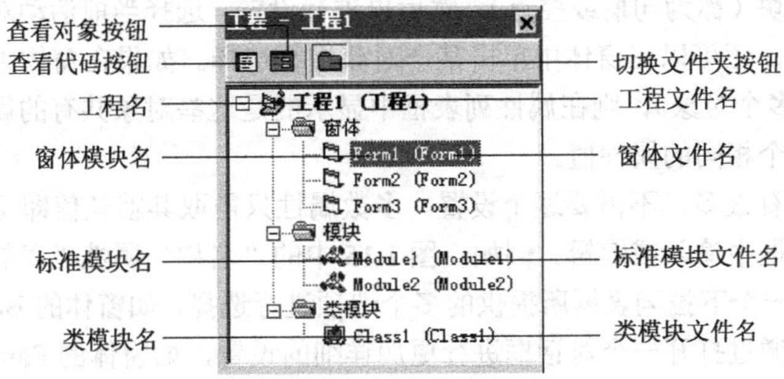

图 1.14　工程资源管理器窗口

如果关闭了工程资源管理器窗口，可以选择“视图”菜单下的“工程资源管理器”命令，或按 Ctrl+R 快捷键，或单击工具栏中的“工程资源管理器”按钮将其打开。

从图 1.14 可以看到，在默认情况下，工程名与工程文件名相同，都是“工程 1”，括号左边为工程名，括号内为工程文件名（没有扩展名）；窗体模块名与窗体文件名都是“Form1”，标准模块名与标准模块文件名都是“Module1”，类模块名与类模块文件名都是“Class1”。一定要注意它们之间的区别：工程名表示当前创建或打开的工程名称，是通过选择“工程”菜单下的“工程 1 属性”命令（或在属性窗口中）进行设置或修改的；而工程文件名是用户保存工程时确定的，扩展名为.vbp，存盘后显示全文件名。同理，模块名（窗体模块名、标准模块名和类模块名）是所创建工程中包含的各类模块的名称，是由各类模块的“名称”属性（Name）决定的，在属性窗口中设置；而模块文件名（窗体模块文件名、标准模块文件名和类模块文件名）是各类模块存盘时形成的，扩展名由模块类型决定，存盘后也显示全文件名。

1.3.5　属性窗口

属性（Properties）是描述对象特征的一组数据。属性窗口就是在设计模式下设置对象属性的地方，由标题栏、对象下拉列表框、属性显示方式选项卡、属性列表框和属性说明几部分组成，如图 1.15 所示。默认情况下位于工程资源管理器窗口的下方。

（1）标题栏：主要显示当前活动对象的名称。图 1.15 中显示的是“我的窗体”，表示当前活动对象窗体的名称是“我的窗体”（窗体的默认名称是 Form1）。

（2）对象下拉列表框：其中列出了当前创建或打开的窗体窗口中所有对象的名称和类的名称，其中加粗显示的是对象名，右边显示的是类名。列表框中显示的是当前活动对象，单击下拉按钮可以看到其他对象，单击便可选择不同的对象。从图 1.15 显示的情况看，当前活动的对象是窗体，属于窗体类，窗体的名称是“我的窗体”。

（3）属性显示方式选项卡：用于确定属性显示的排列方式，即可以按字母顺序或分类顺序显示属性。默认按字母顺序显示。

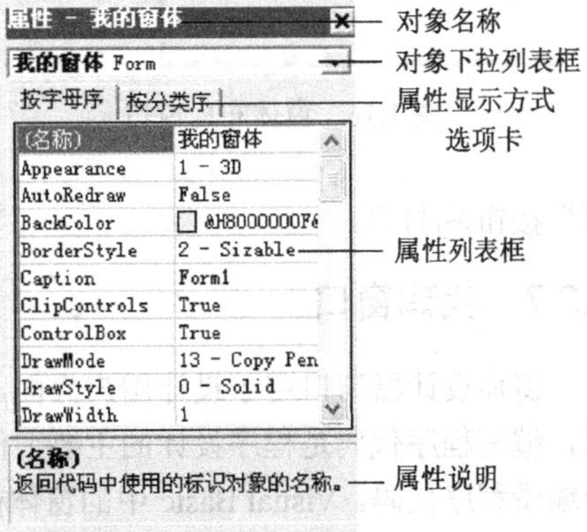

图 1.15　属性窗口

（4）属性列表框：其中列出了当前活动对象的所有属性名称和相应的属性值。属性列表框分为左右两列，左边一列是属性名，右边一列是属性值。当前活动对象不同，属性名和属性值也不同。

通过属性窗口设置对象属性时，首先要选择设置属性的对象，使之成为当前活动对象，其标志是对象四周出现 8 个小方块（称为句柄或控点），然后再进行设置。选择当前活动对象的方法除了可以用上述对象下拉列表框外，还可以在窗体中单击某个对象进行选择。如果在窗体中选择了多个对象（按住 Shift 键后分别单击多个对象），则在属性列表框中显示的是这些对象共有的属性，此时可以给多个对象的同一属性设置一个相同的属性值。

属性窗口中的属性有很多，不需要逐个设置，多数属性只需取其默认值即可。设置属性时，有些属性可以直接在属性值框中输入或编辑。例如，图 1.15 中的“名称”属性“我的窗体”就是直接输入的。有些属性可以通过一个下拉列表框所提供的多个选项进行选择，如窗体的 BorderStyle、Enabled 等属性。而有些属性则是通过打开一个对话框进行更加详细的设置，如窗体的 Font、Picture 等属性。

（5）属性说明：显示当前所选属性的名称和简短说明。若不想显示属性说明，可在属性窗口中右击鼠标，在弹出的快捷菜单中取消选择“描述”命令即可。

如果关闭了属性窗口，可以选择“视图”菜单下的“属性窗口”命令，或按 F4 快捷键将其打开。也可以单击工具栏中的“属性窗口”按钮打开。

需要说明的是，属性窗口只是在设计模式下设置或改变对象属性的一种方法，除此以外，还可以在运行模式下通过编写代码来实现。多数属性这两种方法都可设置，但有些属性只能在属性窗口中设置，不能在运行时设置（如“名称”属性等），而另外一些属性却只能在运行时设置，不能在属性窗口中设置（如窗体的 CurrentX、CurrentY 属性等），因此，属性窗口中列出的并不是所选对象的全部属性，那些只能在运行时设置而不能在设计时设置的属性不会出现在属性窗口中。

1.3.6 窗体布局窗口

窗体布局（Form Layout）窗口用于确定应用程序运行后，窗体窗口在计算机屏幕中的初始位置，如图 1.16 所示。

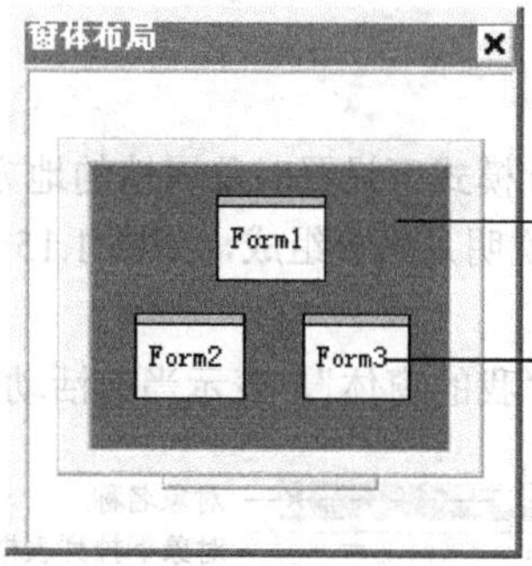

图 1.16 窗体布局窗口

窗体布局窗口中有一个虚拟的显示器，用来模拟计算机屏幕。显示器中有一个或多个表示窗体的小图像（图 1.16 有 3 个窗体小图像），小图像在显示器中的位置，就是程序运行后窗体窗口在屏幕中的真实位置。在设计模式下，可以用鼠标拖动小图像来调整运行程序后窗体在屏幕中的位置。在运行或中断模式下，窗体布局窗口自动隐藏。在多窗口应用程序中，使用窗体布局窗口确定各个窗体窗口在屏幕中的位置非常方便。

如果关闭了窗体布局窗口，可以选择“视图”菜单下的“窗体布局窗口”命令或单击工具栏中的“窗体布局窗口”按钮打开。

1.3.7 代码窗口

窗体设计器窗口用于设计用户界面，而要实现用户界面上各个对象的功能需要编写相应的程序代码，编写程序代码是程序设计的主要工作。代码（Code）窗口也称为代码编辑器窗口，专门用于输入和编辑程序代码。Visual Basic 中的窗体模块、标准模块和类模块都有各自的代码窗口，图 1.17 所示为窗体模块的代码窗口。

在默认情况下，新创建的工程是不显示代码窗口的，在设计模式下，可以采用以下几种方法打开代码窗口：

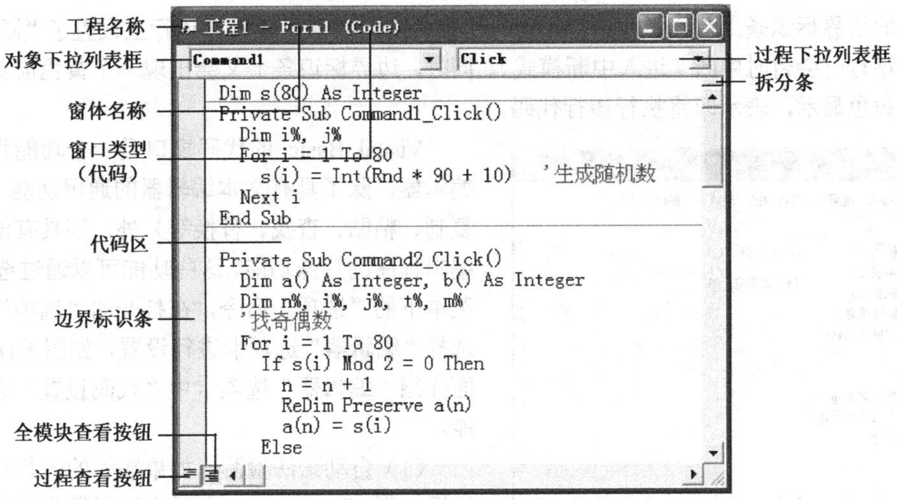

图 1.17　代码窗口

（1）选定相应的对象，然后选择“视图”菜单下的“代码窗口”命令或按 F7 快捷键。

（2）在工程资源管理器窗口中选择相应的模块，然后单击“查看代码”按钮。

（3）双击窗体或窗体上的对象。

（4）在窗体或其对象上右击鼠标，在弹出的快捷菜单中选择“查看代码”命令。

代码窗口主要由以下几部分组成：

（1）对象下拉列表框：其中列出了当前所选模块包含的所有对象的名称。如果当前所选模块是窗体，则对象下拉列表框中列出窗体窗口中窗体和所有控件对象的名称，其中窗体显示的是 Form，即类名称，不是窗体名称；如果当前所选模块是标准模块，则列表框中只有一个“通用”列表项，表示与对象无关的通用代码，一般在此声明模块级变量或用户自定义的通用过程。

（2）过程下拉列表框：其中列出了当前所选模块中所选对象的事件名称或所选模块中的通用过程名称。如果当前所选模块是窗体，则在对象下拉列表框中选定某个对象后，将在过程下拉列表框中列出所有与该对象相关的事件名称，它与对象名称一起共同构成一个事件过程名称（通过下画线连接），并自动在代码窗口中生成一个默认的事件过程框架（模板），即事件过程的起始行和终止行代码已经给出，光标在两行之间闪烁，用户便可以在此输入程序代码；如果当前所选模块是标准模块（或在窗体模块代码窗口的对象下拉列表框中选择“通用”），则过程下拉列表框中将列出“声明”和通用过程名称。无论当前所选模块是窗体模块还是标准模块，在对象下拉列表框中选择“通用”，在过程下拉列表框中选择“声明”，则光标在称为“通用声明段”的地方闪烁，在此位置可以输入变量的模块级声明或用户自定义的通用过程。

（3）代码区：输入、显示和编辑程序代码的区域。代码的字体、字号、颜色等可以通过选择“工具”菜单下的“选项”命令，在打开的“选项”对话框中选择“编辑器格式”选项卡进行重新设置。

（4）过程查看按钮：只显示当前所选对象的事件过程代码或所选定的通用过程代码。

（5）全模块查看按钮：显示当前模块中所有过程的代码，并在过程之间自动添加水平过程分隔线。这也是查看代码的默认方式。

（6）拆分条：在拆分条上向下拖动或双击鼠标，可以将代码窗口分隔成上下两个窗格，两者都具有各自的滚动条，这样就可以在同一时间查看代码中的不同部分，这在过程较多时显得很方便。拖动拆分条到窗口的顶部或下端，或者双击拆分条都可以关闭一个窗格。

（7）边界标识条：代码窗口左边的灰色条形区域，在此会显示某种具有特殊含义的小图标。例如，在某行代码的边界标识条上单击鼠标，会出现一个棕色的圆点●，表示在该行上设置了“断点”，即当程序执行到该行时会暂时中断（进入中断模式）。同时，边界标识条上又会出现一个黄色箭头⇨，并且该行背景以黄色显示，表示即将执行该行代码。

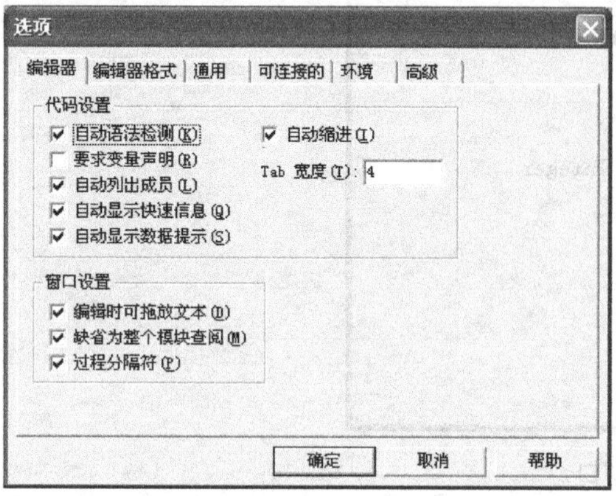

图 1.18 “选项”对话框的“编辑器”选项卡

Visual Basic 的代码窗口是一个功能强大的文本编辑器，除了具有文本编辑器的通用功能（如剪切、复制、粘贴、查找、替换等）外，还具有便于输入和编辑程序的特殊功能，这些功能可以通过选择“工具”菜单下的“选项”命令，在打开的“选项”对话框中选择“编辑器”选项卡进行设置，如图 1.18 所示。下面介绍“编辑器”选项卡中“代码设置”区的一些功能。

（1）自动语法检测：如果输入的一行代码有语法错误，则 Visual Basic 会弹出错误警告对话框，提示出错的类型和原因，并将该行代码变成红色。例如，在代码窗口中输入 2=x 并使光标离开该行（按回车键或在该行以外单击鼠标），则提示出现编译错误和出错原因，同时该行代码变成红色。

（2）要求变量声明：Visual Basic 允许在程序中直接使用未经声明（即隐式声明）的变量，但为了增强程序的可读性和避免出错，应遵循变量先声明后使用的原则，显式声明程序中出现的所有变量。选定该项后，Visual Basic 会在新建工程的代码窗口中的通用声明段，自动添加一条强制声明变量的语句“Option Explicit”。此后如果程序中使用了未经声明的变量，运行程序时将会出现编译错误。

（3）自动列出成员：如果要输入对象的某个属性或方法（统称为对象的成员），则输入对象名和小数点后，Visual Basic 会自动弹出一个列表框，其中列出了该对象的所有成员，从中选择所需的属性或方法，按空格键、Tab 键或双击鼠标即可输入。

（4）自动显示快速信息：当输入函数名或某些语句时，在该行下面会显示其语法，即显示函数或语句的参数个数、类型及函数值类型等语法信息，提示用户正确输入参数。例如，在代码窗口中输入随机函数名 Rnd 及其后边的左括号后，其下面将显示：Rnd([Number]) As Single，表示该函数的参数是一个数值（Number），可以输入也可以不输入（方括号里的参数是可选项），函数值的类型为单精度（Single）。

（5）自动显示数据提示：如果采用“逐语句”（也称为“单步运行”）方式执行程序，或者在程序执行的过程中由于出错或人为设置断点而中断，此时将鼠标指针指向中断行所在过程中的变量、数组和对象的属性上，在其下面会显示出其名称和数值。这在调试程序和了解程序运行状态方面提供了有价值的参考信息。

（6）自动缩进：在输入代码前，如果按 Tab 键（也可按若干个空格键），则输入该行后，所有后面输入的代码行都以指定的缩进宽度（默认为 4 个字符宽度）自动进行左缩进。对输入的某一部分程序代码采用适当的左缩进，可以增加程序的层次感，提高程序的可读性。

1.3.8 立即窗口

立即窗口主要用于调试程序时检查程序的运行状态。如果程序在执行过程中由于出错或其他原因而处于中断模式，通常立即窗口会自动打开，此时在窗口中可以用 Print（或 ?）方法输出变量、对象的属性和表达式的值。此外，在设计模式下，也可以在立即窗口中执行一些简单的语句，如赋值语句、输出语句等。

例如，在立即窗口中输入 x=9（将 9 赋给变量 x）后按回车键，再输入?sqr(x)（sqr 为求平方根函数）并按回车键，则输出结果为 3，如图 1.19 所示。

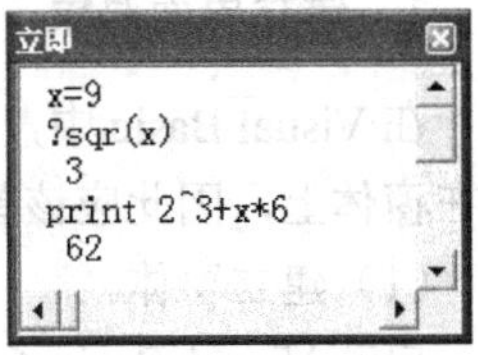

图 1.19　立即窗口

立即窗口是 Visual Basic 的一个系统对象，名称为 Debug，在程序中可以调用 Print 方法在立即窗口中输出变量、对象的属性和表达式的值。例如，程序中有一行代码为 Debug.Print Date，则执行完后，在立即窗口输出当前的日期（Date 为日期函数）。

立即窗口可以停放在主窗口的任何位置，如果没有打开，可以选择“视图”菜单下的“立即窗口”命令，或按 Ctrl+G 快捷键将其打开。

除立即窗口外，Visual Basic 6.0 还提供了本地窗口和监视窗口，它们也是用来调试程序的，本书不做介绍。

1.4 设计一个简单的 Visual Basic 程序

针对众多的实际问题而进行程序设计是一件复杂的工作，即使处理的问题比较简单，通常也要经过分析问题、确定处理方案及步骤（即设计算法）、设计用户界面、编写程序代码、运行调试程序和保存程序文件等步骤。如果处理的问题庞大而复杂，则需要采用软件工程的方法。一般而言，使用 Visual Basic 设计相对简单的应用程序可以分成两大部分工作，即设计用户界面和编写程序代码，具体来说，应该包括以下 4 个基本步骤：

（1）设计用户界面。

（2）编写程序代码。

（3）运行调试程序。

（4）保存程序文件。

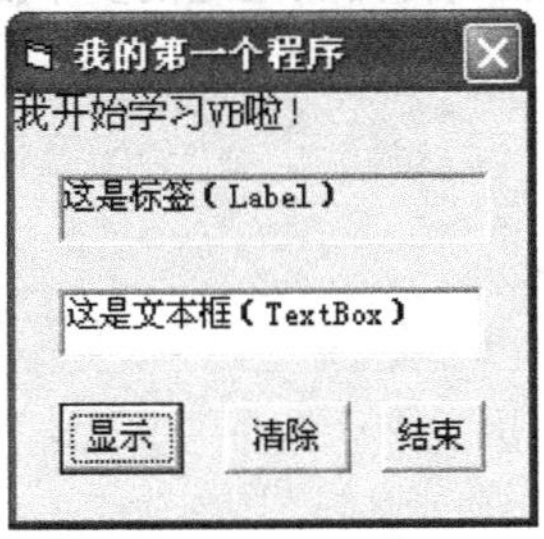

图 1.20　例 1.1 的运行结果

下面通过一个简单例子，具体介绍 Visual Basic 应用程序的设计过程。

【例 1.1】 编写一个显示文字信息的程序。要求运行程序后，单击“显示”命令按钮，分别在窗体、标签和文本框中显示“我开始学习 VB 啦！”、“这是标签（Label）”和“这是文本框（TextBox）”，并且窗体的标题栏显示“我的第一个程序”；单击“清除”命令按钮，清除显示在窗体、标签和文本框中的文字；单击“结束”命令按钮，结束程序的运行，重新返回到设计状态。单击“显示”命令按钮后的运行结果如图 1.20 所示。

1.4.1 设计用户界面

创建 Visual Basic 应用程序首先要进行用户界面的设计。用户界面是人与计算机交换信息的媒介，是执行程序后的基础操作平台。通过用户界面，用户可以向计算机输入数据，这些数据经计算机处理后，又经过用户界面反馈给用户。一个好的应用程序应该具有操作方便、简单易用的“友好”用户界面。

用户界面是由各种对象组成的，设计用户界面就是建立对象以及设置其属性，因此设计用户界面又可分为两部分工作，即建立界面对象和设置对象属性。

1．建立界面对象

在 Visual Basic 中，对象主要由窗体和控件组成，而窗体又是设计界面的基础平台，所有控件都要放在窗体上，因此应该首先建立窗体。

（1）建立窗体。

启动 Visual Basic 6.0，在打开的“新建工程”对话框中选择“标准 EXE”工程类型后，就创建了一个新工程（注意，每当重新编写一个 Visual Basic 应用程序时，都要首先新建一个工程），此时工程中会自动包含一个默认名称为 Form1 的窗体对象。也可以在已启动 Visual Basic 6.0 后，选择“文件”菜单下的“新建工程”命令完成上述同样的工作。如果设计的程序需要用到多个窗体，则要选择“工程”菜单下的“添加窗体”命令来建立。

（2）添加控件。

将控件添加到窗体上的方法有两种：

① 在工具箱中单击所需的控件，将鼠标移动到窗体内，此时鼠标指针变为十字形，根据界面设计要求，在窗体内适当的位置按住鼠标左键拖动鼠标，“画出”一个适当大小的控件。

② 在工具箱中双击所需的控件，此时在窗体的中央位置按系统默认的大小自动出现该控件。

使用方法①每单击一次工具箱中的控件，只能在窗体上添加一个控件。如果希望连续添加多个相同类型的控件，可以在单击工具箱中控件的同时按下 Ctrl 键，然后松开 Ctrl 键，在窗体上的适当位置连续多次拖动鼠标，便可添加多个控件。单击工具箱中的指针按钮可结束操作。

根据例 1.1 中的题目要求，需要添加 1 个标签、1 个文本框、3 个命令按钮。

（3）选定控件。

在对某个或某些控件进行移动、缩放、设置属性等操作之前，首先应选定控件，使其成为当前活动控件。如果选定一个控件，只需单击该控件即可；如果选定多个控件，可以采用以下两种方法：

① 按住 Shift 键或 Ctrl 键不放，然后依次单击要选定的控件。

② 在窗体的某个空白区域按住鼠标左键拖动鼠标，画出一个虚线矩形框，将需要选定的多个控件包含进去即可。

（4）移动控件。

可以根据设计需要改变控件在窗体中的位置。可采用以下两种方法：

① 在要移动的控件上按住鼠标左键拖动到适当的位置。

② 在属性窗口中修改要移动控件的 Left 和 Top 属性值。

（5）改变控件的大小。

可以根据设计需要改变控件的大小。可采用以下两种方法：

① 选定要改变大小的控件，将鼠标指针移到控件的句柄（控点）上，按住鼠标左键拖动到适当的大小。

② 在属性窗口中修改要改变大小的控件的 Height 和 Width 属性值。

（6）复制控件。

如果希望连续画出多个相同类型的控件，除可采用上面介绍的方法外，还可以选择复制、粘贴的方法，具体操作步骤如下：

① 选定要复制的控件。

② 选择“编辑”菜单下的“复制”命令，或单击工具栏中的“复制”按钮。

③ 选择“编辑”菜单下的“粘贴”命令，或单击工具栏中的“粘贴”按钮，此时将会弹出一个询问是否创建控件数组的对话框，单击“是”按钮则在窗体左上角复制一个名称相同的控件数组（有关

控件数组的内容将在第6章中介绍）；单击“否”按钮则在窗体左上角复制一个名称不同的控件。

（7）删除控件。

有时根据设计要求需要删除多余的控件，只需选定要删除的控件，然后选择“编辑”菜单下的“删除”命令；或右击要删除的控件，在弹出的快捷菜单中选择“删除”命令；也可以直接按Delete键删除。

（8）布局控件。

如果窗体中的控件比较多，为了使界面美观、易用，需要合理地布局这些控件，如对这些控件采用某种对齐方式，统一尺寸，设置它们的水平和垂直间距以及叠放顺序等。要完成这些操作，首先选定多个控件，然后选择“格式”菜单下的相关命令即可。

例如，如果希望统一多个控件的尺寸，在选定了这些控件后，其中一个控件的句柄是实心的（其余为空心），该控件称为“基准控件”，表示统一尺寸将以该控件为准。也可以通过单击其他控件的方法使之成为基准控件。选择“格式”菜单下的“统一尺寸”命令，在其下一级菜单中选择“宽度相同”、“高度相同”或“两者都相同”。

如果多个控件重叠在一起，可以选择“格式”菜单中“顺序”级联菜单下的“置前”或“置后”命令，将当前控件放在其他控件的前面或后面。

如果希望不要随意改动已经布局好的控件，可以选择“格式”菜单下的“锁定控件”命令将其锁定。

在例1.1中，控件的布局如图1.20所示。

2．设置对象属性

建立了界面对象以后，接下来的工作是设置对象的属性。每个对象都有描述其特征的一些属性，Visual Basic会自动为大多数属性设置一个默认值，因此设置对象的属性实际上主要就是修改对象的属性值。

对象的属性可在设计模式下或运行模式下设置，那些相对固定、不需要改变的属性一般通过属性窗口设置，而在程序运行过程中需要改变的属性则通过编写程序代码来设置。

设计模式下设置属性的基本步骤如下：

（1）在窗体窗口选定需要设置属性的对象，或者在属性窗口的对象下拉列表框中选择要设置属性的对象（此时窗体窗口中的对象会自动被选定）。

（2）选定需要设置的属性名，然后设置相应的属性值。

在例1.1中，共有6个对象，即1个窗体、1个标签、1个文本框和3个命令按钮。根据题目设计要求，它们的属性有的是在属性窗口中设置的，有的是通过运行程序设置的，在属性窗口中的具体设置方法如下：

（1）单击选定窗体，在属性窗口的属性列表框中找到Caption属性，该属性用来确定显示在窗体标题栏中的文字，然后在属性值框中输入“我的第一个程序”；在属性列表框中找到Font属性，该属性用来确定显示在窗体上文字的字体、字形和字号等信息，然后在该属性栏中单击鼠标，右边会显示出一个...按钮，单击该按钮，将弹出“字体”对话框，在其中的“大小”列表框中选择“五号”（默认为小五号）。

（2）单击选定标签控件，在属性列表框中找到Caption属性，该属性用来确定显示在标签上的文字，然后在属性值框中删除默认的属性值Label1；在属性列表框中找到BorderStyle属性，该属性用来确定标签边框的样式，然后在属性值框中单击鼠标，右边会显示出一个下拉按钮▼，单击该按钮，将列出该属性所有的属性值，从中选择“1-Fixed Single”，即确定标签框的样式为“凹陷单线边框”。

（3）单击选定文本框控件，在属性列表框中找到Text属性，该属性用来确定显示在文本框中的文字，然后在属性值框中删除默认的属性值Text1。

（4）单击选定第 1 个命令按钮控件（默认名称为 Command1），在属性列表框中找到 Caption 属性，该属性用来确定显示在命令按钮上的文字，然后在属性值框中输入“显示”。第 2、3 个命令按钮的 Caption 属性的设置情况与第 1 个命令按钮类似，这里不再赘述。

1.4.2 编写程序代码

用户界面设计完成后，接下来的一项工作就是为实现程序的功能而编写程序代码，这也是程序设计的核心内容。程序代码是由语句组成的，它是完成具体操作的指令。

从前面的介绍可知，Visual Basic 采用事件驱动的编程机制，程序的执行是由针对某个对象所触发的事件来驱动的，因此，除了编写通用常量、变量的声明和通用过程代码外，大部分工作是编写事件过程程序代码。每个事件过程都是相互独立的程序单元，Visual Basic 的程序代码就是由大大小小、不同功能的事件过程和通用过程组成的。有关通用过程的内容将在第 7 章中详细介绍。

编写事件过程代码的基本步骤是：

（1）选择对象和事件。打开代码窗口，根据程序的功能，在代码窗口的对象下拉列表框中选择一个对象，在过程下拉列表框中选择一个适当的事件。也可以在窗体窗口中双击选择的对象，在打开代码窗口的同时，自动生成一个默认的事件过程框架。

（2）在自动生成的事件过程框架中输入程序代码。

根据例 1.1 题目设计要求，程序运行后，需要单击 3 个命令按钮来完成“显示”、“清除”和“结束”的操作，因此，需要分别为 3 个命令按钮编写单击（Click）事件过程。

“显示”命令按钮 Click 事件过程代码如下：

```
Private Sub Command1_Click()
  Form1.Print "我开始学习 VB 啦！"                ' 在窗体上显示文字
  Label1.Caption = "这是标签（Label）"            ' 在标签中显示文字
  Text1.Text = "这是文本框（TextBox）"            ' 在文本框中显示文字
End Sub
```

“清除”命令按钮 Click 事件过程代码如下：

```
Private Sub Command2_Click()
  Form1.Cls                                      ' 清除窗体上显示的文字
  Label1.Caption = ""                            ' 清除标签中显示的文字
  Text1.Text = ""                                ' 清除文本框中显示的文字
End Sub
```

“结束”命令按钮 Click 事件过程代码如下：

```
Private Sub Command3_Click()
  End                                            ' 结束程序
End Sub
```

从以上程序可以看到，例 1.1 的程序代码由 3 个事件过程组成，它们针对的对象为 3 个命令按钮，名称分别为 Command1、Command2 和 Command3（默认值，可以修改），触发的事件均为 Click（单击鼠标左键）。程序运行后，只要单击这 3 个命令按钮，便会执行相应的事件过程。

程序运行后，单击“显示”命令按钮，则触发了 Click 事件，程序就会按照该事件过程中的语句顺序依次执行（在没有条件转移的情况下）。其中的第 2 行语句“Form1.Print "我开始学习 VB 啦！"”表示在窗体上显示“我开始学习 VB 啦！”（如果信息输出到窗体上，窗体的对象名 Form1 可以省略）；第 3 行语句“Label1.Caption = "这是标签（Label）"”表示在标签上显示“这是标签（Label）”；第 4 行语句“Text1.Text = "这是文本框（TextBox）"”表示在文本框中显示“这是文本框（TextBox）”。其中的第 3、4 行语句就是在运行模式下通过赋值语句设置属性的方法，当执行完这两行语句后，将标签的 Caption 属性设置为“这是标签（Label）”，将文本框的 Text 属性设置为“这是文本框（TextBox）”。

需要说明的是，一个应用程序可能包含多个事件过程和通用过程，它们在代码窗口中的排列顺序是按照过程名的字母顺序排列的，与事件过程的执行顺序可能不一致。

1.4.3 运行调试程序

编写好程序后，为了检验程序是否达到设计要求，需要通过运行来确定。如果程序存在错误，还要经过不断的反复调试才能最终完成设计任务。

1. 运行程序

在 Visual Basic 中，运行程序可采用两种方式，即解释运行和编译运行。

（1）解释运行。

解释运行方式将一条语句翻译成机器语言指令后立即执行，翻译一条执行一条。这种边翻译边执行的运行方式特别适合于人机对话，便于查找语句中的错误并进行修改，对初学者很有帮助。解释运行方式不生成目标程序，程序的执行不能脱离 Visual Basic 的集成开发环境。该方式一般在设计程序的初始阶段调试程序时使用。

解释方式运行程序可采用以下 3 种方法：

① 选择“运行”菜单下的“启动”命令或直接按 F5 快捷键。

② 选择“运行”菜单下的“全编译执行”命令或直接按 Ctrl+F5 快捷键。

③ 单击工具栏中的“启动”按钮▶。

（2）编译运行。

编译运行方式将整个源程序翻译成一个与源程序等价的目标程序，经过连接最终生成可执行程序（扩展名为.exe）。用户可以脱离 Visual Basic 的集成开发环境，直接在 Windows 环境下运行可执行程序。这种运行方式执行速度较快，但每次修改程序后必须重新编译。该方式一般适用于在程序设计完成后，将可执行程序提供给其他用户时使用。

生成扩展名为.exe 可执行程序的操作方法如下：

① 选择“文件”菜单下的“生成 ex1-1.exe”命令（ex1-1 是例 1.1 工程文件名的主名），打开“生成工程”对话框。

② 在“生成工程”对话框中指定可执行程序文件的保存位置和文件名。

③ 单击“确定”按钮，生成主名与该程序工程文件主名相同的可执行程序文件。对于例 1.1 的程序，将生成 ex1-1.exe 文件。

需要说明的是，用上述方法生成的可执行程序文件在 Windows 操作系统中运行，需要动态链接库文件（.dll）和 ActiveX 控件（.ocx）等文件的支持。在已经安装了 Visual Basic 6.0 的计算机中，这些文件已经存在。而在没有安装 Visual Basic 6.0 的计算机中，要想运行 Visual Basic 的可执行程序文件，需要将这些文件复制到计算机中，这可以通过选择“开始”菜单的“Microsoft Visual Basic 6.0 中文版工具”中的“Package & Deployment 向导”来完成。

用解释方式运行程序的方法运行例 1.1 的程序后，程序便进入运行模式并等待事件的发生。单击“显示”命令按钮，执行名称为“Command1_Click”的事件过程代码，分别在窗体、标签和文本框中显示“我开始学习 VB 啦！”、“这是标签（Label）”和“这是文本框（TextBox）”，此时，程序又处于等待事件发生的状态；单击“清除”命令按钮，执行名称为“Command2_Click”的事件过程代码，清除显示在窗体、标签和文本框中的文字，程序继续处于等待事件发生的状态；单击“结束”命令按钮，执行名称为“Command3_Click”的事件过程代码，程序运行结束并返回到设计状态。

由于本例程序触发的事件是 Click 事件，因此程序运行后，只有当用户单击界面上的命令按钮时，才能执行相应的程序代码，否则程序将一直等待下去，直到触发另一个事件或结束程序的运行。如果程序包含有系统自动触发的事件（如 Load、Activate 等），则运行程序后会自动触发该事件并执行相应的事件过程，否则，绝大多数情况下都需要用户做出响应，这也是人机交互的基本特点。

在例 1.1 中，结束程序的运行是通过单击“结束”命令按钮后执行事件过程 Command3_ Click 中的 End 语句完成的，也可以采用以下 3 种方法结束程序：

① 选择“运行”菜单下的“结束”命令。

② 单击工具栏中的“结束”按钮■。

③ 单击窗体的“关闭”按钮☒。

建议采用执行程序的方式结束程序，这样在生成可执行程序文件时便于用户操作。

2．调试程序

在编写程序的过程中，出现错误在所难免，尤其对于初学者来说，更是经常会出现各种各样的错误。在程序中查找并排除错误的过程称为调试。调试程序是程序设计人员必须面对的一项重要工作，也是程序设计人员的基本功。

要想快速、准确地调试好程序，就必须知道出现错误的类型和原因，进而排除这些错误。在 Visual Basic 程序中出现的错误可以分成 3 类。

（1）编译错误。

编译错误主要是由于程序中的语句不符合 Visual Basic 的语法规则而产生的错误。如关键字拼写不正确，遗漏标点符号或关键字，表达式输入不完整，函数调用缺少参数，括号不匹配，必须配对出现的关键字缺少一个（如 If 与 End If，For 与 Next，Do 与 Loop），英文标点符号书写成中文标点符号等。通常在以下两种情况下出现编译错误：

① 编辑程序情况下，当用户进行输入、修改等编辑操作时，由于 Visual Basic 默认设置了“自动语法检测”的功能，因此，当光标离开有错误的语句行后，Visual Basic 立即弹出编译错误提示对话框，指出出错的原因，并将该行语句变成红色。

例如，在例 1.1 的程序中，如果在输入语句“Print "我开始学习 VB 啦！"”时，误将其中的英文双引号“"”输入为中文双引号，则按回车键或光标离开该行后，立即弹出如图 1.21 所示的对话框，表示该行出现了编译错误，出错的原因是使用了无效字符（即中文双引号）。单击“确定”按钮后，可以对该行代码进行修改。

② 运行程序情况下，编辑程序时没有提示错误，但在运行程序或编译生成可执行程序文件时提示有错。

例如，在例 1.1 的程序中，如果在输入语句“Print "我开始学习 VB 啦！"”时，误将其中的 Print 输入为 Primt，光标离开该行后不会出现错误提示。但当运行程序后，单击“显示”命令按钮，将弹出如图 1.22 所示的对话框，表示出现了编译错误，出错的原因是 Visual Basic 将 Primt 看成了子程序名或函数名，而它又没有定义。单击“确定”按钮后，出错的 Primt 反相显示并进入中断模式，此时可以对其进行修改。修改完成后，选择“运行”菜单下的“继续”命令或“重新启动”命令，或单击工具栏中的“继续”按钮▶，继续运行程序。

图 1.21 编辑程序时出现的编译错误

图 1.22 运行程序时出现的编译错误

注意：进入中断模式后，“运行”菜单下的“启动”命令变为“继续”命令，工具栏中的“启动”按钮变为“继续”按钮。

编译错误是最容易发现和修改的错误。

（2）运行错误。

运行错误也称为实时错误，是在程序编译通过后运行程序时发生的错误，该类错误主要是由于在运行程序的过程中执行了非法操作造成的。如变量赋值时类型不匹配，用 0 作除数，数组下标越界，使用一个不存在的对象，打开一个不存在的文件等。

例如，在例 1.1 的程序中，如果在输入语句“Label1.Caption = "这是标签（Label）"”时，误将其中 Label 后面的数字 1 输入为英文小写字母 l（注意这两个字符很容易混淆），当运行程序后，单击“显示”命令按钮，将弹出如图 1.23 所示的对话框，表示出现了运行错误，出错的原因是界面上没有名称为 Labell 的对象，即标签的名称书写错了。

此时，若单击对话框中的“调试”按钮，则进入中断模式，在出错代码行左边边界标识条上会出现一个黄色箭头 ⇨，并且该行背景以黄色显示，光标在该行闪烁，提示用户修改错误；若单击“结束”按钮，则结束程序的运行，返回到设计模式的代码窗口；若单击“帮助”按钮，可以获取错误提示更多的信息。

图 1.23 例 1.1 的运行错误

运行错误是较难发现和修改的错误。

（3）逻辑错误。

程序既没有编译错误，也没用运行错误，但却得不到预期的结果，这种错误称为逻辑错误。如语句次序不对，运算符使用不正确，条件语句或循环语句的条件设置不当等。由于产生逻辑错误的原因比较复杂，因此是最难发现和修改的一类错误。

例如，在例 1.1 的程序中，如果不小心将第一条语句中的事件过程名“Command1_Click”做了修改，变成了“Command_Click”，当运行程序后，单击“显示”命令按钮，将不会显示任何文字信息，原因是此处的对象名 Command 和实际的对象名 Command1 并不一致。

调试程序是一项细致的工作，需要不断地积累经验。为了更好地调试程序，Visual Basic 提供了许多行之有效的调试工具，如调试菜单、调试工具栏和调试窗口等，限于篇幅，本书不做介绍。

1.4.4 保存程序文件

经过前述设计程序的 3 个基本步骤后，一个简单的 Visual Basic 应用程序已经设计完成，但程序还在内存之中，当关机以后，内存中的程序就会丢失，因此还需要将程序以文件的形式保存在磁盘、U 盘等外存中。

通过前面的介绍可知，一个 Visual Basic 程序可由多个文件组成，保存程序时，首先应确定要保存的程序包含几个文件，然后再按照一定的顺序分别单独保存这些文件。

例 1.1 的程序只有一个窗体模块，没有其他窗体模块或标准模块，因此只包含一个窗体文件和一个工程文件。下面以该程序为例，介绍保存程序的操作过程。

（1）选择“文件”菜单下的“保存工程”命令或“保存 Form1”命令，或在工程资源管理器窗口的工程文件名或窗体文件名上右击鼠标，在弹出的快捷菜单中选择“保存工程”命令或“保存 Form1”命令，或单击工具栏中的“保存工程”按钮，或按 Ctrl+S 快捷键，打开如图 1.24 所示的“文件另存为”对话框。

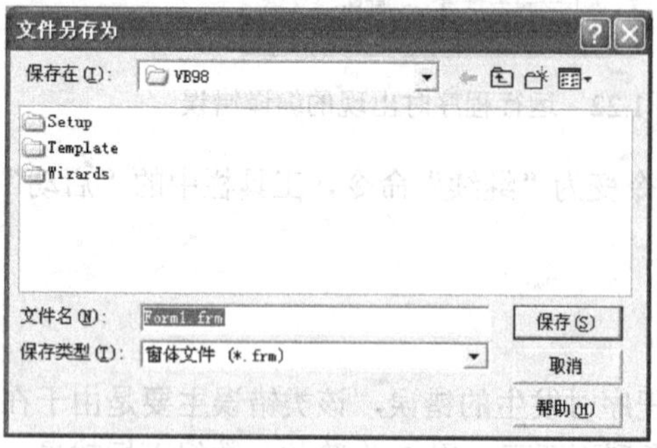

图 1.24 “文件另存为”对话框

（2）在“保存在”下拉列表框中选择一个保存位置（文件夹），在“文件名”文本框中输入要保存的窗体文件名。Visual Basic 默认的保存位置是其安装目录“C:\Program Files\Microsoft Visual Studio\VB98”，默认要保存的窗体文件名是“Form1.frm”。本例的保存位置是“D:\VB 程序”，保存的窗体文件名是“ex1-1.frm”。单击“保存”按钮。

（3）保存窗体文件后，Visual Basic 会自动打开如图 1.25 所示的“工程另存为”对话框。此时，文件的保存位置是刚才保存窗体文件的保存位置“D:\VB 程序”，无须改变。默认要保存的工程文件名是“工程 1.vbp”，将其改为或输入“ex1-1.vbp”，单击“保存”按钮。

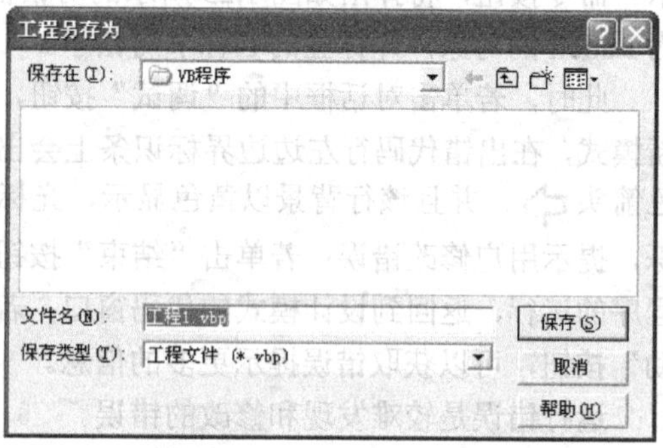

图 1.25 “工程另存为”对话框

需要说明的是，虽然可以将窗体文件和工程文件保存在不同的文件夹中，而且可以取不同的文件名，但最好将它们保存在相同的文件夹中并取相同的主文件名，以免产生混乱或找不到所需的文件。

保存完程序后，在工程资源管理器窗口可以看到新命名的窗体文件名和工程文件名。

如果对保存过的程序又做了某些修改，还要采用前述方法再次保存，但不会弹出“文件另存为”或“工程另存为”对话框。

如果需要将程序换名保存或修改程序文件名，可以按以下方法操作：

（1）选择“文件”菜单下的“ex1-1.frm 另存为”命令，或在工程资源管理器窗口的窗体文件名上右击鼠标，在弹出的快捷菜单中选择“ex1-1.frm 另存为”命令，在打开的“文件另存为”对话框中重新命名窗体文件并保存。

（2）选择“文件”菜单下的“工程另存为”命令，在打开的“工程另存为”对话框中重新命名工程文件并保存。

注意：不能通过在 Windows 环境下的“我的电脑”或“资源管理器”中修改文件名的方法来达到换名保存程序或修改程序文件名的目的。此外，无论是保存新创建的程序，还是将修改过的程序换名保存，都是先保存窗体文件，然后再保存工程文件，这个顺序不能颠倒。

需要强调一点，保存程序文件的工作不必放在最后来完成，也可以在运行调试程序之前，甚至可以在设计界面之前来做。为了避免诸如突然断电、死机等一些意外情况的发生，应该养成随时保存程序的习惯。

第 2 章　Visual Basic 可视化编程基础

2.1　程序设计语言

从 1946 年世界上诞生第一台电子计算机之后，计算机技术迅速发展，程序设计语言经历了由低级向高级（即机器语言、汇编语言、高级语言）的发展，程序设计方法也得到不断的发展和提高。

机器语言和汇编语言属于低级语言，高级语言又分为面向过程的语言和面向对象的语言。

1．机器语言

计算机只能识别“0”和“1”，因此，计算机能够直接识别和执行的二进制编码称为机器指令。每一条机器指令是要求计算机执行某种操作的命令，某种计算机所有能够直接识别和执行的机器指令的集合称为这种计算机的机器语言，这种语言是第一台计算机诞生以来最早的计算机语言。

机器语言是最底层的计算机语言，难学、难记。因为机器语言程序是由一系列二进制形式的机器指令组成的，所以用机器语言编写程序难度大，调试、检查程序也很困难。不同种类计算机的机器语言是不相同的，用一种机器语言编写的程序，往往不能在另一种计算机上运行，机器语言依赖于具体的计算机，因此程序的可移植性很差。但优点是计算机可直接识别机器语言，执行速度快，基本上可充分发挥计算机的速度性能。

2．汇编语言

为了克服机器语言程序不易阅读、机器指令不易记忆的缺点，人们对机器语言进行了改进，用一些容易记忆的指令助记符号来代替机器语言中的机器指令，这样一些用指令助记符代替机器指令所产生的语言称为汇编语言。

汇编语言中的汇编指令与机器语言中的机器指令是一一对应的，具有机器语言执行速度快的优点。汇编语言也是一种面向机器的语言，只是比机器语言容易记忆、阅读、检查和修改。但计算机不能直接识别和执行用汇编语言编写的程序，必须通过专门的翻译程序（汇编程序）将用汇编语言编写的程序翻译成机器语言程序，计算机才能识别和执行。和机器语言一样，汇编语言也依赖于具体的计算机，语言的通用性差、程序的可移植性差。

3．高级语言

机器语言和汇编语言都是面向机器的语言，用它们编写的程序可移植性差，虽然汇编语言比机器语言有所改进，但与人们习惯使用的自然语言相差甚远。

高级语言更接近于自然语言，与具体计算机无关。用高级语言编写程序比用低级语言容易得多，不需要了解计算机的指令系统和硬件结构，只需掌握高级语言的语法规则，就可按需编写能够在各种计算机上运行的程序。

高级语言独立于具体的计算机硬件，人们更容易理解和记忆，易于编程。用高级语言编写的程序可读性、通用性和可移植性好。

计算机并不能直接识别与执行用高级语言编写的程序，只有将高级语言程序翻译成机器语言程序后计算机才能执行，任何一种高级语言都有专用的“翻译”程序。对高级语言有两种“翻译”方式，一种是“解释”，另一种是“编译”。解释方式的翻译工作好比口译，它是由解释程序完成的。解释程序对源程序翻译一句，执行一句，直接给出执行结果，不产生目标程序。编译方式的翻译工作好比笔译，它是由编译程序完成的。编译程序将源程序全部翻译成机器语言，产生一个目标程序，而在目标程序中可能还要调用一些库函数和过程，为此需要使用连接程序将目标程序与库函数和过程连接在一起，形成一个可执行程序，然后才能执行，得出执行结果。高级语言源程序的执行过程如图 2.1 所示。

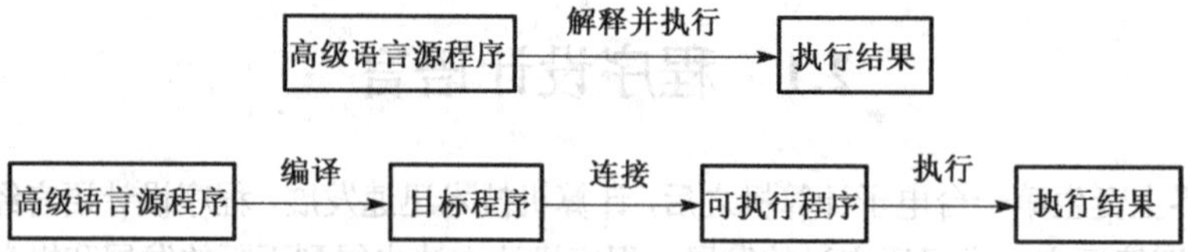

图 2.1　高级语言源程序的执行方式

2.2　程序设计方法

在计算机诞生的早期，它的运算速度慢，内存空间小，计算机硬件条件的限制迫使程序员编程时追求高效率，为了在有限的内存中解决复杂的科学计算问题，编写出运行效率高的程序，编写程序成为一种技巧和艺术。程序员编程时挖空心思构想出各种技巧，目的是使编写出的程序占内存少、运行速度快，从而造成了程序的可读性和可维护性差。早期的程序设计可以说“无程序设计方法”。

随着计算机硬件技术的不断发展，计算机的性价比不断提高。20 世纪 60 年代中期，大容量、高速度的计算机和高级语言的出现，使计算机的应用范围迅速扩大，软件开发急剧增长。“无程序设计方法”的编程已不能适应大规模、复杂的问题，为此计算机专家、学者进行了程序设计方法的研究。

1966 年计算机科学家 Bohm 和 Jacopini 证明了只用三种基本控制结构就能实现任何单入口、单出口的程序，这个结论奠定了结构化程序设计的理论基础。

荷兰计算机科学家 Dijkstra 提出“GoTo 语句是有害的”，并建议从高级语言中取消 GoTo 语句，从而引起一场关于 GoTo 语句的争论。IBM 公司的 Mills 提出，程序应该只有一个入口和一个出口，进一步补充了结构化程序设计的规则。这些工作导致了结构化程序设计方法的诞生。

2.2.1　算法

算法是对解决某一特定问题操作步骤的具体描述，即为解决某个问题而采取的方法和步骤。算法具有如下特性。

（1）有穷性：一个算法必须在有限个步骤之后能够结束，而不能无限制地进行下去。

（2）确定性：一个算法中每个步骤都必须意义明确，不能模棱两可，即不允许有二义性。

（3）可行性：所采用的算法必须能够在计算机上执行，因此，在算法中所有的运算必须是计算机能够实现的基本运算。

（4）输入：计算机解决问题时，一般需要输入零个或多个原始数据。

（5）输出：计算机完成计算后，总是要输出一个或多个结果数据。

描述算法有多种方法，常用的有自然语言、流程图、N-S 图、PAD 图和伪代码等，其中使用较普遍的是流程图。下面简要介绍一下如何使用流程图表示算法。

流程图是一种能够比较形象地描述“算法”的工具，它对于编制程序很有帮助。流程图又称为框图，常见的流程图符号如图 2.2 所示。

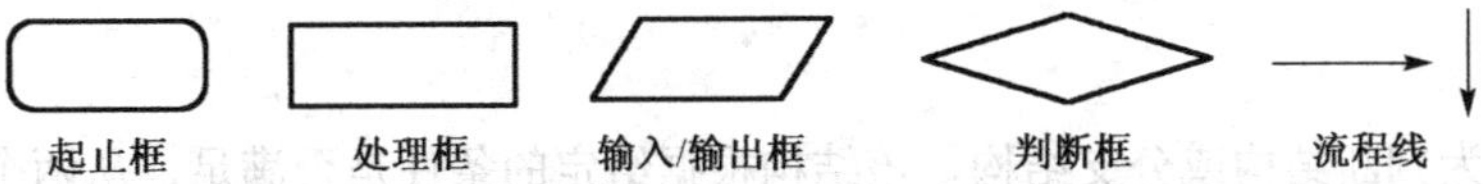

图 2.2　程序流程图的基本符号

起止框：表示一个算法的开始与结束。

处理框：表示算法中的一个或若干个步骤，这些步骤不涉及输入/输出和判断。

输入/输出框：表示一个算法中需要进行输入或输出处理的步骤。

判断框：表示一个算法中需要依据某一条件来决定后续的操作。

流程线：表示每一步骤之间的先后顺序，标识一个算法的走向。

【例 2.1】 向计算机输入一个数 X，若 X≥0，则显示 X 的值；否则不显示。用流程图来描述该算法。

分析：按照算法画出的流程图如图 2.3 所示。开始时先遇到起始框，表示算法的开始，之后随着箭头指向输入框，要求从键盘上向计算机输入一个数 X。再向下遇到判断框，判断“X≥0”这个条件是否成立。若“X≥0”成立，则指向输出框，输出 X 的值，然后到达终止框，该算法结束；否则，沿着标有“不成立”的那条流程线到达终止框，该算法结束。

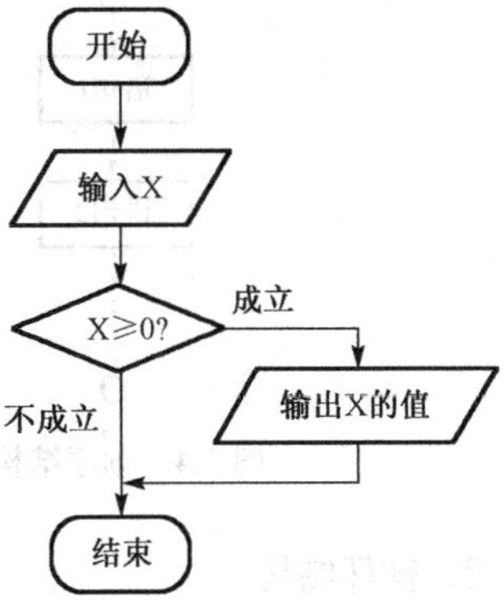

图 2.3　算法流程图

2.2.2　结构化程序设计方法

程序设计语言的发展是随着计算机科学技术的进步与计算机应用范围的不断扩大而发展的，程序设计方法也随着计算机科学技术的发展而不断进步与完善。在程序设计的发展过程中，人们对程序的结构进行了深入的研究、探索，经过反复实践，确定了结构化程序设计方法作为程序设计的基本方法。

结构化程序设计是指以三种基本控制结构实现程序设计的方法，这三种基本结构是：顺序结构、选择结构和循环结构。其主要技术是模块化、自顶向下、逐步求精及限制使用 GoTo 语句。

模块化的基本思想：将一个大的复杂程序自顶向下逐层按功能分解成一些小模块，每个模块完成一个子功能，模块间相互调用，共同完成特定的功能。其实质是把一个复杂的大问题分解为一些简单的小问题，从而降低程序的复杂性，提高程序的正确性、可维护性和可靠性。

自顶向下的基本思想：程序设计时，要先考虑总体，后考虑细节；先考虑总体目标，后考虑局部目标。开始并不要求追求过多的细节，先从最上层的总体目标开始设计，逐步使问题具体化。

逐步求精的基本思想：就是由抽象到具体的逐步细化过程。1971 年 4 月，瑞士著名计算机科学家 N. Wirth 基于其开发程序设计语言和编程的实践经验，在 Communications of the ACM 上发表了论文《通过逐步求精方式开发程序》（*Program Development by Stepwise Refinement*），首次提出了“结构化程序设计”的概念。其基本思想是：不要求一步就编写出能够执行的程序，而是分多步进行，逐步求精。第一步编写出的程序其抽象度最高，第二步编写出的程序其抽象度有所降低，以后每步编写出的程序其抽象度逐步降低，最后一步编写出的程序即为能够执行的程序。

结构化程序设计方法有很多优点：程序易读写、易调试、易维护、易保证程序的正确性。

1. 顺序结构

顺序结构是一种最简单的程序执行结构，它是按照语句出现的先后顺序执行的，如图 2.4 所示。顺序结构中的语句 1 和语句 2 按照书写顺序执行，即先执行语句 1，再执行语句 2，…。

2．选择结构

选择结构又称为判断结构或分支结构，该结构根据给定的条件是否满足，从两个分支路径中选择其中的一个执行，如图 2.5 所示。选择结构先判断给定的条件是否满足，如果条件满足，则执行语句 1，如果条件不满足，则执行语句 2。无论执行了哪一个分支都表示该选择结构已执行完。

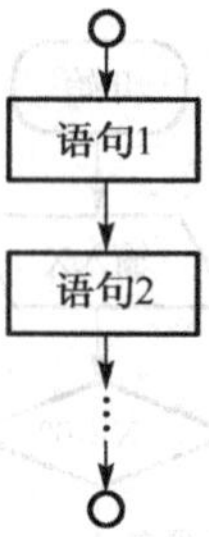

图 2.4　顺序结构

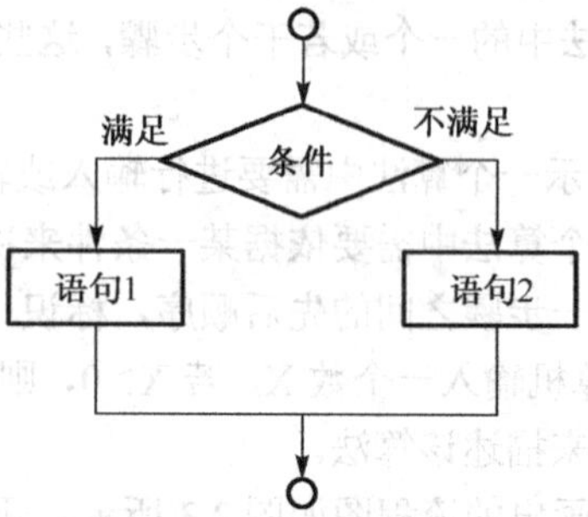

图 2.5　选择结构

3．循环结构

循环结构用于重复执行一些相同或相似的操作，重复执行的语句部分称为循环体。要能够正确完成循环操作，必须使循环体在一定的条件下执行，并执行有限次后能够退出。根据条件判断的结果，可分为两种循环结构：当型（While 型）循环和直到型（Until 型）循环。

当型循环是当条件满足时反复执行循环体，它分为前测型和后测型。如图 2.6 所示为前测型当型循环，它的执行过程是先判断条件，当条件满足时则执行循环体，循环体执行完后，再判断条件，若还满足，再次执行循环体，如此反复执行，当某次条件判断不满足时，则退出循环。

直到型循环是当条件不满足时反复执行循环体，它也分为前测型和后测型。如图 2.7 所示为后测型直到型循环，它的执行过程是先执行循环体，然后判断条件，当条件不满足时则继续执行循环体，再判断条件，若还不满足，再次执行循环体，如此反复执行，直到某次条件判断满足时，则退出循环。

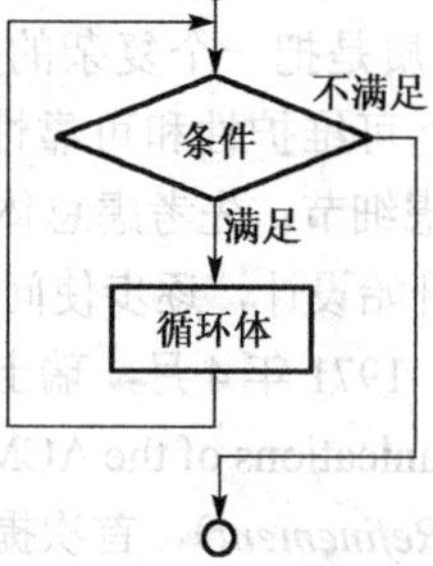

图 2.6　前测型当型循环

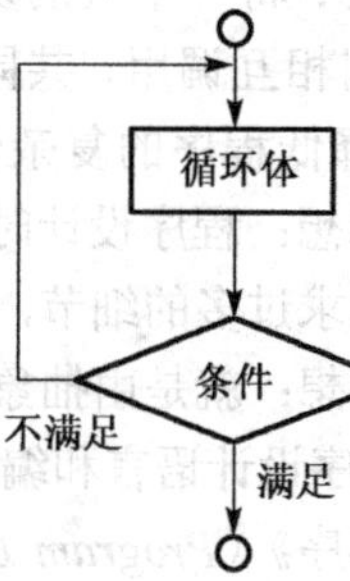

图 2.7　后测型直到型循环

由三种基本控制结构编写的程序称为结构化程序。三种基本结构中的每一种结构都具有如下特点：

（1）只有一个入口和一个出口。

（2）每一条语句都应该有被执行的机会，即有一条从入口到出口的路径通过它。

（3）无死循环（无法停止的循环）。

已经证明，任何复杂问题都可以由这三种基本结构所构成的算法来解决，结构化程序就是指由这三种基本结构所组成的程序。

按照结构化程序设计方法编写程序，可将一个复杂的程序自顶向下逐层按功能分解成一些子功能，这样就降低了程序的复杂性，因此易于编写程序和调试程序。同时也能够把错误降到最低程度，减少了调试程序的时间，提高了编程工作效率，降低了软件开发成本。

结构化程序的设计原则可表示为：程序=数据结构+算法。数据结构（包括数据类型和数据）是一个独立的整体，算法（函数或过程）也是一个独立的整体，程序中的数据与处理这些数据的算法是分开设计的，且以算法为中心。由于结构化程序设计方法是面向过程的，而对不同的数据结构进行相同的处理或对相同的数据结构进行不同的处理，都要使用不同的程序，这样就降低了程序的可重用性和可维护性。采用结构化程序设计方法编写不太复杂的程序则是一种比较有效的方法，但对于开发大规模、复杂的程序，会出现程序的可重用性和可维护性差的问题。

2.2.3 面向对象程序设计方法

面向对象程序设计（Object Oriented Programming）是一种新兴的程序设计方法，它建立在结构化程序设计基础之上，充分体现了分解、抽象、模块化和信息隐藏等思想。

从面向对象程序设计语言问世以来，面向对象程序设计逐步成为程序设计的主流，它把数据和操作视为同等重要，并以数据为中心，其程序设计是围绕着被操作的数据来进行的，而不是围绕着操作本身来进行。

面向对象程序设计的基本思想是对问题进行自然分解，使问题的求解过程更接近于人的思维活动。在程序设计中，将客观世界中的事物看成对象，同类型的对象抽象出其共性形成类，类通过一个外部接口与外界发生联系，对象与对象之间通过消息传递信息。这样的程序设计方法，可使设计出的软件尽可能地直接描述现实世界，可维护性更好，并能够适应用户需求的变化。

面向对象程序设计使用对象、类、封装、继承、多态、消息等基本概念来进行程序设计。下面介绍这些基本概念。

1．对象（Object）

在现实生活中，任何一个描述客观事物的实体都可以看作一个对象。例如，汽车、银行账户、窗口、公司、房屋、手机等都是一个对象。一辆汽车是一个对象，它具有型号、颜色、车身尺寸、排量等属性，又有启动、刹车等行为。一个银行账户是一个对象，它具有账号、姓名、余额等属性，又有开设账户、存款、取款、查询余额等行为。一个窗口是一个对象，它具有大小、颜色、屏幕位置等属性，又有打开、关闭等行为。所以，对象是具有一组属性（又称数据）和一组行为（又称操作）的实体。

2．类（Class）

类是一组具有相同属性和行为的对象的抽象描述。虽然同类对象具有相同的属性和行为，但每一个对象的属性值可能不同。例如，颜色是一辆汽车的属性，但其属性值可以为红、白、黑等不同的颜色。

3．封装（Encapsulation）

封装是指将对象的属性和行为包装在一起，并尽可能地隐藏对象的内部细节。通过封装对象的属性和行为，可以保护对象的内部细节不被外界访问，外界要访问对象的内部细节，必须通过对象向外界提供的接口来访问。

4．继承（Inheritance）

在面向对象的程序设计中，继承可提高程序的可重用性，降低软件的开发和维护成本。使用继承，一个类可以继承另一个类的属性和行为，前者称为子类或派生类，后者称为父类或基类。派生类可继承基类的所有属性和行为，也可以增加新的属性和行为。例如，昆虫可以分为两类，有翅类和无翅类，在有翅类下有数目众多的种类：蛾、苍蝇、蝴蝶等。

5．多态（Polymorphism）

在不同情况下，同一个名字具有不同解释的现象称为多态性，即一个名字具有多种语义，或相同界面对应多种实现。例如，汽车的刹车结构有鼓式刹车和盘式刹车，但它们的使用方法是相同的。相同的使用方法（相同界面）对应于不同种类的刹车结构（多种实现），这反映了多态性的思想。

6．消息（Message）

通过传递消息，可使对象之间进行通信，并使对象完成指定的操作。传递消息是对象与其外界相互联系的唯一途径，一个对象可以向其他对象发送消息以请求服务，也可以响应其他对象传来的消息完成服务于其他对象的指定操作。在面向对象的程序设计中，程序的执行是通过在对象间传递消息来完成的。

2.3 事件驱动编程机制

Visual Basic 的编程是使用系统提供的大量对象来实现的，它采用了面向对象和事件驱动的编程机制，提供了一种所见即所得的可视化程序设计方法。利用 Visual Basic 进行程序设计，就是这些对象进行交互的过程。因此，首先要正确地理解对象和类的概念。

2.3.1 对象和类的概念

1．对象与类的关系

对象是现实世界中存在的各种各样的实体。这些实体对象具有三个共同的特点：其一，有用于描述其特征的一组属性；其二，有对这些属性进行操作的一组行为；其三，有来自外部触发的一些活动。

在面向对象的程序设计中，对象的特征称为属性，对象的行为称为方法，对象的活动称为事件，这就构成了对象的三要素。对象的属性用数据来表示，对象的行为和活动用代码来表示。因此，对象是数据和代码的结合体。

为了描述具有相同特征的对象而引入了类的概念，类的概念比对象更加抽象一些。为了说明类和对象的关系，举一个“人”的例子。人有许多属性，如姓名、性别、年龄、身高、体重等属性，又有走路、说话等行为。但“人”只是一个类的抽象描述，而张三、李四、王五等都是由这个“人”类创建出的对象。类是用来创建对象的模板，对象是类的一个实例。

2．Visual Basic 中的对象与类

在 Visual Basic 中，有一种类是系统提供的，用户可直接使用，另一种类是用户自己定义的。本书只介绍前者。

在 Visual Basic 集成开发环境中，工具箱窗口中给出的按钮形式的可视图标是系统提供的标准控件类，例如，命令按钮类、单选按钮类、复选框类、文本框类等。将控件类实例化，就可以建立控件对象，当在窗体上画一个控件时，就是将控件类实例化为控件对象。

例如，在如图 2.8 所示的窗体上建立了两个对象，一个是文本框 TextBox 控件类的控件对象 Text1，另一个是命令按钮 CommandButton 控件类的控件对象 Command1，即控件类的实例化，它们分别继承了 TextBox 控件类和 CommandButton 控件类的特征。工具箱上的每一控件类（TextBox、CommandButton

等）的控件对象都有各自的属性、事件和方法。

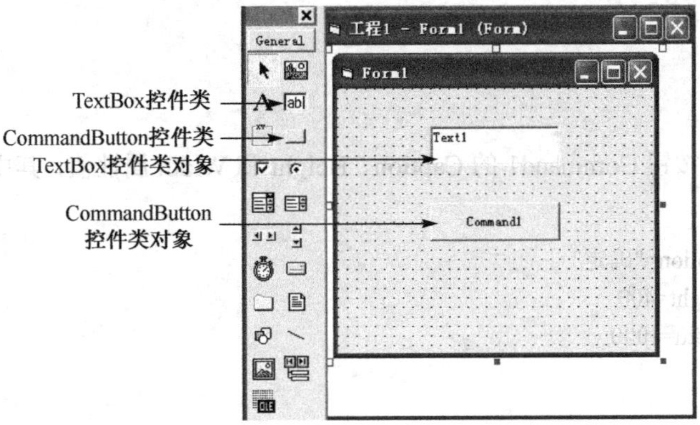

图 2.8　对象与类

2.3.2　对象的属性、事件和方法

Visual Basic 的对象具有属性、事件和方法三要素，如图 2.9 所示。

1．对象的属性

属性是描述对象特征的数据，Visual Basic 程序中的每一种对象都有一组特定的属性，而且不同的对象具有各自不同的属性。例如，对象名为 Command1（也可称命令按钮 Command1）的属性有标题（Caption）、高度（Height）、宽度（Width）、字体（Font）、是否可见（Visible）等，每一个属性都有相应的属性值。

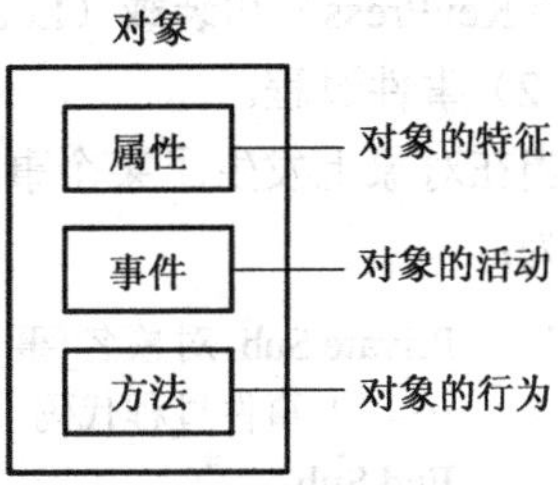

图 2.9　对象的三要素

属性值的设置有下面两种方法：

（1）在程序设计阶段，选定某对象，利用属性窗口设置其属性值。

（2）在程序运行阶段，通过赋值语句来设置其属性值。赋值语句的一般格式为：

[对象名.]属性名=属性值

例如，若将命令按钮 Command1 的 Caption 属性值设置为“确定”，在程序中使用的语句为：

```
Command1.Caption="确定"
```

该语句赋值号的右边也可出现对象的属性，例如：

```
Command2.Caption= Command1.Caption
```

该语句把命令按钮 Command1 的 Caption 属性值赋给命令按钮 Command2 的 Caption 属性。

赋值语句中的“[对象名.]属性名”是 Visual Basic 引用对象属性的方法，对于当前对象，可以省略对象名，也可以使用 Me 关键词代替当前对象名。当一次使用某个对象的多个属性时，可以用 With 语句，其一般格式为：

```
With 对象名
    语句块
End With
```

With 语句可以对某个对象执行一系列的操作，而不用重复给出对象名。例如：

```
With Command1
  .Caption="确定"
  .Height=400
  .Width=1000
End With
```

该语句设置了命令按钮 Command1 的 Caption、Height 和 Width 属性值，其中的赋值语句省略了对象名。它等价于：

```
Command1.Caption="确定"
Command1.Height=400
Command1.Width=1000
```

2．对象的事件

（1）事件。

事件就是发生在对象上的事情。例如，命令按钮就是一个对象，若用鼠标单击该对象，就会在该对象上产生一个单击事件；若用鼠标双击该对象，就会在该对象上产生一个双击事件。

Visual Basic 系统为每个对象都预先定义了一系列事件，每个对象的事件是固定的，用户不能为其建立新的事件。如单击（Click）、双击（DblClick）、改变（Change）、鼠标移动（MouseMove）、键盘按下（KeyPress）和装载（Load）等事件。

（2）事件过程。

当在对象上发生了某个事件后，就必须去处理这个事件。处理事件的步骤就是事件过程，其一般格式为：

```
Private Sub 对象名_事件名([参数列表])
…    ' 事件过程代码
End Sub
```

其中，Private 表示该过程是模块级过程，Sub 为过程定义标识，End Sub 为过程定义的结束语句。“参数列表”随事件过程的不同而不同，有些事件过程没有参数，所以“参数列表”可以省略。

在 Visual Basic 中已经为每个对象设定了可能发生的事件，而每一个事件都对应一个事件过程，在编程时，只要选定了对象和该对象对应的某事件，则该事件过程的模板会自动产生。例如，如果选定了命令按钮 Command1 的 Click 事件，则会自动产生如下事件过程模板：

```
Private Sub Command1_Click()
    ' 编写代码的位置
End Sub
```

此时，用户只需在事件过程模板中编写实现具体功能的程序代码即可。

例如，在程序执行之后，用户单击该命令按钮，若将窗体背景颜色变成红色，则事件过程为：

```
Private Sub Command1_Click()
  Form1.BackColor=vbRed          ' 设置窗体背景颜色为红色
End Sub
```

这个命令按钮 Click 事件过程没有参数。

注意：一个对象可以响应一个或多个事件，如 Click、DblClick 和 Change 等事件。当用户向一个对象发出动作时，也可能在该对象上同时触发多个事件。如在文本框中输入字符时，按下键盘，同时触发了 KeyPress、KeyDown 和 KeyUp 事件。在程序设计时，并不需要对这些事件过程都进行编码，即使同时触发的事件也不一定需要都进行编码，根据需要只对用到的事件过程进行编码即可，没有编码的空事件过程，系统不予处理。

在编写对象的事件过程时，为避免对象的事件过程模板输入错误，建议在代码窗口中通过对象下拉列表框和过程下拉列表框来选择对象及事件，由系统自动生成对象的事件过程模板。

（3）事件驱动。

在传统的结构化程序设计中，应用程序自身控制了程序的执行顺序，如果应用程序是由主程序和若干个子程序组成的话，程序执行首先从主程序的第一行开始，然后按照程序设计人员事先编写的代码执行顺序运行整个程序，执行流程完全取决于代码。

Visual Basic 应用程序的执行发生了根本的变化，它的执行是由事件驱动过程（有些语言称为子程序）来完成的。程序执行后先等待窗体上某个事件的发生，然后再执行所发生事件的事件过程，待事件过程执行完后，又等待窗体上另一个事件的发生，这就是事件驱动程序执行方式。例如，在窗体上有一个“确定”命令按钮（名称为 Command1），并编写了该按钮的 Click 事件过程，在程序运行时，用户用鼠标单击窗体上的“确定”按钮，即触发了一个 Click 事件，然后系统就去执行该单击事件对应的 Command1_Click 事件过程，该过程执行完后暂停，等待用户下一个操作去触发另一个事件。对象、事件和事件过程之间的关系如图 2.10 所示。

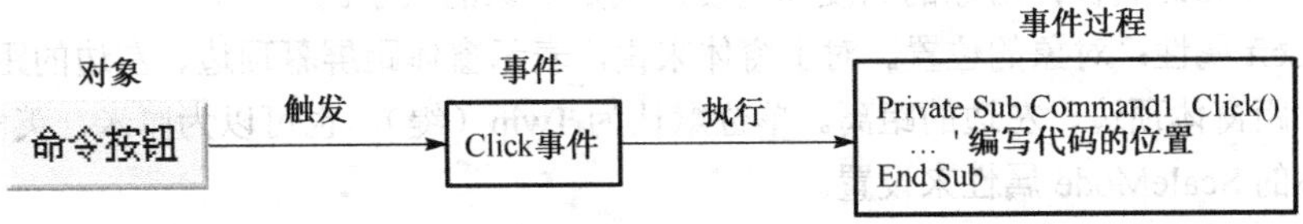

图 2.10　对象、事件和事件过程之间的关系

3. 对象的方法

方法是对象所具有的行为，它是用来完成指定操作的一段程序。例如，Print 方法、Show 方法、Move 方法和 Hide 方法。方法中的代码是不可见的。

调用对象方法的一般格式为：

```
[对象名.]方法名[参数列表]
```

其中，若省略了对象名，表示为当前对象，一般指窗体。有的方法带有一些参数，这些参数只需放在方法名后面，参数之间以逗号分隔。

例如，有一个名为 Label1 的标签对象，程序运行后，若单击标签，则将其移动到坐标为（200,100）的位置，其事件过程为：

```
Private Sub Label1_Click()
  Label1.Move 200,100
End Sub
```

又如，有一个名为 Form1 的窗体对象，程序运行后，若单击窗体，则调用窗体对象的打印方法 Print，在窗体 Form1 上打印输出“欢迎使用 Visual Basic 6.0”，其事件过程为：

```
Private Sub Form_Click()
  Form1.Print "欢迎使用 Visual Basic 6.0"        ' 语句中的 Form1 可以省略
End Sub
```

2.4 窗体和基本控件

本节先介绍 Visual Basic 中常用的 4 个对象：窗体、标签、文本框和命令按钮，以满足后面的编程需要。

2.4.1 对象的通用属性

1．通用属性

对象的属性用来描述和反映对象的特征，决定对象的外观，例如，对象的名称、位置、大小和颜色等。不同的对象都有自己的一组属性，但各对象的属性有一些是不同的，有一些是相同的。像窗体、标签、文本框和命令按钮等对象都具有一些共同的属性，即通用属性。下面介绍对象的通用属性。

（1）名称（Name）属性：对象的名称。在建立对象时由系统为该对象提供一个默认名称，如 Form1、Text1、Command1、Label1 等，该名称作为对象的标识在程序中引用。

（2）Caption 属性：对象的标题。决定对象标题上显示的文本内容。

（3）Height、Width 属性：对象的高度和宽度。决定对象的大小。

（4）Top、Left 属性：对象的位置。对于窗体来说，表示窗体距屏幕顶边、左边的距离；对于控件来说，表示控件距窗体顶边、左边的距离。单位默认为 Twip（缇），也可以为厘米、英寸等其他单位，这可以通过窗体的 ScaleMode 属性来设置。

1Twip=1/20Point（点）=1/1440in（英寸）=1/567cm（厘米）。

例如，在窗体上建立一个文本框，在属性窗口进行文本框的位置设置，如图 2.11 所示。文本框在窗体上的设置效果如图 2.12 所示。

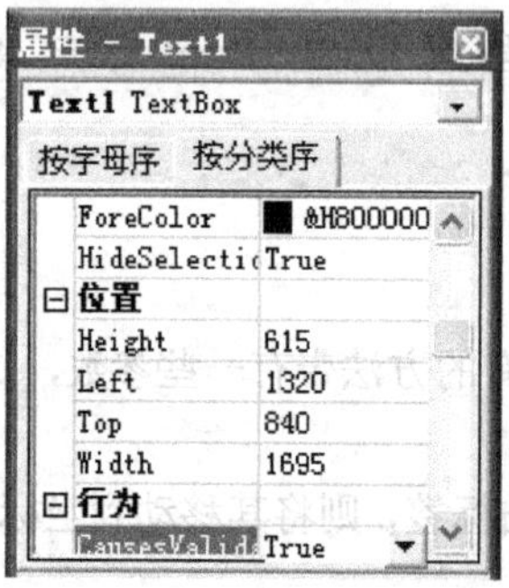

图 2.11 控件位置属性窗口

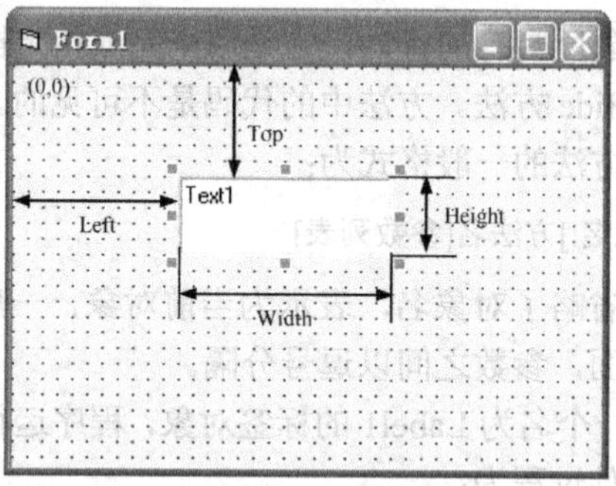

图 2.12 控件位置设置效果

（5）Font 属性：字体。改变文本的外观，其属性对话框如图 2.13 所示。

其中包括 FontName（字体）、FontSize（大小）、FontBold（粗体）、FontItalic（斜体）、FontStrikethru（删除线）、FontUnderline（下画线）等。

FontName 属性是字符串型；FontSize 属性是整型；FontBold、FontItalic、FontStrikethru、FontUnderline 属性是逻辑型，当其属性值为 True 时，分别表示粗体、斜体、删除线、下画线。

（6）Enabled 属性：可用性。决定对象是否可用，其属性值为 True 表示可用，其属性值为 False 表示不可用，呈灰色。

（7）Visible 属性：可见性。决定程序运行时对象是否可见。其属性值为 True 表示对象可见，其属性值为 False 表示对象被隐藏，但对象本身仍然存在。

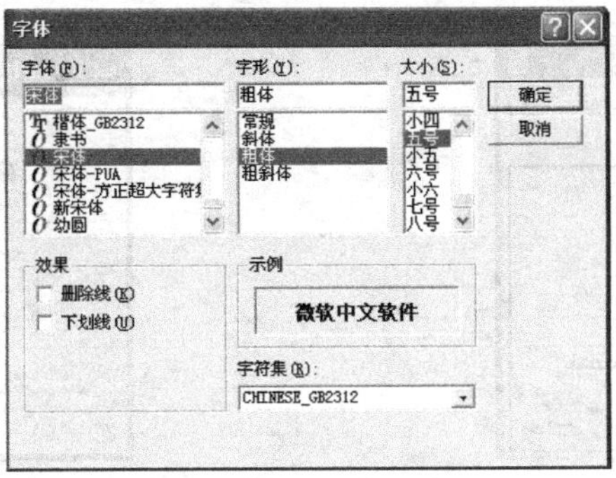

图 2.13　Font 对话框

（8）ForeColor、BackColor 属性：设置前景颜色、背景颜色。前景颜色是指对象中文本的颜色，背景颜色是指对象中文本以外的颜色。

对象的大部分属性值既可以通过属性窗口设置，也可以通过编写程序代码来设置。但有少量属性值只能利用属性窗口设置，如 Name、MaxButton 和 MinButton 属性。

前面介绍了常用对象所具有的共同属性，其他属性随有关控件进行介绍。

2．默认属性

默认属性是用来反映对象的最重要的属性，在程序运行阶段，利用赋值语句“对象名=属性值”，不指明对象的属性名就可改变其值的那个属性称为默认属性。部分常用控件的默认属性如表 2.1 所示。

表 2.1　部分常用控件的默认属性

控件	属性	控件	属性
文本框	Text	单选按钮	Value
标签	Caption	复选框	Value
命令按钮	Default	图形、图像框	Picture

例如，设置标签名为 Label2 的 Caption 属性值为“欢迎使用 Visual Basic 6.0”，下面两条赋值语句是等价的。

```
Label2.Caption = "欢迎使用 Visual Basic 6.0"
Label2 = "欢迎使用 Visual Basic 6.0"
```

【例 2.2】 在窗体上添加一个命令按钮，分别在程序设计阶段和程序运行阶段进行属性设置。

（1）在程序设计阶段利用属性窗口设置命令按钮 Command1 的属性值。

选定命令按钮 Command1，在属性窗口单击 Caption 属性，在其右边输入“确定”，即将 Caption 的值设置为“确定”，再单击 Font 属性，在右边出现一个 ... 按钮，单击该按钮，出现如图 2.13 所示的字体对话框，在该对话框中设置“宋体、粗体、五号”，属性窗口如图 2.14 所示，命令按钮 Command1 的设置效果如图 2.15 所示。

（2）在程序运行阶段通过赋值语句设置命令按钮 Command1 的属性值。

双击命令按钮 Command1，打开代码窗口，在 Command1_Click 事件过程中输入如图 2.16 所示的赋值语句。程序运行后，单击命令按钮，通过赋值语句设置了命令按钮 Command1 的属性值。程序运行结果如图 2.17 所示。

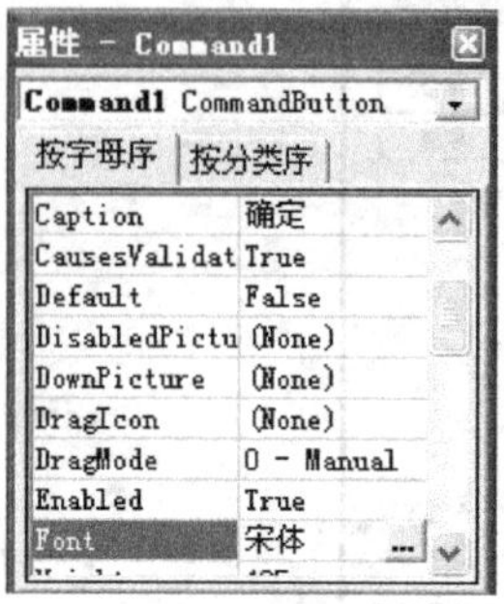

图 2.14　属性窗口

图 2.15　设置效果

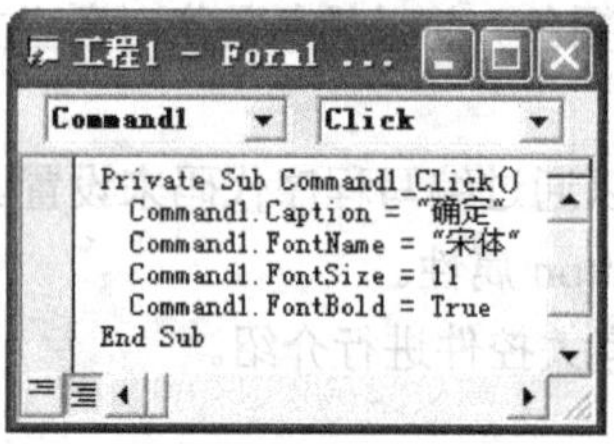

图 2.16　代码窗口

图 2.17　运行结果

2.4.2　窗体

窗体是用于设计用户界面的基本平台，是各个控件的容器，通过工具箱可向窗体添加控件，所有的控件都可以放置在窗体上，在运行时窗体则是用户与应用程序进行交互操作的界面。

窗体有自己的属性、事件和方法，建立了窗体后，首先就要设置窗体的属性，以使窗体的外观符合用户要求。

1. 窗体的属性

窗体的属性决定了窗体的外观。在一般情况下，对于那些在程序运行期间固定不变的属性，都是在窗体界面设计阶段通过属性窗口进行设置的。窗体对象的外观如图 2.18 所示。

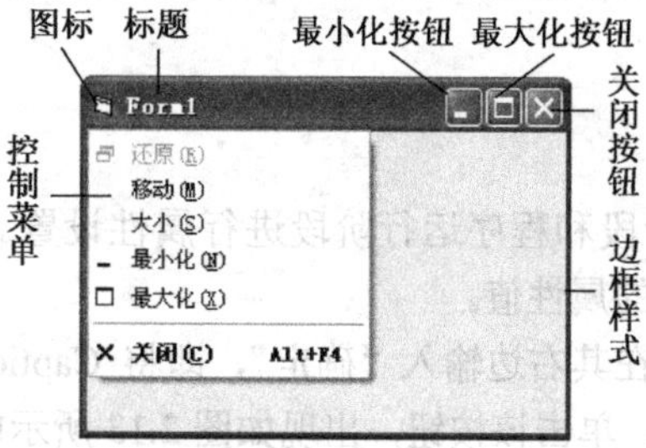

图 2.18　窗体外观

（1）Caption 属性：设置窗体标题栏上显示的文本内容。

（2）MaxButton、MinButton 属性：设置是否在窗体右上角显示最大化和最小化按钮，取值为 True 和 False，默认值均为 True。当两者的值均为 True 时，在窗体上有最大化和最小化按钮；当值为 False 时，无最大化和最小化按钮。

（3）ControlBox 属性：设置是否在窗体左上角显示控制菜单，而控制菜单在窗体左上角以图标形式显示。取值为 True 和 False，默认值为 True。当值为 True 时，在窗体上有控制菜单；当值为 False 时，无控制菜单，同时最大化和最小化按钮也消失。

（4）Icon 属性：设置窗体左上角显示的图标。当 ControlBox 属性值为 True 时，设置窗体左上角显示的图标（.ico 或.cur）。

（5）Picture 属性：设置在窗体中显示的图片。在程序设计阶段，从属性窗口选择该属性，单击该属性右侧的 ... 按钮，打开一个“加载图片”对话框，从中选择一个图形文件。也可在程序运行阶段使用下面的赋值语句来设置：

```
[对象名.]Picture=LoadPicture("文件名")
```

Picture 属性可以显示多种文件格式的图形文件，例如，.ico、.bmp、.wmf、.jpg、.cur 等。

（6）BorderStyle 属性：设置边框类型，取值为 0～5，默认值为 2，只能在属性窗口进行设置。

① 0—None：窗体无边框，不可移动，也不可改变大小。

② 1—Fixed Single：窗体为细线单边框，包含控制菜单、标题栏和关闭按钮，可移动，但不可改变大小。

③ 2—Sizable：窗体为粗线单边框，包含控制菜单、标题栏、最小化按钮、最大化按钮和关闭按钮，既可移动，又可改变大小。

④ 3—Fixed Dialog：窗体为固定对话框，包含控制菜单、标题栏和关闭按钮，可移动，但不可改变大小。

⑤ 4—Fixed ToolWindow：窗体为固定细线边框，包含标题栏和关闭按钮，但用缩小字体显示，可移动，但不能改变大小。

⑥ 5—Sizable ToolWindow：窗体为固定粗线边框，包含标题栏和关闭按钮，但用缩小字体显示，既可移动，又可改变大小。

（7）WindowState 属性：设置窗体运行时的显示状态，可用属性窗口设置，也可通过程序代码设置。取值为 0～2，默认值为 0。

① 0—Normal：表示正常状态，窗体不缩小为一个图标，一般也不充满整个屏幕，其窗体大小按程序设计阶段所设计的为准，程序运行后，窗体可移动，也可改变大小。

② 1—Minimized：表示窗体最小化状态，程序运行后，窗体缩小为任务栏中的一个图标，其效果相当于单击最小化按钮。

③ 2—Maximized：表示窗体最大化状态，程序运行后，窗体充满整个屏幕，其效果相当于单击最大化按钮。

（8）AutoRedraw 属性：用于控制窗体内图形的重绘，主要应用在多窗体设计中。可在属性窗口设置，也可通过程序代码设置。取值为 True 和 False，默认值为 False。当取值为 True 时，若一个窗体被其他窗体覆盖，当又回到该窗体时，将自动重绘该窗体上的所有图形。

2．窗体的常用事件

当用户对窗体进行操作，或使窗体的某些方面有所变化时，就会触发窗体事件。窗体的常用事件有 Load、Unload、Activate、Deactivate、Click、DblClick、KeyPress 等。窗体事件过程的一般格式为：

```
Private Sub Form_事件名([参数列表])
  …    ' 事件过程代码
End Sub
```

（1）Load（装载）事件：装载窗体时触发该事件。当运行程序时，系统自动装载和显示窗体。在窗体显示之前，就会触发 Load 事件，自动执行 Form_Load 事件过程。

窗体的 Load 事件过程通常是第一个被应用程序执行的过程，所以，它常用于对属性、变量的初始化。

注意：由于 Load 事件是在窗体显示之前触发的，因此用 Print 方法输出信息时将无法看到，要想看到输出信息，必须在调用 Print 方法之前调用 Show 方法，或将窗体的 AutoRedraw 属性设置为 True。

（2）Unload（卸载）事件：卸载窗体时触发该事件。当程序运行结束或单击窗体上的“关闭”按钮时，就会触发 Unload 事件，自动执行 Form_Unload 事件过程。

利用 Unload 事件可以在程序运行结束时做一些善后处理工作，如关闭文件、提示存盘等。

（3）Activate、Deactivate（活动、非活动）事件：当窗体变为活动窗体时触发 Activate 事件，自动执行 Form_Activate 事件过程；当另一个窗体变为活动窗体，而该窗体不再是活动窗体时触发 Deactivate 事件，自动执行 Form_Deactivate 事件过程。

（4）Click（单击）事件：单击窗体内的空白区域，则触发该事件，执行 Form_Click 事件过程。如果单击的是窗体中的某个控件，则执行相应控件的 Click 事件过程。

（5）DblClick（双击）事件：双击窗体内的空白区域，则触发该事件，执行 Form_DblClick 事件过程。“双击”实际触发了两个事件，第一次按鼠标键产生 Click 事件，第二次按鼠标键产生 DblClick 事件。这一操作过程还将伴随发生 MouseDown、MouseUp 事件。

（6）KeyPress（按键）事件：按下键盘上的某个键时，则触发该事件，自动执行 Form_KeyPress 事件过程。其事件过程的一般格式为：

```
Private Sub Form_KeyPress(KeyAscii As Integer)
    …    ' 事件过程代码
End Sub
```

其中，参数 KeyAscii 的值是所按字符键的 ASCII 码。例如，按下“A”键，参数 KeyAscii 的值为 65。该事件还可以响应 Enter、Tab 和 BackSpace 三种控制键，按下这三种控制字符键，参数 KeyAscii 的值为三种控制字符键的 ASCII 码，该事件不响应其他控制键。

3. 窗体的方法

窗体上常用的方法有 Print、Cls、Move、Show 和 Hide 方法。

（1）Print（打印）方法：用于在窗体上输出数据、文本，也可以在打印机（Printer）上输出。有关 Print 方法的一般格式及功能将在 4.1.2 节详细介绍。

（2）Cls（清除）方法：用于清除运行时由 Print 方法在窗体或图片框上显示的文本，或由作图方法在窗体及图片框上显示的图形。其一般格式为：

```
[对象名.] Cls
```

其中，对象名可以是窗体和图片框，默认为窗体。

（3）Move（移动）方法：用于移动窗体和控件，并可改变被移动对象的大小。其一般格式为：

```
[对象名.] Move Left[,Top[,Width[,Height]]]
```

其中，对象名可以是窗体和除时钟、菜单外的所有控件，默认为窗体。Left、Top、Width、Height 为数值表达式。如果对象是窗体，则 Left、Top 以屏幕左边界和上边界为准，其他对象以窗体的左边界和上边界为准。

Left：指对象的水平坐标，即对象左边与其容器左边界的距离。

Top：指对象的垂直坐标，即对象上边与其容器上边界的距离，省略时表示垂直坐标不变。

Width：指对象的新的宽度，省略时表示宽度不变。

Height：指对象的新的高度，省略时表示高度不变。

（4）Show（显示）方法：用于显示一个窗体，使指定的窗体在屏幕上可见。在执行 Show 方法时，如果指定的窗体已加载，则直接显示该窗体；如果指定的窗体没有加载，则自动加载该窗体。其一般格式为：

```
[窗体名.]Show
```

（5）Hide（隐藏）方法：用于隐藏窗体，使指定的窗体不显示，但并没有从内存中删除窗体。其一般格式为：

[窗体名.]Hide

【例 2.3】 设计一个简单的欢迎界面。

分析：在 Form_Load 事件过程中对窗体的宽度、高度、前景颜色、背景颜色、标题栏、字体、字体大小进行设置；在 Form_Activate 事件过程中使用 Print 方法输出欢迎文字。

程序代码如下：

```
Private Sub Form_Load()
  ' 下面语句中的 Form1 均可省略
  Form1.Width = 4700
  Form1.Height = 2100
  Form1.ForeColor = vbBlue
  Form1.BackColor = vbYellow
  Form1.Caption = "欢迎窗口"
  Form1.Font = "楷体_GB2312"
  Form1.FontSize = 20
End Sub
Private Sub Form_Activate()
  ' 下面语句中的 Form1 均可省略
  Form1.Print
  Form1.Print Spc(7); "欢迎使用"
  Form1.Print Tab(4); "Visual Basic 6.0"
End Sub
```

程序运行后，在窗体上的输出结果如图 2.19 所示。

图 2.19　例 2.3 的运行结果

2.4.3　标签

标签（Label）可为窗体上的其他控件做标记，也可用来显示文本信息，但不能用于输入信息。

1. 标签的属性

标签常用属性有：Caption、Font、BorderStyle、BackStyle、Left、Top、Alignment、Autosize 等。

（1）Caption：设置在标签中显示的文本内容。

（2）BorderStyle：设置标签有无边框。0—None 表示无边框，1—Fixed Single 表示有凹陷单线边框。

（3）BackStyle：设置标签背景是否透明。0—Transparent 表示透明，1—Opaque 表示不透明。

（4）Alignment：设置标签中文本的对齐方式。0—Left Justify 表示左对齐，1—Right Justify 表示右对齐，2—Center 表示居中。

（5）AutoSize：设置标签框的大小是否按标签中所显示的内容自动进行调整。取值为 True 表示自动进行调整；取值为 False 表示不进行调整，但超出标签框的文本信息则显示不出来。默认值为 False。

2．标签的常用事件

标签常用的事件有：单击（Click）、双击（DblClick）、改变（Change）、按下鼠标（MouseDown）和释放鼠标（MouseUp）等。在界面设计中，通常只用标签为窗体上的其他控件做标记，或在窗体中显示文本信息，一般不编写事件过程。

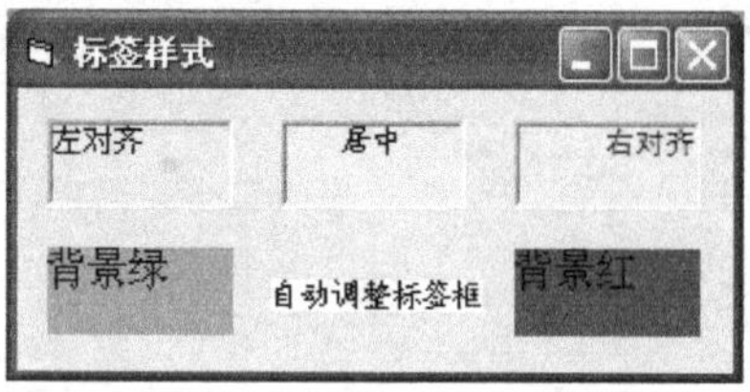

图 2.20　例 2.4 的运行结果

3．标签的方法

标签常用的有 Move 方法，Move 方法用于实现对标签对象的移动。

【例 2.4】 在窗体上添加 6 个标签，为其设置属性，运行程序后，观察标签效果。

窗体及窗体上的 6 个标签的属性设置如表 2.2 所示，运行后的结果如图 2.20 所示。

表 2.2　属 性 设 置

对象名	Caption 属性	有关其他属性
Form1	标签样式	BorderStyle=2
Label1	左对齐	Alignment=0，BorderStyle=1，Font="宋体"
Label2	居中	Alignment=2，BorderStyle=1，Font="楷体_GB2312"
Label3	右对齐	Alignment=1，BorderStyle=1，Font="黑体"
Label4	背景绿	Alignment=0，BorderStyle=0，BackColor=&H0000FF00&
Label5	自动调整标签框	Alignment=0，BorderStyle=0，AutoSize=True
Label6	背景红	Alignment=0，BorderStyle=0，BackColor=&H000000FF&

2.4.4　文本框

文本框（TextBox）是一个文本编辑区域，可以在该区域输入、编辑、修改和显示文本内容。

1．文本框的属性

文本框常用的属性有 Text、MultiLine、PasswordChar、ScrollBars、SelStart、SelLength、SelText、Locked、MaxLength 等。

（1）Text 属性：这是文本框最常用的属性，用于设置或返回文本框中的文本内容。该属性值为字符串类型。

（2）MultiLine 属性：设置文本框是否能够以多行方式输入或显示文本内容，该属性取值为 True 和 False。如果属性值为 True，则按多行方式输入或显示文本内容；如果属性值为 False，则按单行方式输入或显示文本内容，默认值为 False。

（3）PasswordChar 属性：设置在文本框中是否显示用户输入的字符，如果该属性设置为某一字符，无论在文本框中输入什么内容，则在文本框中都只显示所设置的字符。默认值为空，显示输入的字符。该属性只有在 MultiLine 属性值为 False 时才有效。

（4）ScrollBars 属性：设置文本框是否有滚动条。有以下 4 种形式。

① 0—None：表示没有滚动条，0 为默认值。

② 1—Horizontal：表示只有水平滚动条。

③ 2—Vertical：表示只有垂直滚动条。

④ 3—Both：表示既有垂直滚动条，又有水平滚动条。

（5）SelStart 属性：在程序运行时返回或设置选定文本的开始位置，第一个字符的位置为 0。

（6）SelLength 属性：在程序运行时返回或设置选定文本内容的字符（一个汉字为一个字符）个数。

（7）SelText 属性：在程序运行时返回或设置选定的文本内容。

（8）Locked 属性：决定文本框中的文本内容是否可以进行编辑。该属性取值为 True 和 False。如果属性值为 True，则表示不可以编辑文本框中的文本内容；如果属性值为 False，则表示可以编辑，默认值为 False。

（9）MaxLength 属性：设置文本框中输入的文本长度。默认值为 0，表示文本长度无限制，如果设置为大于 0 的数，该数表示能够输入的最大字符数。

2．文本框的事件

文本框除具有 Click、DblClick 事件外，还支持 Change、GotFocus、LostFocus、KeyPress 等事件。

（1）Change 事件：当用户向文本框输入新文本，或在程序运行时用赋值语句对 Text 属性重新赋值时，即文本框中的文本内容发生变化就触发该事件。

（2）GotFocus 事件：在程序运行时用鼠标单击文本框，或用 Tab 键、SetFocus 方法将焦点设置到文本框时触发该事件，即当文本框获得焦点时触发该事件。

（3）LostFocus 事件：在程序运行时用鼠标选择其他对象，或按 Tab 键使光标离开文本框时触发该事件，即当文本框失去焦点时触发该事件。

（4）KeyPress 事件：当在获得焦点的文本框中按下键盘上的某个键时触发该事件。其事件过程的一般格式为：

```
Private Sub Text1_KeyPress(KeyAscii As Integer)
  …  ' 事件过程代码
End Sub
```

Text1_KeyPress 事件过程中的参数 KeyAscii 返回所按键的 ASCII 值。

3．文本框的方法

文本框最常用的方法有 SetFocus 方法，该方法可将光标移到指定的文本框中，使文本框获得焦点。例如，要将焦点移到文本框 Text1 中，可以使用下面的语句来实现。

```
Text1.SetFocus
```

【例 2.5】 在窗体上添加 3 个文本框，如图 2.21 所示。程序运行后，在第 1 个文本框中输入 26 个大写英文字母，则在第 2 个文本框中同步显示相同的内容，单击窗体，会将第一个文本框中输入的前 10 个字母复制到第 3 个文本框中。

窗体及窗体上的 3 个文本框的属性设置如表 2.3 所示。

表 2.3　属 性 设 置

对象名	属性名	属性值	说明
Form1	Caption	文本框示例	
Text1	Text	Text1	单行，无滚动条
Text2	Text	Text2	多行，垂直滚动条
	MultiLine	True	
	ScrollBars	2	

续表

对象名	属性名	属性值	说明
Text3	Text	Text3	多行，垂直和水平滚动条
	MultiLine	True	
	ScrollBars	3	

窗体 Form1 的 Load 事件过程代码如下：

```
Private Sub Form_Load()
    Text1.Text = ""                    ' 清空文本框 Text1
    Text2.Text = ""                    ' 清空文本框 Text2
    Text3.Text = ""                    ' 清空文本框 Text3
End Sub
```

文本框 Text1 的 Change 事件过程代码如下：

```
Private Sub Text1_Change()
    Text2.FontSize = 12                ' 设置文本框 Text2 的字体大小为 12
    ' 将文本框 Text1 中输入的英文字母同步显示到文本框 Text2 中
    Text2.Text = Text1.Text
End Sub
```

窗体 Form1 的 Click 事件过程代码如下：

```
Private Sub Form_Click()
   Text1.SelStart = 0              ' 将文本框 Text1 中的第 1 个字符前设置为文本的开始位置
   Text1.SelLength = 10            ' 设置选定文本的字符数
   Text3.FontSize = 14             ' 设置文本框 Text3 的字体大小为 14
   Text3.Text = Text1.SelText      ' 将选定的正文内容显示到文本框 Text3 中
End Sub
```

程序运行后，首先自动执行 Form_Load 事件过程，将 3 个文本框清空。然后在第 1 个文本框中输入 26 个大写英文字母，自动执行 Text1_Change 事件过程，将输入的字母用 12 号字同步显示到文本框 Text2 中，单击窗体，执行 Form_Click 事件过程，将第一个文本框中的前 10 个字母用 14 号字显示到第 3 个文本框中，运行结果如图 2.22 所示。

图 2.21　例 2.5 的界面设计

图 2.22　例 2.5 的运行结果

2.4.5　命令按钮

命令按钮（CommandButton）主要用于接收用户的指令，完成指定的操作。如果在命令按钮的 Click

事件过程中编写一段代码，当用户用鼠标单击这个按钮时，就会执行该事件过程，完成某一特定的功能。

1. 命令按钮的属性

命令按钮的常用属性有 Caption、Cancel、Default、Style、Picture、Value 等。

（1）Caption 属性：设置命令按钮的标题，即显示在命令按钮上的文本内容。在该属性中用户可以设置一个热键字符，设置方法是在指定为热键字符的前面加一个“&”符号，这样该字符就显示有一个下画线。当程序运行时，只要同时按下 Alt 和带有下画线的字符，即可触发该命令按钮的 Click 事件。

（2）Cancel 属性：设置按键盘上的 Esc 键是否等同于单击命令按钮。该属性取值为 True 和 False。当属性值为 True 时，表示响应 Esc 键，即按 Esc 键与单击命令按钮的作用相同；当属性值为 False 时，表示不响应 Esc 键。默认值为 False。

注意：在一个窗体中只允许有一个命令按钮的 Cancel 属性设为 True。

（3）Default 属性：设置该命令按钮是否为窗体的默认按钮，即在程序运行时，用户按 Enter 键是否可触发该按钮的 Click 事件。该属性取值为 True 和 False。当属性值为 True 时，表示该命令按钮为窗体的默认按钮，当属性值为 False 时，表示不是默认按钮。默认值为 False。

注意：在一个窗体中只能设置一个命令按钮为默认按钮。

（4）Style 属性：设置命令按钮的类型。有以下两种形式：

① 0—Standard：表示是标准样式的命令按钮，即在命令按钮中只显示文本（Caption 属性）。

② 1—Graphical：表示是图形样式的命令按钮，即在命令按钮中不仅可以显示文本（Caption 属性），而且可以显示图形（Picture 属性）。

注意：在程序运行时不能用代码修改 Style 属性值。

（5）Picture 属性：当 Style 属性值为 1 时，用于设置命令按钮上显示的图形。

（6）Value 属性：用于在程序代码中自动触发命令按钮。该属性只能在程序运行时使用，在程序代码中将 Value 的值设为 True，则自动触发命令按钮的 Click 事件。

2. 命令按钮的事件

命令按钮的常用事件如下。

（1）Click 事件：用鼠标左键单击命令按钮时，触发该事件。

（2）KeyPress 事件：当命令按钮具有焦点时，按下键盘上的一个键时，触发该事件。

（3）KeyDown 事件：当命令按钮具有焦点时，按下键盘上的一个键时，触发该事件。

（4）KeyUp 事件：当命令按钮具有焦点时，抬起键盘上的一个键时，触发该事件。

命令按钮的常用事件主要是 Click 事件，通常情况下都是围绕这一事件来编程的。对命令按钮来说，可在程序运行时采用下列 5 种方法触发命令按钮的 Click 事件。

（1）用鼠标单击命令按钮。

（2）按 Tab 键，使某命令按钮获得焦点，再按 Enter 键或空格键。

（3）按命令按钮的热键。

（4）在程序运行时用赋值语句 Command1.Value=True 将命令按钮 Command1 的 Value 属性值置为 True。

（5）在程序运行时通过其他过程调用 Command1_Click 事件过程。

3. 命令按钮的方法

命令按钮常用的方法是 SetFocus，该方法可将焦点定位在指定的命令按钮上。

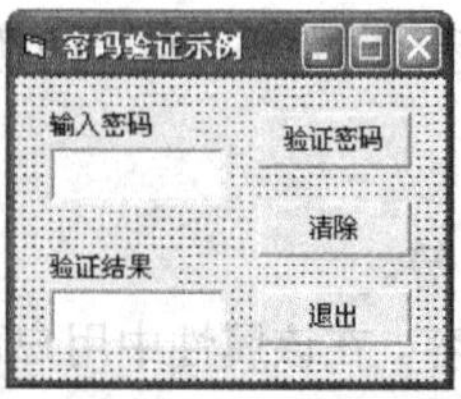

图 2.23 例 2.6 的界面设计

【例 2.6】 验证密码。用户在一个文本框中输入密码，然后单击“验证密码”命令按钮，程序将把用户输入的密码与事先设定的密码（xyjszx408）进行核对。如果一致，则给出“验证成功”信息；如果不一致，则给出“验证失败”信息。

在窗体上添加 2 个标签、2 个文本框和 3 个命令按钮，属性设置如表 2.4 所示，界面设计如图 2.23 所示。

表 2.4 属 性 设 置

对象名	属性名	属性值	说明
Form1	Caption	密码验证示例	
Label1	Caption	输入密码	
Label2	Caption	验证结果	
Text1	Text		初始值为空，用于输入密码
	PasswordChar	*	
Text2	Text		初始值为空，用于输出密码验证信息
Command1	Caption	验证密码	
Command2	Caption	清除	
Command3	Caption	退出	

命令按钮 Command1 的 Click 事件过程代码如下：

```
Private Sub Command1_Click()
  pass$ = Text1.Text
  If pass$ = "xyjszx408" Then
    Text2.Text = "验证成功"
  Else
    Text2.Text = "验证失败"
  End If
End Sub
```

命令按钮 Command2 的 Click 事件过程代码如下：

```
Private Sub command2_Click()
  Text1.Text = ""
  Text2.Text = ""
  Text1.SetFocus
End Sub
```

命令按钮 Command3 的 Click 事件过程代码如下：

```
Private Sub Command3_Click()
  End
End Sub
```

程序运行后，输入正确的密码，单击“验证密码”命令按钮，运行结果如图 2.24 所示；单击“清除”命令按钮，则清除文本框中的内容；输入错误的密码，单击“验证密码”命令按钮，运行结果如图 2.25 所示；单击“退出”命令按钮，即可结束程序的运行。

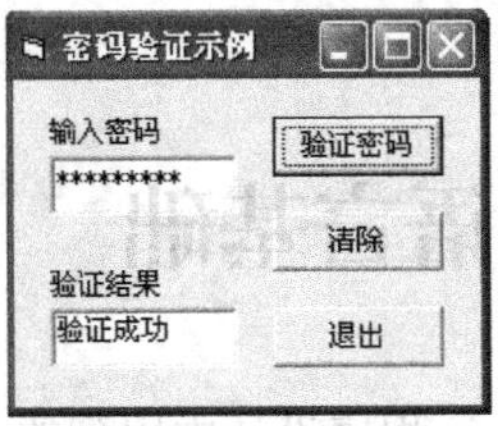

图 2.24　例 2.6 “验证成功” 运行结果

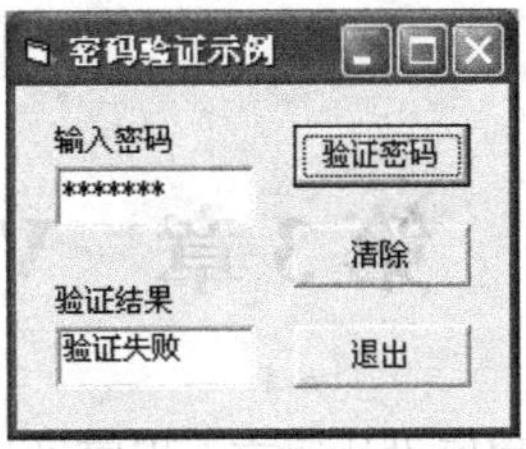

图 2.25　例 2.6 “验证失败” 运行结果

2.4.6　焦点和 Tab 顺序

1．焦点

焦点代表当前控件对象能够接受键盘或鼠标输入的能力。只有具有焦点的控件才能接受用户通过键盘或鼠标的输入。例如，在程序运行过程中，用户单击文本框，文本框内就会有光标闪烁，此时，就表明该文本框获得了焦点，用户可在文本框中输入文本内容。

在 Visual Basic 中，不是所有控件都能获得焦点的，如标签（Label）、框架（Frame）、时钟（Timer）、菜单（Menu）、图像框（Image）等控件就不能获得焦点，而其他大多数控件能否获得焦点，还要取决于该控件的 Enabled 和 Visible 的属性值，当这两个属性值均为 True 时，控件才能获得焦点。

当控件获得焦点时，触发 GotFocus 事件；当控件失去焦点时，触发 LostFocus 事件。

以下 3 种方式可以使控件获得焦点。

（1）用鼠标单击控件。

（2）按 Tab 键在各个控件间切换焦点。

（3）在程序代码中使用 SetFocus 方法。例如，编写代码 Text1.SetFocus，可使文本框 Text1 获得焦点，此时，文本框 Text1 的 Enabled 属性和 Visible 属性值必须为 True。

注意：当某一控件获得焦点时，另一控件将失去焦点。

2．Tab 顺序

Tab 顺序是指用户按键盘上的 Tab 键时，焦点在各个控件上移动的顺序。通常，Tab 顺序由控件的 TabIndex 属性值决定，用户可通过改变该属性值来改变控件的 Tab 顺序。在窗体上添加控件时，系统会自动为每个控件设置一个 Tab 顺序值，该顺序值恰好与添加控件的顺序相同。

例如，在窗体上依次添加 2 个文本框 Text1、Text2 和 1 个命令按钮 Command1，Tab 顺序为 Text1→Text2→Command1。当程序运行时，光标在 Text1 中闪烁，即 Text1 首先获得焦点，若按一下 Tab 键，焦点转移到了 Text2，再按一下 Tab 键，焦点又由 Text2 转移到了 Command1，再次按下 Tab 键，焦点又返回到 Text1。还可以通过改变 TabIndex 属性值来改变 Tab 顺序。TabIndex 默认值从 0 开始，最初 Text1、Text2 和 Command1 这 3 个控件的 TabIndex 属性值依次为 0、1、2，若把 Text1 的 TabIndex 属性值改为 2，则 Text2 的 TabIndex 属性值自动改为 0，Command1 的 TabIndex 属性值自动改为 1，则 Tab 顺序为 Text2→Command1→Text1。当改变一个控件的 TabIndex 属性值时，其他控件的 TabIndex 属性值将自动调整。若在上一次改变 TabIndex 属性值的基础上，再次将 Text1 的 TabIndex 属性值改为 0，则 Text2 和 Command1 的 TabIndex 属性值依次自动改为 1 和 2。

可获得焦点的控件才有 Tab 顺序，不能获得焦点的控件（标签、框架、时钟、菜单和图像框等）以及 Enabled 或 Visible 属性值为 False 的控件，虽然也存在 TabIndex 属性值，但不在 Tab 顺序中，按 Tab 键时将被跳过。

第 3 章　Visual Basic 语言基础

前一章介绍了程序设计语言、程序设计方法和在 Visual Basic 程序设计中用到的一些基本概念，包括对象的属性、事件和方法等。介绍了窗体和标签、文本框及命令按钮等基本控件的使用方法。本章将介绍编写 Visual Basic 程序时必须掌握的一些基本语法知识，包括基本语法单位、数据类型、常量和变量、运算符和表达式及常用内部函数等。

3.1　基本语法单位

任何一种程序设计语言都规定了一套严密的语法规则和基本语法单位，以便按照语法规则将基本符号构成语言的各种成分，例如常量、变量、表达式、语句和过程等。

Visual Basic 语言的基本语法单位有以下几种。

3.1.1　字符集

各种程序设计语言都规定了允许使用的字符集，以便语言系统能正确识别它们。Visual Basic 语言的字符集如下。

（1）大、小写英文字母：A～Z，a～z。

（2）数字：0～9。

（3）特殊字符：!　"　#　$　%　&　'　(　)　*　+　−　/　\　,　.　:　;　<　=　>　?　@　_　^　空格等。

3.1.2　标识符

标识符是起标识作用的一类符号，标识符一般是指用户自定义的常量、变量、类型、控件和过程的名字。如对一些数据或对象命名，然后就可以通过这个名字对它们进行操作。

在 Visual Basic 中，标识符的构成规则如下：

（1）一个标识符必须以字母或汉字开头，后跟字母、汉字、数字或下画线组成的字符序列，长度不超过 255 个字符。

（2）变量名最后一个字符可以是类型符（即规定数据类型的字符：%&!#$@）。

（3）Visual Basic 语言不区分大小写字母，如 SUM、sum 和 Sum 视为同一个标识符。

（4）不能使用 Visual Basic 中的关键字命名标识符。

为使程序有良好的可读性，标识符应尽量选用具有一定含义的英文单词来命名，使读者“见其名而知其意”，例如代表平均值的标识符用 average 或 aver 要比用 a 好。若选用的英文单词太长，可采用公认的缩写方式。对于常用的标识符应当选用既简单又明了的名字。对于由多个单词组成的标识符，建议使用下画线将各单词隔开，以增强可读性，例如 averagescore 可写成 average_score。另外还要注意避免在书写标识符时引起的混淆，如字母 o 和数字 0，字母 l 和数字 1，字母 z 和数字 2。下面是一些正确的标识符：

　　a　b1　student_name　buf　x12

下面是一些非法的标识符：

5h	不是以字母开头
no.1	含有不能构成名字的点字符
double	不能与关键字同名
note book	空格不能出现在一个标识符的中间

3.1.3　关键字

关键字是程序设计语言中事先定义的具有特定含义的标识符，也称保留字。在 Visual Basic 语言中的每一个关键字都具有特定的用处，用于表示系统提供的标准过程、函数、运算符、常量等，因此不允许在 Visual Basic 程序中另作它用。例如，String、Single、Mod、If、Then 等都是关键字。Visual Basic 语言的关键字与标识符一样，不区分字母的大小写。但是，Visual Basic 规定关键字的首字母为大写字母，其余为小写字母。当用户在代码窗口中输入关键字时，不论以怎样的大小写字母输入，系统都能识别并将输入的关键字自动转换为系统规定的标准格式。例如，输入 IF X>Y THEN，然后按 Enter 键，系统自动将输入的语句转换为 If X>Y Then，其中的关键字 IF 和 THEN 分别转换为 If 和 Then。

Visual Basic 的关键字有很多，上面只列举了几个，其余的关键字将在后续章节中逐步涉及。

3.2　数 据 类 型

程序设计主要解决两个问题：一个是操作，即怎样做的问题，这由语句来实现；另一个是操作的对象，即数据的存放问题，这由数据类型来决定。由此可知，数据是程序设计的一个重要内容，数据的一个非常重要的特征就是它的类型。Visual Basic 不仅具有系统提供的数据类型，而且允许用户根据需要定义自己的数据类型。系统提供的数据类型如图 3.1 所示。

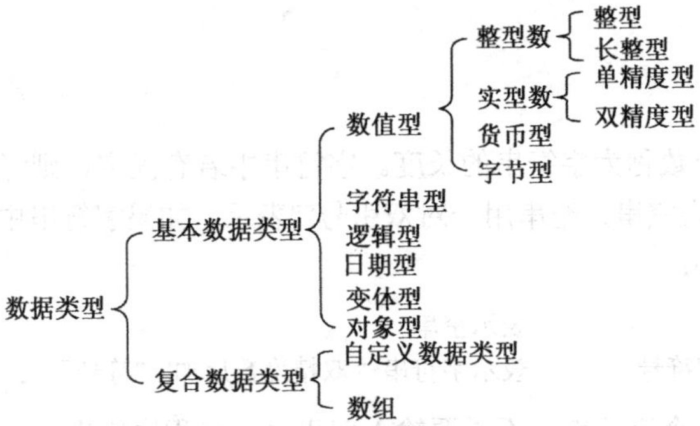

图 3.1　数据类型

在 Visual Basic 中，为什么要规定数据类型呢？原因如下：

（1）不同数据类型的数据在计算机内存中占据不同长度的存储区，而且在计算机内的表示方法和书写形式也不同。例如，一个整型数据在计算机内占用 2 字节，一个字符串型数据在计算机内占用的字节数与字符串的长度有关。在书写时，字符串型数据用双引号括起来。再如数值型数据中的整数和浮点数，不但在计算机内的表示形式不同，而且书写形式也不同。

（2）一种数据类型对应着一个值的范围。例如，整型数据的取值范围是–32768～32767；单精度型数据的取值范围是-3.4×10^{38}～-1.4×10^{-45}和1.4×10^{-45}～3.4×10^{38}。

（3）一种数据类型对应着一个运算集。数据类型不同，所允许进行的运算也不同。例如，对数值数据可进行四则运算；对字符型数据只能进行连接运算；对日期型数据可以进行相减运算，而不能进行相加和乘除运算，但日期型数据可以加减一个整数。

Visual Basic 的基本数据类型如表 3.1 所示。表中给出了各种数据类型、关键字、类型符、所占用字节数和取值范围。

表 3.1　基本数据类型

数据类型	关键字	类型符	占用字节数	取值范围
字节型	Byte	无	1	0～255
逻辑型	Boolean	无	2	True 与 False
整型	Integer	%	2	–32768～32767
长整型	Long	&	4	–2147483648～2147483647
单精度型	Single	!	4	负数：–3.402823E+38～–1.401298E–45 正数：1.401298E-45～3.402823E+38
双精度型	Double	#	8	负数：–1.797693134862316D+308～–4.94065645841247D-324 正数：4.94065645841247D-324～1.797693134862316D+308
货币型	Currency	@	8	-922337203685477.5808～922337203685477.5807
日期型	Date(time)	无	8	01/01/100～12/31/9999
字符串型	String	$	与字符串长度有关	0～65535 个字符
对象型	Object	无	4	任何对象引用
变体型	Variant	无	按需分配	

1．字符串型

字符串型（String）数是指用一对双引号括起来的一串字符。例如：

"Good Morning"
"12345"

都是合法的字符串。

字符串中包含的字符个数称为字符串的长度。字符串中若有汉字，则每个汉字也作为一个字符处理。长度为 0 的字符串称为空串，空串用一对双引号""表示。如果字符串中包含双引号，则在字符串中用两个双引号表示。例如：

""	表示空串
"双精度数后加""#""符号"	表示字符串“双精度数后加"#"符号”

注意：从键盘上输入一个字符串，不需要输入双引号；当程序输出一个字符串时，也不显示双引号。

在 Visual Basic 中，字符串分为定长字符串和变长字符串。其中变长字符串的长度是不确定的，最多可包含大约 21 亿（2^{31}）个字符；而定长字符串包含确定个数的字符，最大长度不超过 65535 个字符。

2．数值型

在 Visual Basic 中，数值型数据分为整型数和实型数两种。

（1）整型数。

整型数（Integer 和 Long）是不带小数点和指数符号而可以带有正、负号的整数。整型数又分为整型、长整型，整型和长整型有十进制、八进制和十六进制 3 种表示形式。

① 整型（Integer）：整型数在内存中占 2 字节。十进制整型数是由 0～9 共 10 个数码组成的数，取值范围为–32768～32767；八进制整型数是由 0～7 共 8 个数码组成的数，前面冠以“&”或“&O”（&o）或“&0”，可以带有正、负号，其取值范围为&0～&177777；十六进制整型数是由 0～9、A～F（a～f）共 16 个数码组成的数，前面冠以“&H”（&h），可以带有正、负号，其取值范围为&H0～&HFFFF。例如：

十进制整型数：548、–15、+548、31967
八进制整型数：&432、&O5236、–&o340、+&0340
十六进制整型数：　&H15、&H2F1A、–&HB34

② 长整型（Long）：长整型数在内存中占 4 字节。十进制长整型数的取值范围为–2147483648&～2147483647&；八进制整型数的取值范围为&0&～&37777777777&；十六进制整型数的取值范围为&H0&～&HFFFFFFFF&。例如：

十进制整型数：789&、32767&、32768、123456
八进制整型数：&4321&、–&O567654321&、&340340&
十六进制整型数：&H123&、–&HA123BCD&、&H129FA&

注意：在程序中使用八进制和十六进制表示的整型数和长整型数，输出时都自动转换为十进制形式。例如，八进制数&377 自动转换为十进制数 255，十六进制数&H3F 自动转换为十进制数 63。

（2）实型数。

实型数（Single 和 Double）分为单精度型和双精度型两种。实型数具有小数形式和指数形式两种表示方法。

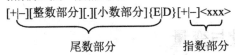

指数形式的一般格式为：

[+|–][整数部分][.][小数部分]{E|D}[+|–]<xxx>

尾数部分：[+|–][整数部分][.][小数部分]　　指数部分：[+|–]<xxx>

其中，[ ]表示其中的部分可以省略，{ }表示从中选择一个，“|”为多选一表示符。单精度型数的指数用 E（e）表示，双精度型数的指数用 D（d）表示。

需要说明的是，尾数部分中的整数部分和小数部分不能同时省略。

① 单精度型数（Single）：单精度数在内存中占 4 字节（32 位），最多可以表示 7 位有效数字，其负数的取值范围为–3.402823E+38～–1.401298E–45，正数的取值范围为 1.401298E–45～3.402823E+38。

例如，–2.34E+5 相当于数学表示-2.34×10^5，下面多种表示形式：

1234.56、1234.56!、123!、0.1234E+4、0.1234E4、25E-2

都为正确的单精度数。

② 双精度型数（Double）：双精度数在内存中占 8 字节（64 位），最多可以表示 15 位有效数字，其负数的取值范围为–1.79769313486232D+308～–4.94065645841247D–324，正数的取值范围为 4.94065645841247D–324～1.79769313486232D+308。

例如，–2.34D+5 相当于数学表示-2.34×10^5，下面多种表示形式：

1234.56#、123#、0.1234D+4、0.1234D4、25D–2、0.1234E+4#

都为正确的双精度数。

（3）字节型。

字节型数是在内存中占 1 字节的无符号整型数，其取值范围为 0～255。

（4）货币型。

货币型数（Currency）在内存中占 8 字节，精确到小数点后 4 位，小数点后超过 4 位的数字被舍去。其取值范围为−922337203685477.5808～922337203685477.5807。

3. 逻辑型

逻辑型数（Boolean）在内存中占 2 字节，它只有 True 或 False 两个值。当把逻辑值转换为数值型时，False 转换为 0，True 转换为-1；当数值型的数据转换成逻辑数据时，非 0 数转换为 True，0 转换为 False。

4. 日期型

日期型数（Date）在内存中占 8 字节，可以表示的日期范围从 100 年 1 月 1 日到 9999 年 12 月 31 日，时间范围从 0:00:00 到 23:59:59。

日期型数采用“#”把任何字面上可被认为是日期和时间的字符括起来。例如，#January 1,2013#、#1 Jan,13#、#2013-1-1 10:30:00 am#、#7/12/2013#等都是合法的日期型数据。

5. 变体型

变体型（Variant）是一种特殊的数据类型，是所有未声明类型变量的默认类型。一般情况下，变量在使用前需要声明类型，如果没声明类型，则默认为变体型。例如：

```
str1="How are you?"          ' 给 str1 赋一个字符串，str1 为字符串型
str1=25                      ' 给 str1 赋一个整数，str1 为整型
str1=#01/01/2013#            ' 给 str1 赋一个日期，str1 为日期型
```

上面 str1 的类型随赋值类型的不同而不同，它的类型转换是由系统自动进行的。有关变量的概念及其类型声明将在 3.3.2 节介绍。

3.3 常量与变量

计算机在处理数据时，必须先将其存入存储单元（若干字节）。为了存取存储单元中存放的数据，各种语言所使用的标识数据的方法不同。在机器语言和汇编语言中，借助于存储单元的地址来存取其中的数据。在高级语言中，需要先将存放数据的存储单元命名，这样就可通过存储单元的名字来存取其中的数据，这个存储单元的名字就是变量名。在程序运行期间变量的值是可以改变的，而常量的值是不能改变的。

3.3.1 常量

Visual Basic 中的常量有两种：直接常量和符号常量。

1. 直接常量

直接常量是指在程序中直接给出数据值的常量，例如：

数值常量：123、&123、&H2A、123&、−123.45、0.123E+3、12.3#、2.3D-4
字符串常量："This is a VB program."、"01/01/2013"、"程序设计"
日期常量：#January 1,2013#、#1 Jan,13#、#2013-1-1 10:30:00 am#、#7/12/2013#
逻辑常量：True、False

说明：

（1）前面列出的数值常量分别为整型、八进制整型、十六进制整型、长整型、单精度小数形式、单精度指数形式、双精度小数形式、双精度指数形式。

（2）字符串常量用来表示文本信息，将文本信息用双引号括起来后就是字符串常量。例如，"程序设计"和"01/01/2013"都是字符串常量。虽然字符串常量"01/01/2013"的双引号里的内容很像是日期，但只要是用双引号括起来，就是字符串常量。

（3）常量值直接反映了其类型，也可在常量值后紧跟类型符显式地说明常量的数据类型。例如，常量 23%、23&、12.5!、12.5#、25.5@分别为整型、长整型、单精度型、双精度型、货币型。

2．符号常量

在程序设计中，常会遇到一些多次出现或难以记忆的常数值。如圆周率 π=3.14159…，为避免在程序代码中重复书写该常量值，Visual Basic 提供了用一个标识符来代替一个常量的方法，这就是符号常量。符号常量分为如下两类：

（1）系统内部预先定义好的符号常量，可供用户直接使用，如系统定义的颜色常量 vbBlack（黑色）、vbYellow（黄色）等。系统内部定义的符号常量可从“对象浏览器”中获得，选择“视图”菜单下的“对象浏览器”命令，即可打开“对象浏览器”窗口，如图 3.2 所示。

在“对象浏览器”窗口的“工程/库”下拉列表中选择对象库，接着在“类”列表中选择所需要的符号常量组，同时在右侧列表显示出该符号常量组的所有符号常量，单击某一符号常量，即可在窗口底部显示该符号常量的定义和描述信息。如图 3.2 所示的窗口底部显示出了颜色常量 vbYellow 的定义，其颜色值为 65535，即十六进制数&HFFFF。

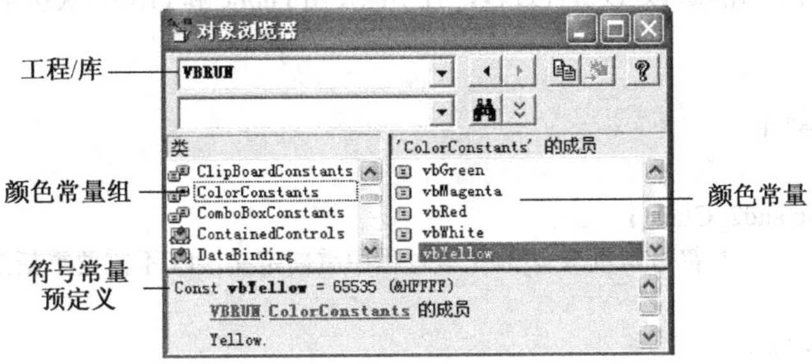

图 3.2　对象浏览器

（2）用户定义的符号常量，这类常量必须先定义后使用。常量定义的一般格式为：

[Public|Private] Const <常量名> [As 类型]=<表达式>

其中：

① Public 为可选项，用于在标准模块的通用声明段定义全局常量，这些常量可在整个应用程序中使用。

② Private 为可选项，用于在模块的通用声明段定义模块级常量，这些常量只能在该模块中使用。默认为 Private。

③“常量名”按标识符的命名规则命名，其后可加类型符。例如：

```
Const ONE%=1
Const TWO&=2
```

为了便于区分变量名与符号常量名，符号常量名习惯使用大写字母。

④ [As 类型]为可选项，用于说明符号常量的数据类型，“类型”可以是 Byte、Boolean、Integer、Long、Currency、Single、Double、Date、String 或 Variant。如果该项省略，系统可按表达式的求值结果确定合适的数据类型。

⑤“表达式”可以是直接常量、其他符号常量或由运算符组成的表达式。

例如：

```
Const PI As Single=3.14159                    ' 定义单精度常量 PI 为 3.14159
Const PI=3.14159                              ' 定义单精度常量 PI 为 3.14159
Const STR1 As String="程序设计"               ' 定义字符串常量 STR1 为"程序设计"
Const STR1 As String*6="VB 程序设计"          ' 定义字符串常量 STR1 为"VB 程序"
Const BIRTH As Date=#01/01/2013#              ' 定义日期常量 BIRTH 为 2013-1-1
Const PI2 As Integer=PI*2                     ' 定义整型常量 PI2 为 6
Const CL As Integer=5*2                       ' 定义整型常量 CL 为 10
```

说明：

（1）在某过程内定义的符号常量只能在该过程内使用，且符号常量定义语句中不能使用 Public 和 Private 关键字。

例如，在某窗体上添加了两个命令按钮 Command1 和 Command2，命令按钮 Command1 的 Click 事件过程用于计算圆周长，命令按钮 Command2 的 Click 事件过程用于计算圆面积。

某窗体模块的程序代码如下：

```
Private Const PI = 3.14159          ' 符号常量 PI 的作用域是整个窗体模块
Private Sub Command1_Click()
  ' 符号常量 R 的作用域只是该事件过程，且不能使用 Public 和 Private 关键字
  Const R=10
  l= 2*PI*R
  Print "圆周长="; l
End Sub
Private Sub Command2_Click()
  Const R=10            ' 符号常量 R 必须在该过程中重新定义，PI 不需要重新定义
  s=PI*R^2
  Print "圆面积=";s
End Sub
```

（2）符号常量可以嵌套定义。例如：

```
Private Const A=3
Private Const B=4
Private Const C=5
Private Const S=(A+B+C)/2
```

（3）符号常量的使用可增加程序的可读性和可维护性。

【例 3.1】 编写命令按钮的单击事件过程计算相同半径下的圆周长、圆面积和圆球体积。

命令按钮 Command1 的 Click 事件过程代码 1 如下：

```
Private Sub Command1_Click()
  r=10
  l=2*3.14159*r
```

```
        s=3.14159*r^2
        v=4/3*(3.14159*r^3)
        Print "圆周长=";l, "圆面积=";s, "圆球体积=";v
    End Sub
```

在这个事件过程中，如果要将 π 的值 3.14159 改为 3.14，就得逐个进行修改。

命令按钮 Command1 的 Click 事件过程代码 2 如下：

```
    Private Sub Command1_Click()
        Const PI=3.14159
        r=10
        l=2*PI*r
        s=PI*r^2
        v=4/3*(PI*r^3)
        Print "圆周长=";l, "圆面积=";s, "圆球体积=";v
    End Sub
```

该事件过程中定义了符号常量 PI，它的值为 3.14159，命令按钮的单击事件过程代码 1 中凡是出现 π值 3.14159 的地方都用 PI 代替，此时若想将π值修改为 3.14，则只需将 Const 语句中的 3.14159 改为 3.14 即可。如：

```
Const PI=3.14
```

这样，程序中所有以 PI 代表的π值就会一律改为 3.14，做到“一改全改”，保证了常量修改的一致性。另外，使用符号常量含义清楚。数学符号π不是 ASCII 字符集中的字符，所以不能在程序中出现，使用 PI 表示圆周率比较直观。另外，有可能 3.14159 还不是圆周率，而是代表一个别的什么数值，所以符号常量大大增加了程序的可读性。

3.3.2　变量

程序中的每一个变量都分配了一个存储单元，在存储单元中存放着一个数据，该数据就是变量的值，可通过变量名来引用这个值。变量名实际上代表一个存储单元的地址，从变量中取值或给变量赋值，其过程就是通过变量名找到相应的存储单元的地址，然后从存储单元中取出数据或将数据写入存储单元。

1．变量的声明

变量的声明就是说明程序中要使用的变量，以便系统为其分配存储单元。变量一般是先声明，后使用。变量也可以不声明而直接使用，所以变量声明分为显式声明和隐式声明两种。

（1）显式声明。

显式声明是指变量在使用前要先声明。其声明的一般格式为：

{Dim|Private|Static|Public} 变量名 [As 类型][,变量名 [As 类型]…]

其中，“类型”可以是表 3.1 列出的类型关键字，[As 类型]表示可省略“As 类型”，省略后的变量默认为变体型。例如：

```
Dim age As Integer          ' 声明 age 为整型变量
Dim score As Single         ' 声明 score 为单精度型变量
Dim x                       ' 声明 x 为变体型变量
```

使用 Private、Static、Public 语句声明变量的方法与 Dim 语句类似，但作用有些差异，详见第 7 章。

说明：

① 为了简化声明，可以在变量名后加类型符来代替“As 类型”声明变量。例如：

```
Dim age%              ' 声明 age 为整型变量
Dim score!            ' 声明 score 为单精度型变量
```

② 使用 Dim 语句可以同时声明多个变量。例如：

```
Dim x,a As Integer,y,z,b As Single,c!
```

以上声明 x、y、z 为变体型变量，a 为整型变量，b、c 为单精度型变量。

③ 声明的变量其类型不同，则初值也不同。数值型变量默认初值为 0，字符串型变量默认初值为空串（""），逻辑型变量默认初值为 False，日期型变量默认初值为 0:00:00，变体型变量默认初值为空。

④ 声明字符串型变量的方法有两种：

```
Dim 字符串变量名 As String        ' 不定长字符串变量声明
Dim 字符串变量名 As String*n      ' 定长字符串变量声明
```

前一种方法声明的字符串变量所存放的字符串长度不定；后一种方法声明的字符串变量所存放的字符串长度固定，所存放的最多字符数由 n 值决定。例如：

```
Dim name As String                ' 声明 name 为不定长字符型变量
Dim department As String*20       ' 声明 department 为定长字符型变量
```

以上声明 name 为不定长字符串变量，department 为定长字符串变量。对于变量 department 来说，如果赋予的字符不足 20 个，则其后补空格；如果赋予的字符多于 20 个，则将其后多余的字符截取。

（2）隐式声明。

在 Visual Basic 中，允许对变量不作声明而直接使用，这称为隐式声明。隐式声明的变量都默认为变体类型，在变体类型的变量中可存放任何类型的数据。例如：

```
Dim average As Single     ' 声明 average 为单精度型变量
average=83.5              ' 变量 average 为单精度型
someone=567               ' 变量 someone 为整型
someone="北京大学"         ' 变量 someone 为字符串型
someone=False             ' 变量 someone 为逻辑型
```

可以看出，变量 someone 随着赋值的不同，其类型也随之变化。使用隐式声明虽然方便，但可能会产生难以理解的错误。为了使程序具有较好的可读性，避免出现错误，建议对程序中的所有变量都进行显式声明，这可通过强制声明的方法对变量进行显式声明。

（3）强制声明。

强制声明变量的方法如下：

① 选择“工具”菜单下的“选项”命令，打开“选项”对话框，单击“编辑器”选项卡，然后在该选项卡中选定“要求变量声明”复选框，再单击“确定”按钮即可。

② 在通用声明段使用“Option Explicit”语句。

2．变量的特点

（1）一个变量占据内存的一个存储单元，内存的存储单元某个时刻只能存放一个值，当在一个存储单元中存放了一个值之后，再给这个存储单元存放一个新值时，其原来的值就被新值代替。给变量赋值，就相当于给存储单元存入数值，因此，可以给一个变量多次赋值，但只取最后一次赋值。

例如：

```
x=10
a=5
x=15+a
```

执行赋值语句“x=10”，把 10 存放到变量 x 中，再执行赋值语句“x=15+a”，又把计算后的值 20 存放到变量 x 中，这样，变量 x 中的原值 10 被 20 代替。此时，变量 x 的值为 20。

（2）程序运行后，变量所占据的存储单元中的值是“取之不尽，用之不绝”的。可以从一个变量中多次取值进行运算或赋给其他变量，只要不给该变量赋予新值，就会一直保持原值不变。例如：

```
x=10
y=x
x=x+15
```

执行赋值语句“y=x”，虽然把变量 x 的值取出赋给了变量 y，但变量 x 中的值保持不变，还是 10。所以，在执行赋值语句“x=x+15”时，赋值号右边 x 的值仍为 10，当表达式“x+15”运算后，把结果 25 赋给了变量 x，此时，变量 x 的值才变为 25。

3.4　运算符与表达式

运算符是实现某种运算的符号，由运算符将常量、变量、函数等连接起来的式子称为表达式。单个常量、变量和函数是表达式的特例。在 Visual Basic 中，有以下 5 类运算符和表达式：

（1）算术运算符与算术表达式。
（2）字符串运算符与字符串表达式。
（3）关系运算符与关系表达式。
（4）逻辑运算符与逻辑表达式。
（5）日期运算符与日期表达式。

3.4.1　算术运算符与算术表达式

算术运算符用于对数值型数据进行各种运算，结果为数值型。Visual Basic 提供了 8 种算术运算符，表 3.2 按优先级从高到低的次序列出了这些运算符，优先级 1 最高。

表 3.2　算术运算符

优先级	运算符	运算功能	示例	计算结果
1	^	乘方	2^5	32
2	-	取负	-2	-2
3	*	乘法	2*3	6
	/	浮点除法	10/4	2.5
4	\	整数除法	10\4	2
5	Mod	取模（求余）	10 Mod 4	2
6	+	加法	3+8	11
	-	减法	3-8	-5

1．乘方运算

乘方运算用来计算乘方和方根。例如：

5^2	5 的平方，结果为 25
100^(-2)	100 的-2 次方，结果为 0.0001
225^0.5	225 的平方根，结果为 15
27^(1/3)	27 的立方根，结果为 3
2^2^3	结果为 64，运算次序从左向右
2^(2^3)	结果为 256，括号内优先计算

2．整数除法与浮点除法

在进行整数除法运算时，如果参加运算的操作数不是整数，首先将操作数按“对称舍入”原则取为整数，然后进行整除运算，运算结果截掉小数部分，取其整数。“对称舍入”原则是：当整数部分为偶数，小数部分的值小于等于 5 时，舍去小数部分，否则进 1；当整数部分为奇数，小数部分的值小于 5 时，舍去小数部分，否则进 1。例如：

14.5\3	结果为 4
14.51\3	结果为 5
11.5\3	结果为 4
14.66\5	结果为 3
13/5	结果为 2.6
14.66/5.89	结果为 2.48896434634975
14.66/5	结果为 2.932

3．取模运算

在进行取模运算时，如果参加运算的操作数不是整数，首先将操作数对称舍入为整数，然后进行取模运算。取模运算就是第 1 个操作数整除以第 2 个操作数所得的余数，其结果的符号取第 1 个操作数的符号。例如：

13 Mod 5	结果为 3
13 Mod -5	结果为 3
–13 Mod 5	结果为–3
–13 Mod -5	结果为–3
14.66 Mod 5.5	结果为 3
14.66 Mod 6.5	结果为 3

对于上述运算，在“立即窗口”可以通过 Print 方法直接输出运算结果。例如：

```
Print 14.66 Mod 5.89↙（↙为 Enter 键）
3
```

4．算术表达式

由算术运算符和括号将数值型的常量、变量和函数连接起来的式子称为算术表达式，其运算结果为数值型。例如：

```
(3+5*n1)*8 Mod 2-2^3*Sin(x)
```

算术表达式的书写规则如下：

（1）表达式中的乘号“*”不能省略，不能使用“·”或“×”代替。

（2）表达式中的所有运算符和操作数都必须写在同一条横线上，不能出现角标（如 x_1）、方次（如 x^2）和分数（如 $\frac{3}{5}$）等。

（3）可以加括号来改变运算的优先顺序。

（4）括号必须成对出现，表达式中不允许出现数学表达式中的方括号（[ ]）和花括号（{ }），一律写成圆括号，即圆括号可以嵌套。

5．数据类型转换

在算术运算中，如果参加运算的操作数具有不同的数据类型，Visual Basic 规定其结果的数据类型采用精度较高的数据类型。精度由低到高排列如下：

Integer<Long<Single<Double

除乘方运算、实数除运算、Long 型数据与 Single 型数据进行运算，其结果均为 Double 型数据之外，其余运算都按照类型由低到高转换。表达式结果的数据类型可以用 VarType 和 TypeName 函数进行检验。VarType 和 TypeName 函数的返回值如表 3.3 所示。

表 3.3　VarType 和 TypeName 函数的参数类型与返回值

参数类型	VarType 函数的返回值	TypeName 函数的返回值
变体型	0	Empty
无有效数据（Null）	1	Null
整型	2	Integer
长整型	3	Long
单精度型	4	Single
双精度型	5	Double
货币型	6	Currency
日期型	7	Date
字符串型	8	String

【例 3.2】 检验表达式结果的数据类型。

```
Private Sub Form_Click()
  Dim e As Currency, f As Date, g As String
  a% = 2
  b& = 3
  c! = 2.5
  d# = 3.5
  e = 9.9
  f = #1/1/2001#
  g="abc"
  Print VarType(a%); TypeName(a%)                    ' 结果为 2 Integer，表示整型
  Print VarType(a% + b&); TypeName(a% + b&)          ' 结果为 3 Long，表示长整型
  Print VarType(a% + c!); TypeName(a% + c!)          ' 结果为 4 Single，表示单精度型
  Print VarType(b& + c!); TypeName(b& + c!)          ' 结果为 5 Double，表示双精度型
  Print VarType(a% / b&); TypeName(a% / b&)          ' 结果为 5 Double，表示双精度型
  Print VarType(2 ^ 3 ^ 2); TypeName(2 ^ 3 ^2)       ' 结果为 5 Double，表示双精度型
  Print VarType(e); TypeName(e)                      ' 结果为 6 Currency，表示货币型
  Print VarType(f); TypeName(f)                      ' 结果为 7 Date，表示日期型
  Print VarType(g); TypeName(g)                      ' 结果为 8 String，表示字符串型
```

```
    Print VarType(h); TypeName(h)             ' 结果为 0 Empty，表示变体型
End Sub
```

3.4.2 字符串运算符与字符串表达式

字符串运算符有两个："&"、"+"，它们的功能是将字符串运算符两边的字符串连接起来。例如：

```
"Visual Basic"&"程序设计"        结果为"Visual Basic 程序设计"
"计算机应用"&"研究室"            结果为"计算机应用研究室"
```

在字符串变量后使用连接运算符时应注意，变量与运算符"&"之间应加一个空格，原因是符号"&"还是长整型的类型符，当变量与"&"紧挨着时，Visual Basic 把"&"作为类型符处理，造成错误。例如：

```
Dim strx As String,stry As String,strcat As String
strx="Visual Basic"
stry="程序设计"
strcat=strx &stry                  ' 变量 strx 与"&"间加一个空格，正确
strcat=strx & stry                 ' 也可以在"&"与变量 stry 间加一个空格，正确
strcat=strx &"程序设计"            ' 正确
strcat=strx & "程序设计"           ' 正确
strcat=strx&stry                   ' 变量 strx 与"&"间没加空格，错误
strcat=strx&"程序设计"             ' 原因同上，错误
```

由上可见，"&"与字符串变量 stry 之间、"&"与字符串常量"程序设计"之间的空格可加可不加。

虽然"&"与"+"都是字符串连接符，但"&"和"+"有以下区别：

（1）"+"运算符要求两边的操作数必须为字符串型才可完成字符串连接。若均为数值型，则进行算术运算；若一个操作数为数字字符串，另一个为数值型，则自动将数字字符串转换为数值型，进行算术运算；若一个操作数为非数字字符串，另一个为数值型，则出错。例如：

```
"123"+"456"          进行字符串连接，结果为"123456"
"abc"+456            出错
"123"+456            进行加法运算，结果为 579
```

（2）"&"运算符无论两边的操作数是字符串型还是数值型，在进行连接之前，系统先将操作数转换成字符串型，然后再进行连接。

如果"&"运算符左边是字符串常量，而右边是整数，并且"&"与整数紧挨着，在两者可构成一个合法的八进制数的情况下，则必须在"&"与整数之间加一个空格；若"&"与整数紧挨着，两者不能构成一个合法的八进制数，此时在"&"与整数之间的空格可加也可不加。

如果"&"运算符左边是整数，则整数与运算符"&"之间应加一个空格，原因是符号"&"还是长整型的类型符，当整数与"&"紧挨着时，Visual Basic 把"&"作为类型符处理，认为整数与后面的"&"合为一体是一个长整数，所以造成连接错误。例如：

```
"123"&"456"          进行字符串连接，结果为"123456"
"abc"&456            连接错误，把&456 认为是一个八进制数
"abc"& 456           在"&"与整数之间加一个空格，连接结果为"abc456"
"abc"&923            在"&"与整数之间空格可加可不加，连接结果为"abc923"
"123"&456            连接错误，把&456 认为是一个八进制数
"123"& 456           在"&"与整数之间加一个空格，连接结果为"123456"
```

123&456	连接错误，把 123&认为是一个长整数，456 是一个整数
123 &456	连接错误，把 123 认为是一个整数，&456 是一个八进制数
123 & 456	进行字符串连接，结果为"123456"

3.4.3 关系运算符与关系表达式

由关系运算符将字符串表达式或算术表达式连接起来的式子称为关系表达式，用于比较两个操作数的大小，运算结果为逻辑型。如果关系成立，则运算结果为 True，否则运算结果为 False。操作数可以是数值型、字符串型等，Visual Basic 提供了 8 种关系运算符，如表 3.4 所示。

表 3.4　关系运算符

运算符	运算功能	示例	计算结果
=	等于	"abx"="abcd"	False
>	大于	"abx">"abcd"	True
>=	大于或等于	"abx">="abcd"	True
<	小于	23<20	False
<=	小于或等于	23<=20	False
<>	不等于	23<>20	True
Like	字符串匹配	"abcd" Like "??cd"	True
Is	比较对象变量		

说明：

（1）如果比较运算的两个操作数是数值型，则按其数值的大小进行比较。

（2）如果比较运算的两个操作数是字符串型，则按字符的 ASCII 码值的大小从左向右逐个字符进行比较。先比较两个字符串的第 1 个字符，其 ASCII 码值大的字符串为大，如果第 1 个字符相同，则再比较第 2 个字符，以此类推，直至出现不同的字符为止；若前面的字符都相同，那么长度大的字符串为大。

（3）关系运算符的优先级相同，若表达式中出现多个关系运算符，则从左向右进行运算。

（4）汉字之间进行比较则以汉语拼音为序，但汉字字符大于英文字符。例如：

"程序">"设计"	结果为 False
"程序">"zzyy"	结果为 True

（5）Like 用于测试字符串是否完全匹配，在数据库的 SQL 语句中经常使用，用于模糊查询。由 Like 组成的关系表达式的字符串中可以使用如下通配符：

① “*”代表一个或多个字符。

② “?”代表一个字符。

③ “#”代表一个数字。

例如：

"abc" Like "ab?"	结果为 True
"abc" Like "a?"	结果为 False
"abc" Like "ab*"	结果为 True
"123" Like "#2#"	结果为 True
"a23" Like "#2#"	结果为 False

（6）Is 关系运算符主要用于对象操作，比较两个对象的引用变量。

3.4.4 逻辑运算符与逻辑表达式

由逻辑运算符将逻辑值（包括逻辑型常量、逻辑型变量、返回值为逻辑值的函数或关系表达式）连接起来的式子称为逻辑表达式，其运算结果是逻辑值 True 和 False。逻辑运算符除 Not 是单目运算符外，其余都是双目运算符。Visual Basic 提供了 6 种逻辑运算符，如表 3.5 所示。

表 3.5 逻辑运算符

优先级	运算符	运算功能	说明	示例	计算结果
1	Not	非	当操作数为 True 时，结果为 False 当操作数为 False 时，结果为 True	Not 15>5 Not 15<5	False True
2	And	与	当两个操作数均为 True 时，结果才为 True	9>3 And 5>2	True
3	Or	或	当两个操作数均为 False 时，结果才为 False	9<3 Or 5<2	False
4	Xor	异或	当两个操作数同时为 True 或同时为 False 时，结果为 False	9>3 Xor 5>2	False
5	Eqv	等价	当两个操作数同时为 True 或同时为 False 时，结果为 True	9>3 Eqv 5>2	True
6	Imp	蕴涵	当第一操作数为 True，第二个操作数为 False 时，结果才为 False，否则为 True	9<3 Imp 5>2	True

逻辑运算的真值表如表 3.6 所示。

表 3.6 逻辑运算真值表

A	B	Not A	A And B	A Or B	A Xor B	A Eqv B	A Imp B
True	True	False	True	True	False	True	True
True	False	False	False	True	True	False	False
False	True	True	False	True	True	False	True
False	False	True	False	False	False	True	True

3.4.5 日期运算符与日期表达式

日期运算符有两个：“+”和“–”。“–”运算可完成两个日期型数据相减，结果是两个日期相差的天数，即为整数；也可完成一个日期型数据减去一个整数，结果仍为一个日期型数据。“+”运算只可完成一个日期型数据加上一个整数，结果仍为一个日期型数据，“+”运算不能对两个日期型数据进行相加。例如：

```
#01/01/2013#-#02/20/2013#        结果为–50
#02/20/2013#-15                  结果为 2013-2-5
#02/20/2013#+15                  结果为 2013-3-7
```

3.4.6 运算符的优先级

运算符的优先级是指表达式中含有相同类型或不同类型的多个运算符时，先执行哪个运算，当然也可以通过增加圆括号来改变优先级。当一个表达式中出现多种不同类型的运算符时，不同类型的运算符之间的优先级如下：

算术运算符>字符串运算符>关系运算符>逻辑运算符

表达式运算的一般顺序如下。

（1）函数运算。

（2）算术运算，其运算顺序为：

乘方（^）→取负（–）→乘、浮点除（*、/）→整除（\）→取模（Mod）→加、减（+、–）

（3）字符串连接运算（&、+）。

（4）关系运算（=、>、<、<>、<=、>=）。

（5）逻辑运算，其运算顺序为：

Not→And→Or→Xor→Eqv→Imp

例如，下列表达式按①～⑦的顺序计算如下：

```
x / Sin (3*x)^2 * b+ 5 Mod 2
 ↑ ↑    ↑  ↑↑  ↑     ↑
④②   ①  ③⑤  ⑦     ⑥
```

又如，设 a=5，b=2，c=–3，则下列表达式按①～⑩的顺序计算如下：

```
a>=5 And a-b < c+b Or Not b>0 Or c<0
 ↑      ↑ ↑ ↑ ↑  ↑    ↑ ↑  ↑ ↑
 ③      ⑧ ① ④② ⑨    ⑦ ⑤  ⑩ ⑥
```

执行①的结果为 3，执行②的结果为–1，执行③的结果为 True，执行④的结果为 False，执行⑤的结果为 True，执行⑥的结果为 True，执行⑦的结果为 False，执行⑧的结果为 False，执行⑨的结果为 False，执行⑩的结果为 True。表达式的最终结果为 True。

3.5　常用内部函数

Visual Basic 中函数的概念与一般数学中函数的概念没有根本的区别。使用时，给出函数名和相应的一个或多个参数，就可得到一个函数值。实际上，函数是一种特定的运算，函数也有类型，这个类型就是函数返回值的类型。Visual Basic 中的函数包括内部函数和用户自定义函数。内部函数是系统本身提供的并已定义好的函数，这些函数不需要用户去编程，在需要时直接使用即可。自定义函数是用户根据需要自己定义的函数（将在第 7 章介绍）。

内部函数按功能分为数学函数、转换函数、字符串函数和日期时间函数等。

函数调用的一般格式为：

函数名([参数列表])

其中，若参数列表中有多个参数，则以逗号分隔，参数可以是常量、变量或表达式。

3.5.1　数学函数

数学函数与数学中的定义基本一致，它用于各种数学运算，常用的数学函数如表 3.7 所示。

表 3.7　常用的数学函数

函数	函数值类型	功能	示例	结果
Sin(x)	Double	返回 x 的正弦值	Sin(30*3.14/180)	0.499770···
Cos(x)	Double	返回 x 的余弦值	Cos(60*3.14/180)	0.500459···
Tan(x)	Double	返回 x 的正切值	Tan(45*3.14/180)	0.999203···
Atn(x)	Double	返回 x 的反正切值	Atn(1)	0.785398···
Abs(x)	与 x 相同	返回 x 的绝对值	Abs(–4.5)	4.5
Sqr(x)	Double	返回 x 的平方根值	Sqr(16)	4

续表

函数	函数值类型	功能	示例	结果
Exp(x)	Double	返回 e^x 的值	Exp(1)	2.718281…
Log(x)	Double	返回自然对数 ln x 值	Log(10)	2.302585…
Int(x)	Double	返回不大于 x 的最大整数	Int(3.7) Int(−3.7)	3 −4
Fix(x)	Double	返回 x 的整数部分	Fix(3.7) Fix(−3.7)	3 −3
Round(x,[n])	Double	对 x 进行四舍五入， 由 n 指定保留的小数位数	Round(2.378,1) Round(2.378,2) Round(2.378)	2.4 2.38 2
Sgn(x)	Integer	当 x>0 时返回 1， 当 x=0 时返回 0， 当 x<0 时返回−1	Sgn(9) Sgn(0) Sgn(−9)	1 0 −1
Rnd[(x)]	Single	产生[0,1)之间的随机数	Rnd	[0,1)之间的随机数

使用数学函数的几点说明：

（1）在三角函数中，参数的单位是弧度。如果给出的参数的单位是度，则要使用如下公式：

$$弧度=度\times\pi/180$$

将单位由度转换为弧度。

（2）平方根函数 Sqr(x)的参数 x 不能是负数。

（3）Visual Basic 函数提供的 Log(*x*)函数是自然对数函数，要想计算常用对数，可以使用如下换底公式：

$$\mathrm{Log}_{10}x=\frac{\ln x}{\ln 10}$$

将常用对数改为用自然对数求解，即 Log(x)/Log(10)。

（4）Log(x)和 Exp(x)互为反函数，即 x= Log(Exp(x))= Exp(Log(x))。

例如，将下列表达式：

$$\sqrt{x+y}+\cos 55^\circ+x^2+|\sin x|+e^3$$

写成 Visual Basic 表达式为：

```
Sqr(x+y)+Cos(55*3.14/180)+x^2+Abs(Sin(x))+Exp(3)
```

（5）函数 Int(*x*)是求小于等于 *x* 的最大整数。当 $x\geqslant 0$ 时，函数 Int(x)的值就相当于直接截掉小数部分，如 Int(2.9)=2；当 $x<0$ 时，函数 Int(x)的值是取小于或等于 *x* 的第一个负整数值。

该函数常用于对实数值进行四舍五入或保留 n 位小数并对第 *n*+1 位小数进行四舍五入。例如：

① 对实数值进行四舍五入可采用如下式子：

Int(x+0.5)

如 x=7.4，Int(7.4+0.5)= Int(7.9)=7

如 x=7.5，Int(7.5+0.5)= Int(8)=8

② 对实数值保留 *n* 位小数并对第 *n*+1 位小数进行四舍五入可采用如下式子：

Int(x*10^n+0.5)/10^n

如：*x*=123.257，要保留 1 位小数，并对第 2 位小数进行四舍五入，则采用：

Int(123.257*10+0.5)/10=123.3

如：x=123.257，要保留 2 位小数，并对第 3 位小数进行四舍五入，则采用：

Int(123.257*100+0.5)/100=123.26

（6）Rnd 函数返回大于或等于 0 且小于 1 的随机数。随机数是一些随机的、没有规律的数。随机数常用于应用程序中，如在考试系统中随机生成试题库中的题号来抽取试题，在电脑彩票系统中随机生成彩票号码等，都要用到随机函数。

Rnd 函数的参数 x 是可选的。如果 x<0，则每次使用相同的 x 作为随机种子生成相同的随机数；如果 x=0，则生成与上一次产生的随机数相同的随机数；如果 x>0，则用上一次生成的随机数作为种子，生成下一个随机数，这样产生的一系列随机数是不相同的。如果省略参数 x，则与 x>0 的情况相同。

例如，运行下面窗体 Form1 的 Click 事件过程：

```
Private Sub Form_Click()
  Rem 下面 3 个 Print 语句中的随机函数生成的随机数相同
  Print Rnd(-5)        ' 生成随机数 0.8383257
  Print Rnd(-5)        ' 生成随机数 0.8383257
  Print Rnd(-5)        ' 生成随机数 0.8383257
  Print Rnd            ' 该语句生成一个新的随机数 0.2874333
  Rem 下面 3 个 Print 语句中的随机函数都生成上一次产生的那个随机数
  Print Rnd(0)         ' 生成与上一次产生的随机数相同的随机数 0.2874333
  Print Rnd(0)         ' 生成与上一次产生的随机数相同的随机数 0.2874333
  Print Rnd(0)         ' 生成与上一次产生的随机数相同的随机数 0.2874333
  Rem 下面 3 个 Print 语句中的随机函数生成的随机数是不相同的
  Print Rnd(5)         ' 生成随机数 0.8604596
  Print Rnd(5)         ' 生成随机数 0.8178332
  Print Rnd(5)         ' 生成随机数 0.6038546
End Sub
```

如果把上面的事件过程运行多次，则每次运行结果是相同的。要想使每次运行时产生的随机数序列不同，可以先执行 Randomize 语句，该语句的一般格式为：

Randomize [n]

其中，n 为整型数，它作为随机数发生器的种子数。

例如，运行下面窗体 Form1 的 Click 事件过程：

```
Private Sub Form_Click()
  Print Rnd     ' 生成随机数 0.7055475
  Print Rnd     ' 生成随机数 0.533424
End Sub
```

如果运行上面的事件过程多次，则产生的随机数序列是一样的。如果在运行上面的事件过程之前，先执行一个 Randomize 语句，来改变一下随机种子数，则产生的随机数序列就与前面产生的不一样。

例如，运行下面窗体 Form1 的 Click 事件过程：

```
Private Sub Form_Click()
  Randomize 1
  Print Rnd     ' 生成随机数 0.7648737
  Print Rnd     ' 生成随机数 0.1054455
End Sub
```

运行上面的事件过程，产生的随机数序列就与上一次产生的不一样。如果把上面的事件过程中的"Randomize 1"语句再改为"Randomize 4"，则执行该事件过程后得到随机数序列又与改变随机种子数前产生的随机数序列不一样。

因此，如果能使随机种子数不断变化，则每次执行时生成的随机数序列就会随之变化。这样就可得到更好的随机效果。

如果使用无参数的 Randomize 语句，则使用系统时钟作为随机种子数。

例如，多次运行下面窗体 Form1 的 Click 事件过程：

```
Private Sub Form_Click()
    Randomize
    Print Rnd
    Print Rnd
End Sub
```

如果运行上面的事件过程多次，则每次产生的随机数序列是不一样的。

Rnd 函数只能产生[0,1)区间的随机数，如果把 Rnd 函数与 Int 函数配合使用，则可以生成一定范围内的随机整数。要生成[a,b]区间范围内的随机整数，可以使用如下表达式：

Int((b–a+1)*Rnd+a)

例如，要生成[1,100]区间范围内的随机整数，可以使用表达式：Int((100–1+1)*Rnd+1)

又如，要生成[10,50]区间范围内的随机整数，可以使用表达式：Int((50–10+1)*Rnd+10)

再如，要生成一个 2 位随机正整数，可以使用表达式：Int((99–10+1)*Rnd+10)

3.5.2　字符串函数

Visual Basic 提供了大量的字符串处理函数，用于进行字符串的处理操作，如字符串的比较、截取和大小写字母的转换等。常用的字符串函数如表 3.8 所示。

表 3.8　常用的字符串函数

函数	函数值类型	功能	示例	结果
Len(s)	Integer	求字符串 s 的长度	Len("abcd") Len("程序")	4 2
Left(s,n)	String	取字符串 s 左边 n 个字符	Left("abcdef",4)	"abcd"
Right(s,n)	String	取字符串 s 右边 n 个字符	Right("abcdef",4)	"cdef"
Mid(s,m[,n])	String	从字符串 s 第 m 个字符开始，取 n 个字符	Mid("abcdef",2,3) Mid("abcdef",2)	"bcd" "bcdef"
Ltrim(s)	String	删除字符串 s 左边的空格	Ltrim("□□abcdef□")	"abcdef□"
Rtrim(s)	String	删除字符串 s 右边的空格	Rtrim("□□abcdef□")	"□□abcdef"
Trim(s)	String	删除字符串 s 左右两边的空格	Trim("□□abcdef□")	"abcdef"
Lcase(s)	String	字符串 s 中的大写字母转小写	Lcase("AbcdEf")	"abcdef"
Ucase(s)	String	字符串 s 中的小写字母转大写	Ucase("AbcdEf")	"ABCDEF"
Space(n)	String	生成由 n 个空格组成的字符串	Space(5)	"□□□□□"
String(n,s)	String	生成由字符串 s 的第 1 个字符重复 n 次组成的字符串	String(5, "abc") String(5, "#")	"aaaaa" "#####"
Instr([m,] s1,s2[,n])	Integer	从第 m 个字符开始查找字符串 s2 在字符串 s1 中出现的位置	Instr("abcdef","cde")	3

使用字符串函数的几点说明：

（1）字符串函数中的参数 s 可以是字符串常量、字符串变量和字符串表达式。

（2）Visual Basic 中采用的是 Unicode 编码，该编码用两个字节表示一个字符。字符串的长度以字为单位，每个西文字符和每个汉字都为一个字，占两字节。如 Len("认真学习 Visual Basic")的结果为16。

（3）在 Mid 函数中，如果省略 n，则取出从字符串第 m 个字符开始到字符串最后的所有字符。

（4）Mid 函数还可以出现在赋值号的左边，用于替换字符串中指定的子串，其一般格式为：

Mid(s,m[,n])=s1

功能：用字符串 s1 的前 n 个字符替换字符串 s 中从 m 开始的 n 个字符。如果省略 n，则 n 为字符串 s1 的长度（被替换的字符个数小于 s1 的长度时，按被替换的实际字符个数替换）。

例如，若 s="abcde"，则执行语句 Mid(s,2,3)="xyz"后，s 的值为"axyze"；执行语句 Mid(s,4,3)= "xyz"后，s 的值为"abcxy"；执行语句 Mid(s,3)= "xyz"后，s 的值为"abxyz"；执行语句 Mid(s,4)= "xyz"后，s 的值为"abcxy"。

（5）在 Instr 函数中，m 表示开始搜索的位置（省略后的默认值为 1），n 表示比较方式，如果 n 为 0(省略后的默认值为 0)，表示区分大小写；如果 n 为 1，则不区分大小写。例如，Instr(3,"paragraph","A",1)的结果为 4，Instr(3,"paragraph","A",0)的结果为 0，而 Instr("paragraph", "ag") 的结果为 4。

（6）在 String 函数中，字符也可用 ASCII 码来表示。例如，String(5,65)与 String(5,"A")的结果都是"AAAAA"。

（7）表 3.8 中的类型为 String 的函数，函数名后均可加“$”符号，如 Left$(s)与 Left(s)等价。

【例 3.3】 某校学生的学号为 12 位，第 1～4 位代表入学年份，第 5 位代表录取批次，第 6～7 位代表学院代码，第 8～9 位代表专业代码，第 10～12 位代表学生编号。在文本框中任意输入一个学生的 12 位学号，从中分解出入学年份、录取批次、学院代码、专业代码和学生编号。

在窗体上添加 11 个标签（Label1，Label2，…，Label11）、1 个文本框（Text1）和 2 个命令按钮（Command1、Command2）。属性设置如表 3.9 所示，界面设计如图 3.3 所示。

表 3.9　属 性 设 置

对象名	属性名	属性值	说明
Form1	Caption	分解学生学号	
Text1	Text		初始内容为空，用于输入
Label1	Caption	学生学号	
Label2	Caption	入学年份	
Label3	Caption	录取批次	
Label4	Caption	学院代码	
Label5	Caption	专业代码	
Label6	Caption	学生编号	
Label7～Label11	Caption		初始内容为空，用于输出
	BorderStyle	1	凹陷单线边框
Command1	Caption	分解	
Command2	Caption	清除	

窗体上的文本框 Text1 用于输入学生学号，标签控件 Label7～Label11 的 Caption 属性分别用于显示入学年份、录取批次、学院代码、专业代码和学生编号。

“分解”命令按钮 Command1 的 Click 事件过程用于从文本框 Text1 中输入的学生学号分解出入学年份、录取批次、学院代码、专业代码和学生编号，并利用标签控件 Label7～Label11 的 Caption 属性进行显示。其事件过程代码如下：

```
Private Sub Command1_Click()
    Dim num As String * 12
    num = Text1.Text
    Label7.Caption = Left(num, 4)
    Label8.Caption = Mid(num, 5, 1)
    Label9.Caption = Mid(num, 6, 2)
    Label10.Caption = Mid(num, 8, 2)
    Label11.Caption = Right(num, 3)
End Sub
```

“清除”命令按钮 Command2 的 Click 事件过程用于清空文本框 Text1 的 Text 内容和标签控件 Label7～Label11 的 Caption 内容，其事件过程代码如下：

```
Private Sub Command2_Click()
    Text1.Text=""
    Label7.Caption=""
    Label8.Caption=""
    Label9.Caption=""
    Label10.Caption=""
    Label11.Caption=""
End Sub
```

程序运行后，在“学生学号”对应的文本框中输入 200921206059，单击窗体上的“分解”命令按钮，执行 Command1_Click 事件过程，在窗体的“入学年份”、“录取批次”、“学院代码”、“专业代码”和“学生编号”对应的标签框中分别输出 2009、2、12、06 和 059。运行结果如图 3.4 所示。

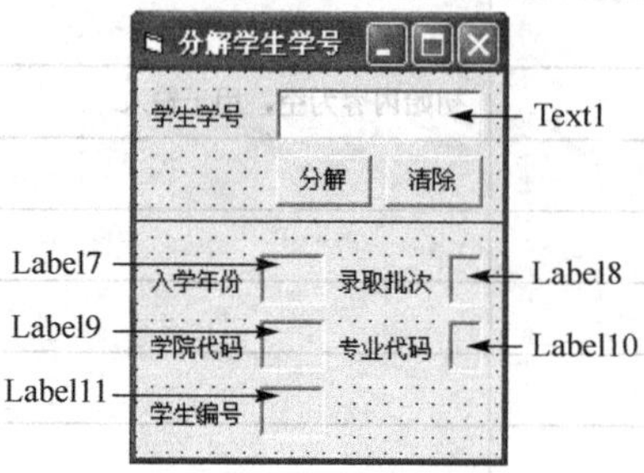

图 3.3　例 3.3 的设计界面

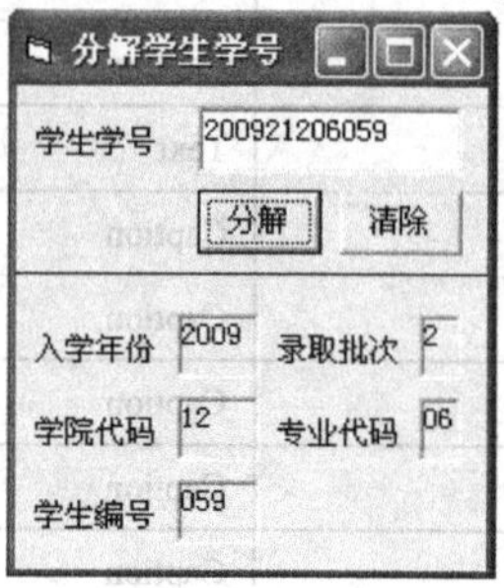

图 3.4　例 3.3 的运行结果

3.5.3　转换函数

转换函数一般用来实现不同类型数据之间的转换。Visual Basic 常用的转换函数如表 3.10 所示。

表 3.10　常用的转换函数

函数	返回值类型	功能	示例	结果
Asc(s)	Integer	返回字符串 s 首字母的 ASCII 码值	Asc("abcd")	97
Chr(x)	String	将 ASCII 码值 x 转换为对应的字符	Chr(97)	"a"
Str(x)	String	将数值 x 转换为字符串，字符串的首位表示符号，正数用空格表示	Str(265)	"□265"
Val(s)	Double	将数字字符串 s 转换为数值	Val("-265")	-265
Hex(x)	String	将十进制数 x 转换为十六进制数	Hex(46)	"2E"
Oct(x)	String	将十进制数 x 转换为八进制数	Oct(46)	"56"
Cint(x)	Integer	将 x 的小数部分四舍五入转换为整型数	Cint(23.56)	24
Clng(x)	Long	将 x 的小数部分四舍五入转换为长整型数	Clng(23.456)	23
Csng(x)	Single	将 x 转换为单精度数	Csng(-23.456123)	-23.45612
Cdbl(x)	Double	将 x 转换为双精度数	Cdbl(-23.456123)	-23.456123
Ccur(x)	Currency	将 x 转换为货币型数，保留 4 位小数，其余小数位四舍五入	Ccur(23.456153)	23.4562

使用转换函数的几点说明如下。

（1）Asc 和 Chr 函数互为反函数，例如：

表达式 Asc(Chr(65))的结果为 65
表达式 Chr(Asc("A"))的结果为"A"

（2）Str 函数将数值转换为字符串，字符串的首位表示符号，正数前要留一个空格。例如：

Str(265)的结果为"□265"
Str(–265)的结果为"–265"

（3）Val 函数在将数字字符串转换为数值时，可滤掉数字字符中的空格，并在遇到表示数值型数字字符以外的字符时则停止转换。例如：

Val("　12　34A56")的结果为 1234
Val("1.2　34E4")的结果为 12340
Val("12ABC12")的结果为 12
Val("ABC12")的结果为 0

（4）表 3.10 中的类型为 String 的函数，函数名后均可加“$”符号，例如，Chr$(s)与 Chr(s)等价。

3.5.4　日期与时间函数

日期与时间函数用于处理日期和时间。Visual Basic 常用的日期与时间函数如表 3.11 所示。

表 3.11　常用的日期与时间函数

函数	返回值类型	功能	示例	结果
Date	Date	返回系统日期	Date	2013-2-22
Time	Date	返回系统时间	Time	15:24:16
Now	Date	返回系统日期和时间	Now	2013-2-22 15:25:51
Year(日期)	Integer	返回年份	Year(#2013-2-22#)	2013
Month(日期)	Integer	返回月份	Month(#2013-2-22#)	2

续表

函数	返回值类型	功能	示例	结果
Day(日期)	Integer	返回日	Day(#2013-2-22#)	22
WeekDay(日期)	Integer	返回星期几	WeekDay(#2013-2-22#)	6
Hour(时间)	Integer	返回小时数	Hour(#10:54:51#)	10
Minute(时间)	Integer	返回分钟数	Minute(#10:54:51#)	54
Second(时间)	Integer	返回秒数	Second(#10:54:51#)	51

使用日期与时间函数的几点说明：

（1）表 3.11 中函数的参数“日期”可以是字符串或日期表达式。例如，Day("2013-2-22")与 Day(#2013-2-22#)等价。

（2）WeekDay 函数的返回值为 1～7，依次表示星期日到星期六。

3.6 编码基础

任何程序设计语言都有自己的语法规则，在使用 Visual Basic 编写程序时，必须按照 Visual Basic 的语法规则来书写。本节介绍几个简单语句的用法以及语法格式中的符号约定等。

3.6.1 简单语句

1．注释语句

注释语句是非执行语句，它有两种格式，一种是利用“Rem”关键字作为注释的开始，另一种是利用单引号“'”作为注释的开始。在 Visual Basic 程序执行时，遇到以“Rem”和单引号“'”开始的语句时将忽略其后面的内容。其一般格式为：

Rem <注释内容>

或

'<注释内容>

功能：注释语句通常用来给程序或语句作注释，其目的是为了提高程序的可读性。

其中，“注释内容”可以是任何注释文本。“Rem”关键字与注释内容之间要加一个空格，单引号“'”与注释内容之间可不加空格。“Rem”注释语句只能单独作为一条语句使用，而单引号“'”注释语句既可以单独作为一条语句使用，也可以放在其他语句的后面。例如：

```
Rem 计算矩形的面积
a = 20: Rem a 为矩形的长
b = 5   'b 为矩形的宽
's 为矩形的面积
s = a * b
print s     '输出面积 s
```

另外，注释语句对程序的调试也非常有用，若不想执行某条语句，则可以在该语句前加一个单引号“'”，使该语句成为注释语句。

2．暂停语句

暂停语句的一般格式为：

```
Stop
```

功能：用来暂停程序的运行。

Stop 语句的作用相当于“运行”菜单中的“中断”命令。Stop 语句可以放在过程中的任何地方，当程序执行到 Stop 语句时将暂停程序的运行，并自动打开立即窗口，用户可以在立即窗口中观察程序当前的运行情况，如变量、表达式的值等。

当调试程序时，可以在程序的某些位置插入 Stop 语句，使程序分段执行，以便观察程序的运行情况，暂停之后可对程序进行检查，找出存在的错误。当程序调试通过之后，删除程序代码中的所有 Stop 语句，然后再生成可执行文件。

3．结束语句

结束语句的一般格式为：

```
End
```

功能：结束程序的运行。

一个程序中没有 End 语句不影响程序的运行，只是程序的运行无法正常结束，必须选择“运行”菜单下的“结束”命令或单击工具栏上的“结束”按钮或单击窗体的“关闭”按钮，才能结束程序的运行。通常情况下，为了保持程序的完整性，应使用 End 语句结束程序的运行。

例如，使用命令按钮 Command1 的 Click 事件过程来结束程序的运行。

```
Private Sub Command1_Click()
  End
End Sub
```

在不同的情况下，End 配合其他关键字可完成不同的用途，例如：

End Sub	结束一个 Sub 过程
End Function	结束一个 Function 过程
End If	结束一个 If 语句块
End Type	结束记录类型的定义
End Select	结束情况语句

3.6.2　语句的书写规则及格式符号约定

1．多个语句写在一行上

通常情况下，Visual Basic 一行只写一个语句，也可以在一行上写多个语句，但多个语句间要用冒号“:”隔开，如：

```
a = 15: b = 4: y = a * b
```

上面将 3 个语句写在了一行上，这些语句都比较短，写在一行上也不影响阅读程序。

2．一个语句分多行书写

如果一个语句太长，在代码窗口的宽度内写不下时，使用滚动条来阅读程序会很不方便。Visual Basic 允许使用续行符“□_”（一个空格加一个下画线）将一个长语句分成多行。如下面的长语句：

```
Text1.Font.Underline = Not Text1.Font.Underline
```

可写为

```
Text1.Font.Underline = Not Text1.Font. _
Underline
```

3．不区分字母大小写

Visual Basic 系统不区分字母大小写，如 SUM、Sum 和 sum 被视为同一个变量。对于关键字，系统总是将首字母转为大写，其余字母转为小写；如果关键字是由多个英文单词组成的，系统会将每个单词的首字母转为大写。若是用户自己命名的变量、过程名等，系统以第一次定义的为准，对于以后输入的自动按最初定义的形式进行转换。

4．符号约定

在本书中，对于语句、方法和函数等语法格式的描述，采用下面统一的符号约定。

<> 必选项表示符，尖括号中的内容必须书写。

[ ] 可选项表示符，方括号中的内容可选也可省略。

| 多中取一表示符，竖线用于分隔多个选项。

{ } 用于包含多中取一的各项，花括号中竖线分隔了多个选项，选择其中之一。

,… 表示同类项目的重复出现。

… 表示省略了叙述中不涉及的部分。

第 4 章 Visual Basic 控制结构

Visual Basic 语言是一种面向对象的程序设计语言，利用 Visual Basic 语言开发应用程序一般包括两部分，其一是使用可视化编程技术设计应用程序界面，其二是使用结构化程序设计方法编写事件过程代码。

结构化程序设计包含三种基本结构：顺序结构、选择结构（或称分支结构）和循环结构。顺序结构是按照语句的书写顺序依次执行，选择结构是根据条件有选择地执行语句，循环结构是有条件地反复执行语句。结构化程序设计的三种基本结构具有“单入口、单出口”的特点，任何复杂问题都可以由这三种基本结构所构成的程序来解决。

4.1 顺 序 结 构

顺序结构是 Visual Basic 程序控制结构中最基本的结构，其特点是从上到下依次执行程序中的语句，所有的语句均被且仅被执行一次。顺序结构的流程图如图 2.4 所示。

4.1.1 赋值语句

赋值语句是程序设计中最常用的语句，其基本功能是将指定的值赋给某个变量或某个对象的属性，即为变量或对象的属性提供数据。其一般格式为：

[LET] 变量名=表达式

或

[LET] [对象名.]属性名=表达式

功能：首先计算赋值号（=）右边表达式的值，然后将此值赋给赋值号左边的变量或对象的属性。

其中，LET 为语句定义符，表示赋值，通常省略。表达式可以是常量、变量、表达式或对象的属性值。例如：

```
x = 25                              ' 将常量 25 赋给变量 x
y = x                               ' 将变量 x 的值赋给变量 y
n = n + 1                           ' 将变量 n 的值加 1 再赋给变量 n
Text1.Text = "How"                  ' 将字符串"How"赋给文本框 Text1 的 Text 属性
Text2.Text = Text1.Text             ' 将文本框 Text1 的 Text 属性值赋给文本框 Text2 的 Text 属性
str = Text1.Text + " are you?"      ' 将文本框 Text1 的 Text 属性值与" are you?"连接后赋给变量 str
```

说明：

（1）赋值号左边必须是变量或对象的属性。例如：

```
age = 25
str = "How are you?"
Command1.Caption = "退出"
```

又如，下面赋值语句：

```
x + 4 = y
```

是错误的，因为赋值号左边不能是表达式。

（2）赋值号（=）不同于数学中的等号。赋值号的作用是将它右边表达式的值赋给左边的变量或对象的属性，如 a=10，其功能是将 10 赋给变量 a，若将该赋值语句的赋值号左右两边互换为 10=a，则赋值语句 10=a 是错误的。又如 n=n+1 不等价于 n+1=n，而赋值语句 n+1=n 是错误的。

（3）一个赋值语句只能给一个变量赋值。如果要给变量 a、b、c 均赋值为 15，则写成：

```
a = b = c = 15
```

是错误的。而应写成：

```
a = 15: b = 15: c = 15
```

（4）可给一个变量多次赋值，但只保留最后一次的赋值。例如：

```
a = 10
a = 20
```

依次执行上面的两条语句后，变量 a 的值为 20。

（5）赋值语句具有计算和赋值双重功能。例如：

```
x = 5
y = x + 4
```

上面第 2 条赋值语句执行时，先计算 x+4 的值为 9，然后将 9 赋给左边的变量 y。

（6）变量未赋值时，其值为默认的初始值。

（7）赋值号两边的数据类型应该相容，所谓相容是指能够把赋值号右边表达式的值赋给左边变量或对象的属性。如果赋值号两边的数据类型不一致，则自动将赋值号右侧的数据类型转换为左侧的数据类型之后再赋值。例如：

① 双精度数赋给整型变量时，则将双精度数对称舍入转换为整数后赋给整型变量。

```
x% = 26.5          ' 将双精度数 26.5 对称舍入转换为整数 26 后赋给整型变量 x%
Print x%           ' 变量 x%的显示结果为 26
```

② 数值字符串赋给整型变量时，先将数值字符串转换为数值，再对称舍入后赋给整型变量。

```
x% = "26.5"        ' 将字符串"26.5"转换为数值 26.5，再对称舍入后赋给整型变量 x%
Print x%           ' 变量 x%的显示结果为 26
```

③ 非数值字符串赋给整型变量时出错。

```
x% = "Hello!"      ' 出错，原因是赋值号两边的类型不相容
```

④ 数值赋给字符串变量时，则将数值转换为字符串后，然后赋值。

```
Dim str1 As String
str1 = 25.67       ' 将 25.67 转换为字符串" 25.67"，然后赋给 str1
Print str1         ' 变量 str1 的显示结果为" 25.67"
```

⑤ 逻辑常量赋给数值变量时，则 True 转换为–1，False 转换为 0。

```
a% = True
Print a%           ' 变量 a%的显示结果为-1
a% = False
Print a%           ' 变量 a%的显示结果为 0
```

⑥ 数值赋给逻辑型变量时，则非 0 转换为 True，0 转换为 False。

```
Dim m As Boolean
m = -3          ' 非 0 值赋给逻辑型变量 m
Print m         ' 变量 m 的显示结果为逻辑值 True
m = 0           '0 值赋给逻辑型变量 m
Print m         ' 变量 m 的显示结果为逻辑值 False
```

【例 4.1】 编写程序，交换变量 a、b 的值。

分析：实现变量 a、b 值的交换有下列 3 种方法：

（1）使用中间变量，语句如下：

```
t = a: a = b: b = t
```

两个人交换东西，只要把东西相互递给对方即可实现交换。而交换两个变量 a 和 b 的值，如果执行操作 a=b: b=a，则无法实现交换。要交换两个变量的值，通常借助于一个中间变量 t 才能实现，交换过程如图 4.1 所示。

（2）不使用中间变量，先求 a、b 之和，语句如下：

```
a = a + b: b = a - b: a = a - b
```

（3）不使用中间变量，先求 a、b 之差，语句如下：

```
a = a - b: b = a + b: a = b - a
```

在窗体上添加 2 个标签（Label1、Label2）、2 个文本框（Text1、Text2）和 4 个命令按钮（Command1、Command2、Command3、Command4）。属性设置如表 4.1 所示，界面设计如图 4.2 所示。

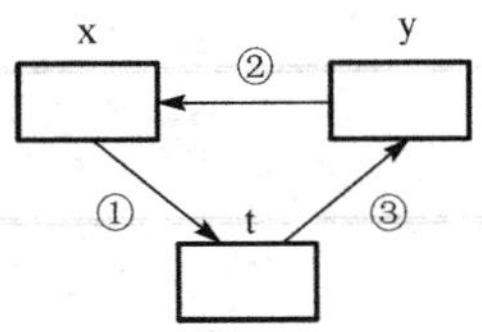

图 4.1 变量 x 和 y 的交换过程

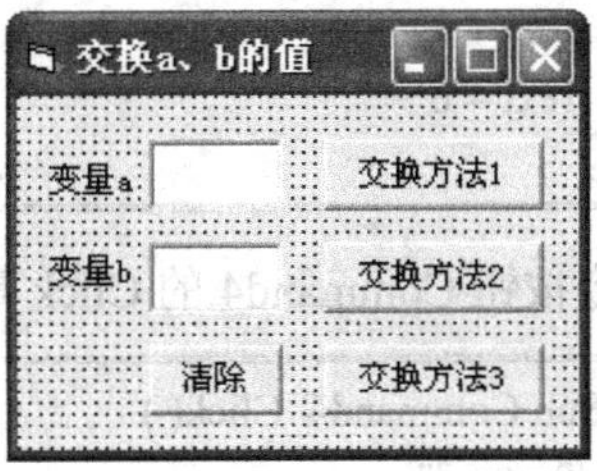

图 4.2 例 4.1 的界面设计

表 4.1 属 性 设 置

对象名	属性名	属性值	说明
Form1	Caption	交换 a、b 的值	
Label1	Caption	变量 a	
Label2	Caption	变量 b	
Text1、Text2	Text		初始内容为空，用于输入和输出
Command1	Caption	交换方法 1	
Command2	Caption	交换方法 2	
Command3	Caption	交换方法 3	
Command4	Caption	清除	

“交换方法 1”命令按钮 Command1 的 Click 事件过程如下：

```
Private Sub Command1_Click()
  Dim a As Integer, b As Integer, t As Integer
  a = Text1.Text                 ' 输入数据 a
  b = Text2.Text                 ' 输入数据 b
```

```
    t = a: a = b: b = t              ' 交换变量 a、b 的值
    Text1.Text = a                   ' 输出数据 a
    Text2.Text = b                   ' 输出数据 b
End Sub
```

“交换方法 2”命令按钮 Command2 的 Click 事件过程如下：

```
Private Sub Command2_Click()
    Dim a As Integer, b As Integer
    a = Text1                        ' 默认属性 Text，输入数据 a
    b = Text2                        ' 默认属性 Text，输入数据 b
    a = a + b: b = a - b: a = a - b  ' 交换变量 a、b 的值
    Text1 = a                        ' 默认属性 Text，输出数据 a
    Text2 = b                        ' 默认属性 Text，输出数据 b
End Sub
```

“交换方法 3”命令按钮 Command3 的 Click 事件过程如下：

```
Private Sub Command3_Click()
    Dim a As Integer, b As Integer
    a = Text1.Text
    b = Text2.Text
    a = a - b: b = a + b: a = b - a  ' 交换变量 a、b 的值
    Text1.Text = a
    Text2.Text = b
End Sub
```

“清除”命令按钮 Command4 的 Click 事件过程如下：

```
Private Sub Command4_Click( )
    Text1.Text = ""
    Text2.Text = ""
    Text1.SetFocus
End Sub
```

程序运行后，在标有变量 a、b 的文本框中输入变量 a、b 的值，交换变量 a、b 值之前的运行界面如图 4.3 所示。单击“交换方法 1”命令按钮，执行 Command1_Click 事件过程，其中的所有语句均按书写顺序依次执行，交换变量 a、b 值之后的运行结果如图 4.4 所示。单击“清除”命令按钮，执行 Command4_Click 事件过程，清除文本框中的内容，并将焦点置于文本框 Text1 中。

Visual Basic 应用程序一般包括三部分：提供数据、进行运算和输出结果。本例使用文本框 Text1、Text2 输入数据，然后进行变量 a、b 值的交换运算，最后使用文本框 Text1、Text2 输出结果。

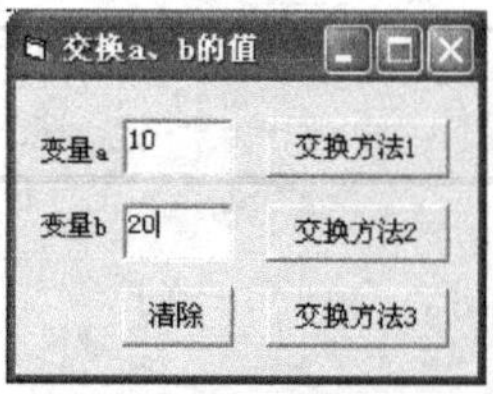

图 4.3　例 4.1 交换之前的运行界面

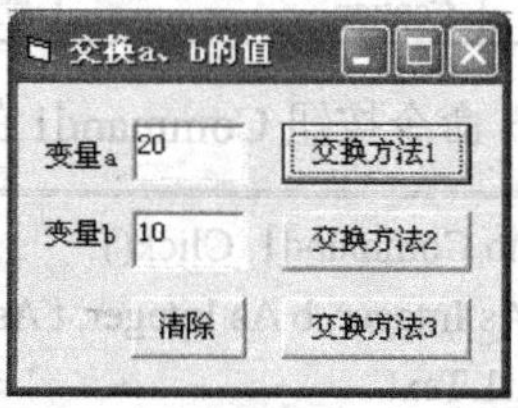

图 4.4　例 4.1 交换之后的运行结果

4.1.2　数据的输入和输出

在 Visual Basic 中，可利用文本框、标签控件和 Print 方法实现数据的输入和输出，下面介绍这些内容。

1．利用文本框输入和输出

利用文本框的 Text 属性（可省略）可接受用户从键盘上输入的数据，或将程序的计算结果输出，即文本框可用于输入和输出。例如：

```
a = Text1.Text          ' 将输入到文本框 Text1 中的数据赋给 a，该文本框用于输入
b = Text2               ' 将输入到文本框 Text2 中的数据赋给 b，该文本框用于输入
Text1.Text = a + b      ' 将 a+b 的结果在文本框 Text1 中输出，该文本框又用于输出
```

2．利用标签输出

利用标签的 Caption 属性（可省略）可输出数据。例如：

```
Label1.Caption = 23    ' 将数值 23 在标签 Label1 上显示，该标签用于输出
```

在完成上面的赋值时，Visual Basic 自动将数值型数据 23 转换为字符串型。

```
Label2 = "Hello!"      ' 将字符串"Hello!"在标签 Label2 上显示，该标签用于输出
```

例如，在文本框中输入圆的半径，计算圆周长和圆面积。圆周长利用标签输出，圆面积利用文本框输出。

```
Dim r As Single
r = Val(Text1.Text)    ' 将输入到文本框中的数据转换为数值赋给变量 r
Label1.Caption = "圆周长=" & 2 * 3.14 * r          ' 将运算结果在标签上输出
Text1.Text = "圆面积=" & 3.14 * r * r              ' 将运算结果在文本框中输出
```

上面两个赋值语句中的&为字符串连接符，&与后面的表达式间留一个空格。如果在文本框中输入 4，即圆半径为 4，则输出结果为：

```
圆周长=25.12
圆面积=50.24
```

3．利用 InputBox 函数输入

利用 InputBox 函数输入数据，可提供一个人机交互界面。当调用 InputBox 函数时，该函数打开一个对话框，等待用户输入一个数据，并将输入的数据作为函数值返回，该函数值为字符串型。InputBox 函数的一般格式为：

```
InputBox(提示信息[,标题][,默认值][,x 坐标位置][,y 坐标位置])
```

功能：在屏幕上的指定坐标位置打开一个对话框，等待用户输入数据，当用户按 Enter 键或单击“确定”按钮时，该函数将输入的数据作为函数值（字符串型）返回。

例如，利用 InputBox 函数输入学生成绩的语句为：

```
score = InputBox("请输入学生成绩：","输入成绩",0)
```

执行该语句后，将打开如图 4.5 所示的对话框。

图 4.5　InputBox 输入对话框 1

使用 InputBox 函数的几点说明：

（1）提示信息。它是在对话框中显示的输入提示信息，可以是字符串常量、字符串变量或字符串表达式。如果要使提示信息按多行显示，则可在提示信息中需换行的地方插入回车控制符 Chr(13)、换行控制符 Chr(10)、回车换行组合控制符 Chr(13)+Chr(10)或符号常量 vbCrLf。如果上面语句写成下面 4 种语句形式：

```
score = InputBox("请输入" + Chr(13) + "学生成绩：", "输入成绩", 0)
score = InputBox("请输入" + Chr(10) + "学生成绩：", "输入成绩", 0)
score = InputBox("请输入" + Chr(13) + Chr(10) + "学生成绩：", "输入成绩", 0)
score = InputBox("请输入" + vbCrLf + "学生成绩：", "输入成绩", 0)
```

则这 4 个语句的功能相同，都是打开如图 4.6 所示的对话框。

（2）标题。该选项可选，可以是字符串常量、字符串变量或字符串表达式。该选项内容显示在对话框的标题栏中，如果省略，则在标题栏中显示工程文件的主名。

（3）默认值。该选项可选，是输入框的默认值。如果用户不输入数据而直接按“确定”按钮，则以默认值为输入数据；如果用户输入数据，则用输入的数据取代默认值；如果省略该项，则输入框为空。

（4）x 坐标位置、y 坐标位置。该选项可选，确定对话框左上角在屏幕上的位置，x、y 分别为距屏幕左边和上边的距离。

（5）如果只省略第 2 个参数，则相应的逗号分隔符不能省略。

【例 4.2】 学生某门课的期末成绩由两部分组成：笔试成绩占 70%，实验成绩占 30%，要求使用 InputBox 函数输入笔试成绩和实验成绩（百分制），计算期末成绩，在窗体上输出笔试成绩、实验成绩和期末成绩。

程序运行后，单击窗体，执行窗体的 Click 事件过程，首先在弹出的“笔试成绩”对话框中输入笔试成绩，如图 4.7 所示；然后在弹出的“实验成绩”对话框中输入实验成绩，如图 4.8 所示。程序计算期末成绩，最后在窗体上输出笔试成绩、实验成绩和期末成绩，如图 4.9 所示。

图 4.6　InputBox 输入对话框 2

图 4.7　例 4.2 的笔试成绩输入界面

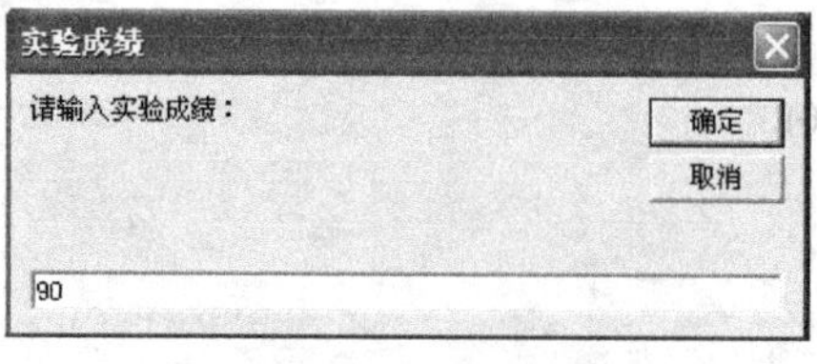

图 4.8　例 4.2 的实验成绩输入界面

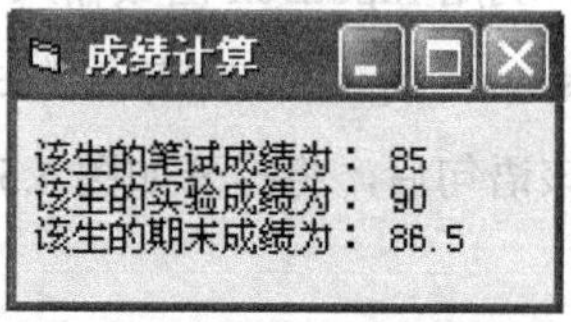

图 4.9　例 4.2 的输出结果

窗体 Form1 的 Click 事件过程如下：

```
Private Sub Form_Click()
  Dim bs As Single, sy As Single, qmcj As Single
  bs = InputBox("请输入笔试成绩：", "笔试成绩")
  sy = InputBox("请输入实验成绩：", "实验成绩")
  qmcj = bs * 0.7 + sy * 0.3
  Print
  Print " 该生的笔试成绩为："; bs
  Print " 该生的实验成绩为："; sy
  Print " 该生的期末成绩为："; qmcj
End Sub
```

4．利用 MsgBox 函数或 MsgBox 语句输出

在 Windows 的使用过程中，如果操作错误，就会在屏幕上出现一个对话框，在对话框内既有提示信息，又有操作按钮，供用户进行选择，系统会根据用户的选择确定后续的操作。MsgBox 函数和 MsgBox 语句具有类似的功能，它们可用对话框的形式显示提示信息，并根据用户的选择做出响应。

MsgBox 函数的一般格式为：

变量[%]=MsgBox(提示信息[,对话框样式][,对话框标题])

功能：打开一个对话框显示指定的信息，等待用户单击某个按钮，并以返回的按钮值来确定用户单击了哪一个按钮。

使用 MsgBox 函数的几点说明：

（1）提示信息是一个字符串，可以是字符串常量、字符串变量或字符串表达式。该字符串就是在对话框中显示的提示信息，其使用与 InputBox 函数的提示信息使用方法相同。

（2）对话框样式。该选项可选，可以是整数值或表 4.2 中系统定义的符号常量，用于指定对话框中出现的按钮类型、图标类型和默认按钮。该参数值是由按钮类型、图标类型和默认按钮 3 类数值相加产生的。

表 4.2　按钮类型、图标类型和默认按钮的参数值及含义

分类	系统定义的符号常量	数值	含义
按钮类型	vbOKOnly	0	只显示“确定”按钮
	vbOKCancel	1	显示“确定”和“取消”按钮
	vbAbortRetryIgnore	2	显示“终止”、“重试”和“忽略”按钮
	vbYesNoCancel	3	显示“是”、“否”和“取消”按钮
	vbYesNo	4	显示“是”和“否”按钮
	vbRetryCancel	5	显示“重试”和“取消”按钮
图标类型	vbCritical	16	显示图标
	vbQuestion	32	显示图标
	vbExclamation	48	显示图标
	vbInformation	64	显示图标
默认按钮	vbDefaultButton1	0	第 1 个按钮是默认按钮
	vbDefaultButton2	256	第 2 个按钮是默认按钮
	vbDefaultButton3	512	第 3 个按钮是默认按钮

表 4.2 中的数值分为 3 类，每类的作用如下。

① 数值 0～5：表示按钮的种类和数量。

② 数值 16、32、48、64：指定对话框所显示的图标。

③ 数值 0、256、512：指定默认按钮。

例如：

37=5+32+0 表示显示“重试”和“取消”按钮；显示图标；默认按钮为“重试”。

52=4+48+0 表示显示“是”和“否”按钮；显示图标；默认按钮为“是”。

由上可见，“分类”项中的 3 种（按钮类型、图标类型和默认按钮）值（每种值只取一个）相加就可生成“对话框样式”参数值。例如：

```
x=MsgBox("输入的账号是否正确？",52,"请确认")
```

MsgBox 函数中“对话框样式”参数值为 52（=4+48+0），其中，4 表示显示“是”和“否”按钮，48 表示采用感叹号图标，0 表示指定第一个按钮为默认按钮。显示的对话框如图 4.10 所示。

上面语句中“对话框样式”参数值 52 也可写成几个整数相加的形式，例如：

```
x=MsgBox("输入的账号是否正确？",4+48+0,"请确认")
```

“对话框样式”参数值 52 也可以采用系统定义的符号常量表示，写成：

```
p = vbYesNo + vbExclamation + vbDefaultButton1
x = MsgBox("输入的账号是否正确？", p, "请确认")
```

（3）对话框标题：该选项可选，可以是字符串常量、字符串变量或字符串表达式。该选项内容显示在对话框的标题栏中，如果省略，则在标题栏中显示工程文件的主名。

（4）如果只省略第 2 个参数，则相应的逗号分隔符不能省略，此时，对话框中只有一个“确定”按钮，没有图标显示。例如：

```
x = MsgBox("输入的账号是否正确？", ,"请确认")
```

执行该语句后，打开的对话框如图 4.11 所示。

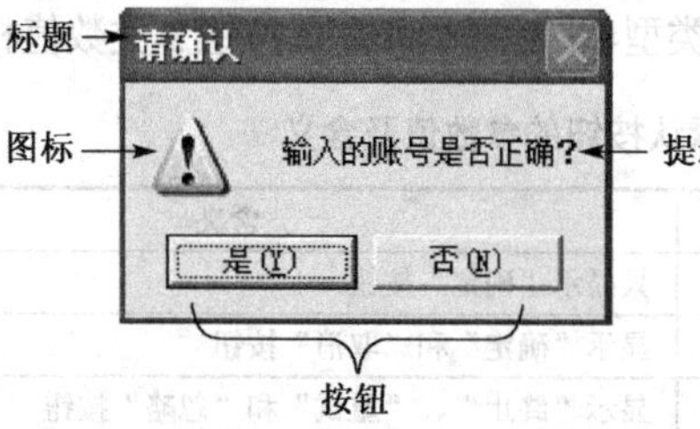

图 4.10 MsgBox 对话框 1

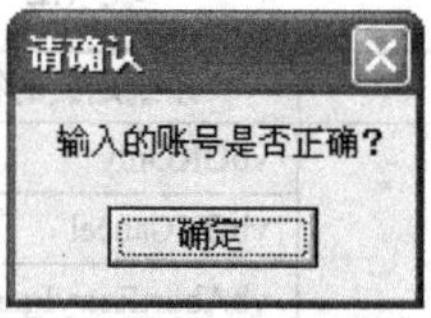

图 4.11 MsgBox 对话框 2

（5）MsgBox 函数的返回值是一个整数，表示用户在对话框中所选择的按钮，该整数也可用系统定义的符号常量表示。返回值与所选按钮的对照表如表 4.3 所示。用户在程序中可以根据返回值的判断进一步进行相应处理。

表 4.3 MsgBox 函数返回值

返回值	系统定义的符号常量	所选按钮
1	vbOK	确定
2	vbCancel	取消
3	vbAbort	终止
4	vbRetry	重试

续表

返回值	系统定义的符号常量	所选按钮
5	vbIgnore	忽略
6	vbYes	是
7	vbNo	否

如果用户不需要返回值，则可以使用 MsgBox 语句，其一般格式为：

MsgBox 提示信息[,对话框样式][,对话框标题]

例如，执行下面的语句：

MsgBox "输入的账号是否正确？",52,"请确认"

则显示的对话框与图 4.10 所示的对话框完全一样，只是没有返回值。

【例 4.3】 调用 MsgBox 函数的使用示例。

（1）x = MsgBox("运行程序",16)　　　　' 16=0+16+0

执行该语句在弹出的对话框中显示有“运行程序”提示信息、“确定”按钮和图标，并将“确定”按钮设为默认按钮，如图 4.12(a)所示。

（2）x = MsgBox("运行程序",32)　　　　' 32=0+32+0

执行该语句在弹出的对话框中显示有“运行程序”提示信息、“确定”按钮和图标，并将“确定”按钮设为默认按钮，如图 4.12(b)所示。

（3）x = MsgBox("运行程序",48)　　　　' 48=0+48+0

执行该语句在弹出的对话框中显示有“运行程序”提示信息、“确定”按钮和图标，并将“确定”按钮设为默认按钮，如图 4.12(c)所示。

（4）x = MsgBox("运行程序",64)　　　　' 64=0+64+0

执行该语句在弹出的对话框中显示有“运行程序”提示信息、“确定”按钮和图标，并将“确定”按钮设为默认按钮，如图 4.12(d)所示。

（5）x = MsgBox("输入的学号是否正确", 33, "请选择")　' 33=1+32+0

执行该语句在弹出的对话框中显示有“输入的学号是否正确”提示信息、“确定”和“取消”按钮、图标，并将“确定”按钮（第一个）设为默认按钮，标题为“请选择”，如图 4.12(e)所示。

（6）x = MsgBox("输入的学号是否正确", 34, "请选择") ' 34=2+32+0

执行该语句在弹出的对话框中显示有“输入的学号是否正确”提示信息、“终止”、“重试”和“忽略”按钮、图标，并将“终止”按钮（第一个）设为默认按钮，标题为“请选择”，如图 4.12(f)所示。

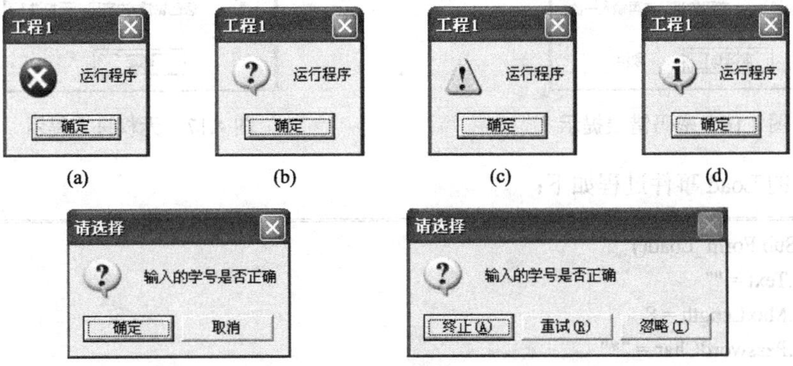

图 4.12　MsgBox 函数示例

【例 4.4】 编写程序验证输入的密码是否正确。

分析：设定密码长度为 8 位字符，已设置的密码为 xxxyjszx。如果输入的密码正确，则弹出对话框显示提示信息“密码验证成功!”，并给出“确定”按钮，单击“确定”按钮，程序运行结束；如果输入的密码不正确，则弹出对话框显示提示信息“密码错误，请再输入一次!”，并给出“重试”和“取消”按钮供用户选择。如果用户选择“取消”按钮，则程序运行结束；如果用户选择“重试”按钮，则可再次输入密码进行验证。如果连续 3 次输入密码均错误，则弹出对话框显示提示信息“您已输错 3 次密码，无权进入”，并给出“确定”按钮，单击“确定”按钮，程序运行结束。

在窗体上添加 1 个标签（Label1）、1 个文本框（Text1）和 1 个命令按钮（Command1），属性设置如表 4.4 所示，界面设计如图 4.13 所示。

表 4.4 属 性 设 置

对象名	属性名	属性值	说明
Form1	Caption	欢迎	
Label1	Caption	请输入用户密码	
Text1	MaxLength	8	文本框的这 3 个属性值都由程序来设置
	PasswordChar	*	
	Text		
Command1	Caption	验证密码	

程序运行后，在文本框中输入密码，运行界面如图 4.14 所示。单击“验证密码”命令按钮，如果输入的密码正确，则弹出如图 4.15 所示的对话框，单击“确定”按钮，程序运行结束。如果输入的密码不正确，则弹出如图 4.16 所示的对话框，如果用户选择“取消”，则程序运行结束，如果用户选择“重试”，则可再次输入密码进行验证。如果连续 3 次输入密码均错误，则弹出如图 4.17 所示的对话框，单击“确定”按钮，程序运行结束。

图 4.13 例 4.4 的设计界面

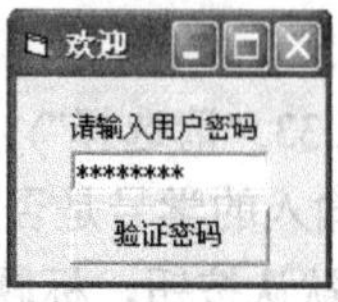

图 4.14 例 4.4 的运行界面

图 4.15 密码验证成功提示

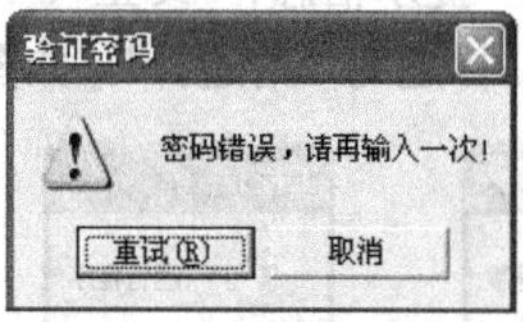

图 4.16 密码错误提示

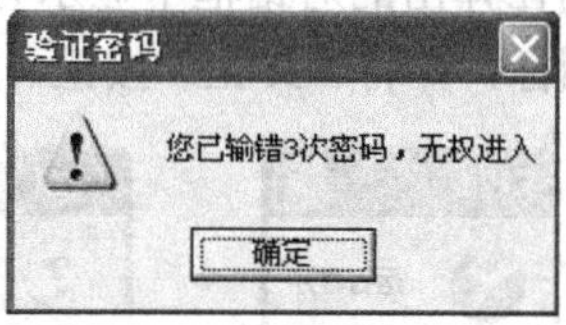

图 4.17 无权进入提示

窗体 Form1 的 Load 事件过程如下：

```
Private Sub Form_Load()
    Text1.Text = ""
    Text1.MaxLength = 8
    Text1.PasswordChar = "*"
End Sub
```

“验证密码”命令按钮 Command1 的 Click 事件过程如下：

```
Private Sub Command1_Click()
  Static n As Integer
  If Text1.Text = "xxxyjszx" Then
    Command1.Visible = False
    MsgBox "密码验证成功!", 48, "验证密码"
    End
  Else
    n = n + 1
    If n = 3 Then
      MsgBox "您已输错 3 次密码，无权进入", 48, "验证密码"
      End
    Else
      x = MsgBox("密码错误，请再输入一次!", 53, "验证密码")
      If x = 4 Then
        Text1.Text = ""
        Text1.SetFocus
      Else
        End
      End If
    End If
  End If
End Sub
```

5. 利用 Print 方法输出

在 Visual Basic 语言中，使用 Print 方法可以在窗体、图片框和打印机等对象上输出数据，下面介绍 Print 方法和与其相关的函数（Tab、Spc 和 Format）的使用方法。

Print 方法可用于在对象上输出数据，其一般格式如下：

[对象名.]Print[定位函数][输出项列表][;|,]

以下是使用 Print 方法的几点说明。

（1）对象可以是窗体、图片框和打印机，还可以是立即窗口（Debug）。如果省略“对象”，则在当前窗体上输出。例如：

```
Form1. Print "Visual Basic 6.0"        ' 在窗体上输出字符串" Visual Basic 6.0"
Print "Visual Basic 6.0"               ' 在窗体上输出字符串" Visual Basic 6.0"
Picture1.Print"Visual Basic 6.0"       ' 在图片框上输出字符串" Visual Basic 6.0"
Debug.Print "Visual Basic 6.0"         ' 在立即窗口中输出字符串"Visual Basic 6.0"
Printer.Print "Visual Basic 6.0"       ' 在打印机上输出字符串"Visual Basic 6.0"
```

（2）“输出项列表”中的输出项可以是常量、变量或表达式，各输出项之间用逗号（,）或分号（;）分隔，逗号或分号分隔符在输出过程中起着控制输出格式的作用。

逗号用于控制输出项按分区格式输出，每个区占 14 列。如果在 Print 方法中的各输出项之间用逗号分隔，则各输出项从左到右依次输出在各分区中，每个输出项从各分区最左边位置开始输出。如果输出的是数值型数据，则在数值前面输出一个符号位（正数前输出一个空格，负数输出负号）。对于其他类型的数据，前面不留空格。

分号用于控制输出项按紧凑格式输出，在输出完一个输出项后紧接着输出下一个输出项。如果输出的是数值型数据，则在数值前面输出一个符号位（正数前输出一个空格，负数输出负号），数值后面输出一个尾随空格。对于其他类型的数据，其前后均无空格。

例如，窗体 Form1 的 Click 事件过程代码如下：

```
Private Sub Form_Click()
    Print -1, -2, -3, -4, -5
    Print 1, 2, 3, 4, 5
    Print "AAAAABBBBBCCCC"
End Sub
```

执行该事件过程，则在当前窗体上的输出结果如图 4.18 所示。

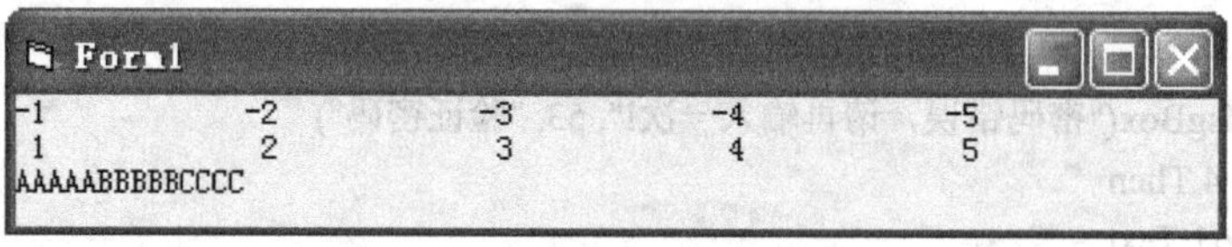

图 4.18　用逗号分隔输出示例 1

例如，窗体 Form1 的 Click 事件过程代码如下：

```
Private Sub Form_Click()
    Print -1; -2; -3; -4; -5
    Print 1; 2; 3; 4; 5
    Print "student"; "teacher"; "worker"
End Sub
```

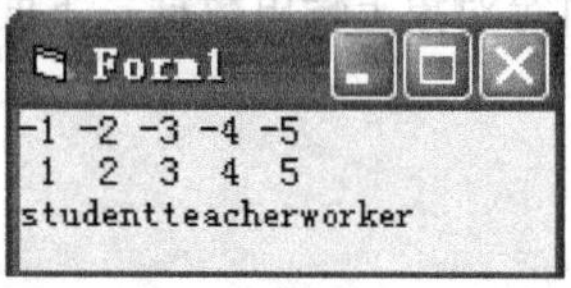

图 4.19　用分号分隔输出示例 1

执行该事件过程，则在当前窗体上的输出结果如图 4.19 所示。

由上可见，如果 Print 方法的最后一个输出项的后面没有逗号或分号，则输出完最后一项后自动换行，所以下一个 Print 方法的输出项将在下一行输出。

（3）如果 Print 方法的最后一个输出项的后面有逗号或分号，则表示输出完最后一个输出项后不换行，使得下一个 Print 方法的输出项将在上一个 Print 方法输出的最后一个输出项后面接着输出。另外，不带任何输出项的 Print 方法将产生一个换行。

例如，窗体 Form1 的 Click 事件过程代码如下：

```
Private Sub Form_Click()
    Print -1, -2, -3,
    Print -4, -5,
    Print                    ' 产生换行
    Print 1, 2,
    Print "student", "teacher", "worker"
End Sub
```

执行该事件过程，程序代码中的第 1 个 Print 方法在按分区输出完最后一项-3 后，因为最后有逗号，所以不换行，第 2 个 Print 方法的输出项接着在第 1 个 Print 方法输出的最后一个输出项的后面按分区输出。第 2 个 Print 方法在输出完最后一项-5 后，因为最后有逗号，所以不换行。第 3 个 Print 方法接着在第 2 个 Print 方法输出的最后一个输出项的后面按分区输出，但由于第 3 个 Print 方法没有输出项，该方法的执行只是完成一次换行，使输出位置移到了第 2 行的开始，这样第 4 个 Print 方法就从第 2 行的起始位置开始输出（因为输出项是正数，所以正数前面输出一个空格），第 4 个 Print 方法在输出完最后一项 2 之后，因为最后有逗号，所以不换行，第 5 个 Print 方法的输出项接着在第 4 个 Print 方法输出的最后一个输出项的后面按分区输出（因为输出项是字符串，所以前面不留空格）。在当前窗体上的输出结果如图 4.20 所示。

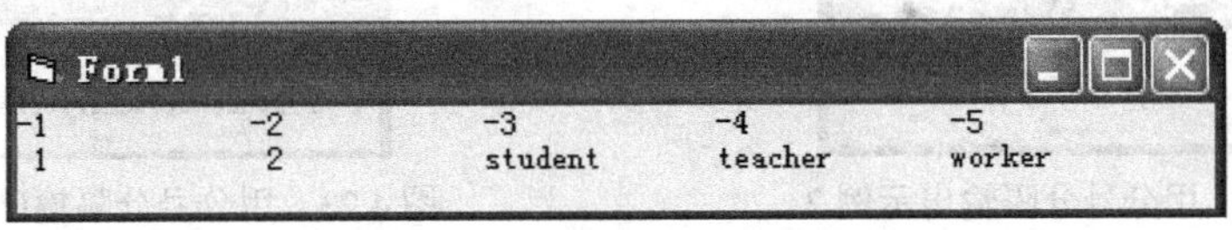

图 4.20 用逗号分隔输出示例 2

把上面的 Form_Click 事件过程代码中第 2 个 Print 方法最后一个输出项-5 后的逗号去掉，例如：

```
Private Sub Form_Click()
   Print -1, -2, -3,
   Print -4, -5                ' 去掉了末尾的逗号
   Print                       ' 由于前一个 Print 方法的最后一个输出项后没有分隔符，产生空行
   Print 1, 2,
   Print "student", "teacher", "worker"
End Sub
```

执行该事件过程，则在窗体上的输出结果如图 4.21 所示。从输出结果看出，两个输出行之间空了一行，为什么？请读者分析。

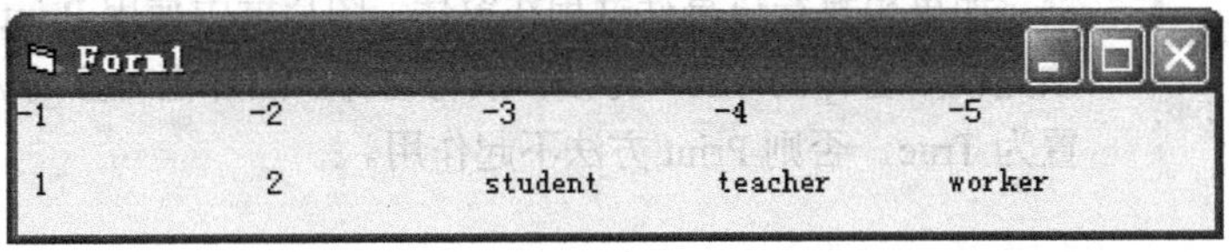

图 4.21 用逗号分隔输出示例 3

例如，窗体 Form1 的 Click 事件过程代码如下：

```
Private Sub Form_Click()
   Print -1; -2; -3;
   Print -4; -5;
   Print                       ' 产生换行
   Print 1; 2;
   Print "student"; "teacher"; "worker"
End Sub
```

执行该事件过程，则在当前窗体上的输出结果如图 4.22 所示。

把上面 Form_Click 事件过程代码中第 2 个 Print 方法最后一个输出项-5 后的分号去掉，例如：

```
Private Sub Form_Click()
   Print -1; -2; -3;
```

```
    Print -4; -5            ' 去掉了末尾的分号
    Print                   ' 由于前一个 Print 方法的最后一个输出项后没有分隔符，产生空行
    Print 1; 2;
    Print "student"; "teacher"; "worker"
End Sub
```

执行该事件过程，则输出结果如图 4.23 所示。从输出结果看出，两个输出行之间空了一行。

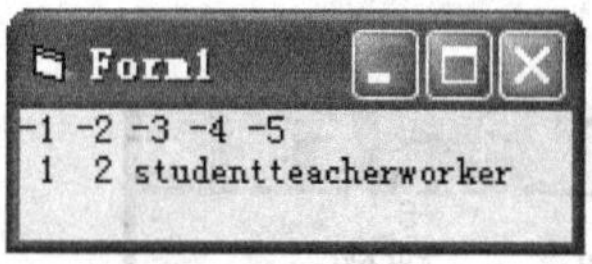

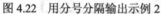

图 4.22　用分号分隔输出示例 2

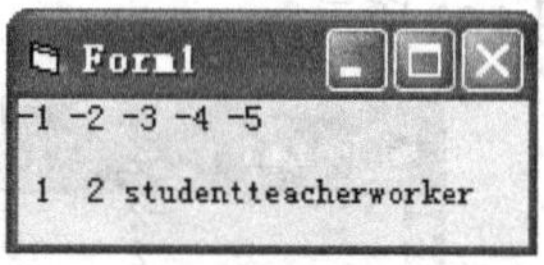

图 4.23　用分号分隔输出示例 3

（4）Print 方法具有计算和输出双重功能。如果输出项是表达式，则先计算表达式的值，然后输出。例如，窗体 Form1 的 Click 事件过程代码如下：

```
Private Sub Form_Click()
    Dim a As Single, b As Single, x As Single
    a = 5
    b = 7
    Print "x="; a + b
    Print x = a + b        ' 输出关系表达式的值
End Sub
```

图 4.24　表达式输出示例

执行该事件过程，则在当前窗体上的输出结果如图 4.24 所示。

（5）通常情况下，在 Form_Load 事件过程中不能使用 Print 方法输出数据，如果想执行该事件过程在窗体、图片框中使用 Print 方法输出数据，必须先使用窗体的 Show 方法，或将窗体、图片框对象的 AutoRedraw 属性设置为 True，否则 Print 方法不起作用。

例如：

```
Private Sub Form_Load()
' 如果要在 Form_Load 事件过程中使用 Print 方法，必须先执行窗体的 Show 方法
Form1.Show
Dim a As Single, b As Single, x As Single
    a = 5
    b = 7
    Print "x="; a + b
    Print x = a + b       ' 输出关系表达式的值
End Sub
```

6．定位函数 Tab 和 Spc

输出项之间的逗号或分号可使输出项按分区格式或紧凑格式输出，为使输出项按指定的格式输出，Visual Basic 提供了与 Print 方法配合使用的 Tab 和 Spc 函数。

（1）Tab 函数。

Tab 函数的一般格式为：Tab[(n)]

功能：将光标移到参数 n 指定的第 n 列。

其中，如果 n 小于当前输出位置，则光标自动移到下一行的第 n 列；如果 n 小于 1，则输出位置为第 1 列；如果省略参数 n，则将输出位置移到下一个输出区的开始（14 列为一个分区）。

例如，窗体 Form1 的 Click 事件过程代码如下：

```
Private Sub Form_Click()
  Print "AAAAABBBBBCCCCCDDDDD"
  Print Tab(5); -10; Tab(10); 20; Tab; -30
  Print Tab(-6); -40; Tab(5); -50; Tab(7); -60; Tab(12); 70
End Sub
```

执行该事件过程，则在当前窗体上的输出结果如图 4.25 所示。

（2）Spc 函数。

Spc 函数的一般格式为：Spc (n)

功能：在输出时插入 n 个空格。

其中，n 表示空格数，可以是数值型常量、变量或表达式。

例如，窗体 Form1 的 Click 事件过程代码如下：

```
Private Sub Form_Click()
  Print "AAAAABBBBBCCCCCDDDDD"
  Print "student"; Spc(5); "teacher"
  Print Tab(3); "worker"; Spc(5); "soldier"
End Sub
```

执行该事件过程，则在当前窗体上的输出结果如图 4.26 所示。

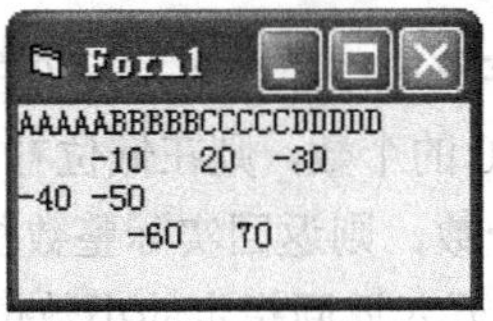

图 4.25　Tab 函数使用示例

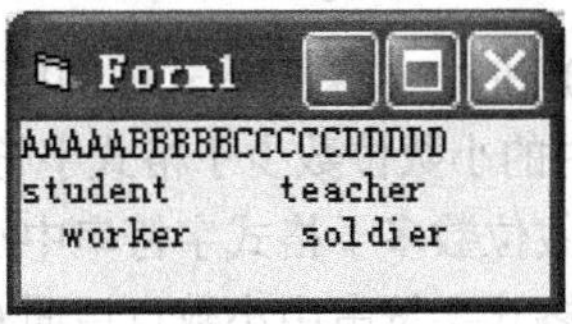

图 4.26　Spc 函数使用示例

以下是使用 Tab 与 Spc 函数的几点说明：

① Tab 和 Spc 函数与其后面的输出项之间应使用分号分隔，如果使用逗号分隔，则逗号后面的输出项将从下一个分区输出。

② Tab 函数中的参数 n 表示从对象左边开始的列数，而 Spc 函数中的参数 n 表示输出 n 个空格，即该函数后的输出项输出之前空 n 格。

③ Spc 和 Space 函数均会产生空格，但 Spc 函数只能在 Print 方法中使用，而 Space 函数既可在 Print 方法中使用，又可在字符串表达式中使用。例如：

```
Print "Visual";Spc(2);"Basic"          ' Spc 函数只能用于 Print 方法
Print "Visual";Space(2);"Basic"        ' Space 函数可用于 Print 方法
Print "Visual"+Space(2)+"Basic"        ' Space 函数还可用于字符串表达式
```

7．格式函数 Format

使用格式函数 Format 可将数值、日期或字符串按指定的格式输出，其一般格式为：

Format(表达式[,格式字符串])

功能：按“格式字符串”指定的格式输出“表达式”的值。

其中，“表达式”可为数值、日期和字符串类型的常量、变量或表达式。“格式字符串”表示指定的格式，它包括用双引号括起来的数值格式、日期/时间格式和字符串格式 3 类。函数的返回值为按指定的格式形成的字符串。

使用 Format 函数的几点说明：

（1）数值型格式。

数值型格式是将数值表达式的值按格式字符串指定的格式转换为一个字符串。常用的数值型格式符如表 4.5 所示。

表 4.5 常用的数值型格式符

格式符	作用	示例	结果
0	数字占位符，若某位置没有数字则补 0	Format(123.45, "00000.000")	"00123.450"
#	数字占位符，若某位置没有数字则不显示	Format(123.45, "#####.###")	"123.45"
@	占位符，若某位置没有数字则补空格	Format(123, "@@@@@")	"□□123"
%	数值乘以 100，并在后面加“%”	Format(0.123, "0.00%")	"12.30%"
$	在数值前加“$”	Format(123.45, "$####.###")	"$123.45"
+	在数值前加“+”	Format(123.45, "+####.###")	"+123.45"
-	在数值前加“-”	Format(123.45, "-####.###")	"-123.45"
.	加小数点	Format(1234, "000.00")	"1234.00"
,	加千分位	Format(1234.5, "#,000.00")	"1,234.50"
E+	用指数表示	Format(123.45, "00.00E+##")	"12.35E+1"
E-	用指数表示	Format(0.12345, "00.00E-##")	"12.35E-1"

说明：

使用格式符“0”时，如果表达式中的整数位数少于格式字符串中小数点前面 0 的个数，则在高位补 0；如果表达式中的小数位数少于格式字符串中小数点后面 0 的个数，则在低位补 0，示例见表 4.5；如果表达式中的整数位数多于格式字符串中小数点前面 0 的个数，则返回实际整数位数；如果表达式中的小数位数多于格式字符串中小数点后面 0 的个数，则四舍五入返回指定的小数位数。例如：

```
Print Format(123.456, "00.00")          ' 结果为"123.46"
```

使用格式符“#”时，如果表达式中的整数位数少于或多于格式字符串中小数点前面#的个数，则返回实际整数位数；如果表达式中的小数位数少于格式字符串中小数点后面#的个数，则返回实际小数位数，示例见表 4.5。如果表达式中的小数位数多于格式字符串中小数点后面#的个数，则四舍五入返回指定的小数位数。例如：

```
Print Format(123.456, "##.##")          ' 结果为"123.46"
```

使用格式符“@”时，若某位置没有数字（包括小数点），则补空格。例如：

```
Print Format(12.34, "@@@@@")            ' 结果为"12.34"
Print Format(12.34, "@@@@@@")           ' 结果为"□12.34"
Print Format(-12.34, "@@@@@@@")         ' 结果为"□-12.34"
```

（2）日期/时间型格式。

日期/时间型格式是将日期型表达式的值按格式字符串指定的格式转换为一个字符串，常用的日期/时间型格式符如表 4.6 所示。

表 4.6　常用的日期/时间型格式符

格式符	作用	格式符	作用
d	显示日期为个位数时，前面不加 0	dd	显示日期为个位数时，前面加 0
ddd	显示星期缩写（Sun～Sat）	dddd	显示星期全名（Sunday～Saturday）
ddddd	按系统设置的短日期格式显示日期	dddddd	按系统设置的长日期格式显示日期
w	以数字(1～7)显示星期，1 为星期日	ww	显示该日是一年中的第几个星期
m	显示月份为个位数时，前面不加 0	mm	显示月份为个位数时，前面加 0
mmm	显示月份缩写（Jan～Dec）	mmmm	显示月份全名（January～December）
y	显示一年中的天数	yy	用 2 位数显示年份
yyyy	用 4 位数显示年份	q	用 1 位数显示季度（1～4）
h	显示小时为个位数时，前面不加 0	hh	显示小时为个位数时，前面加 0
m	显示分钟为个位数时，前面不加 0	mm	显示分钟为个位数时，前面加 0
s	显示秒为个位数时，前面不加 0	ss	显示秒为个位数时，前面加 0
ttttt	按（小时:分:秒）显示完整时间	am/pm AM/PM	12 小时制，上午为 am 或 AM 下午为 pm 或 PM

【例 4.5】 测试日期和时间的格式化输出。

窗体 Form1 的 Click 事件过程代码如下：

```
Private Sub Form_Click()
  Print "(1) "; Format(Date, "yy/m/d")
  Print "(2) "; Format(Date, "yy/mm/dd")
  Print "(3) "; Format(Date, "yyyy/mm/dd")
  Print "(4) "; Format(Date, "yy-mmm-dd")
  Print "(5) "; Format(Date, "yyyy-mmm-dd")
  Print "(6) "; Format(Date, "yyyy-mmmm-dd,dddd")
  Print "(7) "; Format(Date, "ddddd")
  Print "(8) "; Format(Date, "dddddd")
  Print "(9) "; Format(Date, "ddd")
  Print "(10) "; Format(Date, "dddd")
  Print "(11) "; Format(Date, "w")
  Print "(12) "; Format(Date, "ww")
  Print "(13) "; Format(Date, "y")
  Print "(14) "; Format(Date, "q")
  Print "(15) "; Format(Time, "h:m:s am/pm")
  Print "(16) "; Format(Time, "hh:mm:ss am/pm")
  Print "(17) "; Format(Time, "ttttt")
End Sub
```

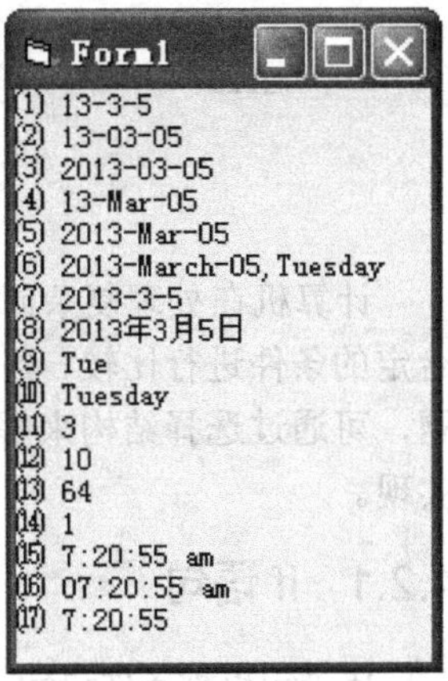

图 4.27　例 4.5 的运行结果

执行该事件过程，单击窗体，在窗体上的输出结果如图 4.27 所示。

（3）字符串型格式。

字符串型格式是将字符串表达式的值按格式字符串指定的格式转换为一个字符串，常用的字符串型格式符如表 4.7 所示。

表 4.7 常用的字符串型格式符

格式符	作用	示例	结果
<	将字符串中的大写字母转换为小写字母	Format("Basic","<")	"basic"
>	将字符串中的小写字母转换为大写字母	Format("Basic",">")	"BASIC"
@	字符串长度小于@的个数，字符串前加空格	Format("Bas","@@@@@")	"□□Bas"
&	字符串长度小于&的个数，字符串前不加空格	Format("Bas","&&&&&")	"Bas"

例如：

```
Print Len(Format("Bas","@@@@@" ))    ' 显示结果为 5
Print Len(Format("Bas","&&&&&" ))    ' 显示结果为 3
Print Format("Bas","@@" )   ' 字符串长度大于@字符的个数，显示结果为"Bas"
Print Format("Bas","&&" )   ' 字符串长度大于&字符的个数，显示结果为"Bas"
```

（4）如果省略格式字符串，则 Format 函数的功能与 Str 函数基本相同，把数值表达式的值转换为字符串。差别在于当正数转换为字符串时，Str 函数在字符串前保留一个空格，而 Format 函数则不留空格。

例如，执行下面窗体 Form1 的 Click 事件过程。

```
Private Sub Form_Click()
  Print Format(123)
  Print Str(123)
End Sub
```

其输出结果为：

```
123
□123
```

4.2 选择结构

计算机在处理复杂问题时，仅有前面讲过的顺序结构是远远不够的，常常需要对问题中的某个给定的条件进行比较、判断，并根据判断结果采取不同的操作。对于这类比较、判断的程序设计问题，可通过选择结构来解决。在 Visual Basic 中，选择结构可以使用 If 语句和 Select Case 语句来实现。

4.2.1 If 语句

If 语句也称条件语句，它有 3 种结构：单分支、双分支和多分支结构。

1. If…Then 语句（单分支结构）

If…Then 语句可根据“表达式”（条件）的值有选择地执行一个或多个语句。它有单行语句和多行语句两种形式，其语句的一般格式为：

```
① If <表达式> Then <语句>
② If <表达式> Then
     <语句块>
   End If
```

其中，“表达式”可以是关系表达式、逻辑表达式，也可以是数值表达式。

“语句块”可以包含一条或多条语句。如果使用格式①条件语句，则“语句”只能包含一条语句或写在一行上的用冒号隔开的多条语句。

该语句的功能是当“表达式”的值为 True 或非 0 时，执行 Then 后面的语句（或语句块），否则不执行任何操作，其执行流程如图 4.28 所示。

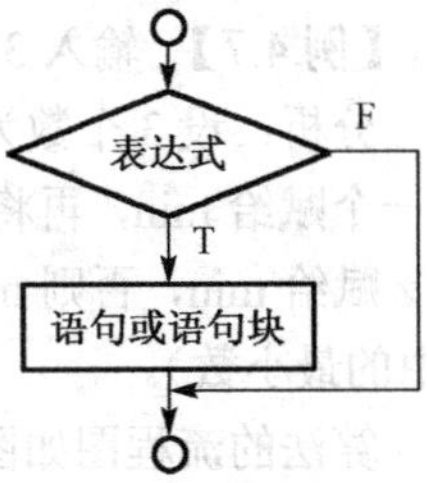

图 4.28 If 的单分支结构

【例 4.6】 输入两个整数 x、y，输出其中较小的数。

分析：从键盘输入 x、y，用变量 min 存放较小的数。比较之前先假设 x 为较小的数，即将 x 赋给 min，然后比较 x、y。若 x>y，再将 y 赋给 min；最后输出 min。

算法的流程图如图 4.29 所示。

按照算法编写的窗体 Form1 的 Click 事件过程代码如下：

```
Private Sub Form_Click()
  Dim x As Integer, y As Integer, min As Integer
  x = InputBox("请输入 x 的值", "输入整数")
  y = InputBox("请输入 y 的值", "输入整数")
  min = x
  If x > y Then
    min = y
  End If
  Print "min="; min
End Sub
```

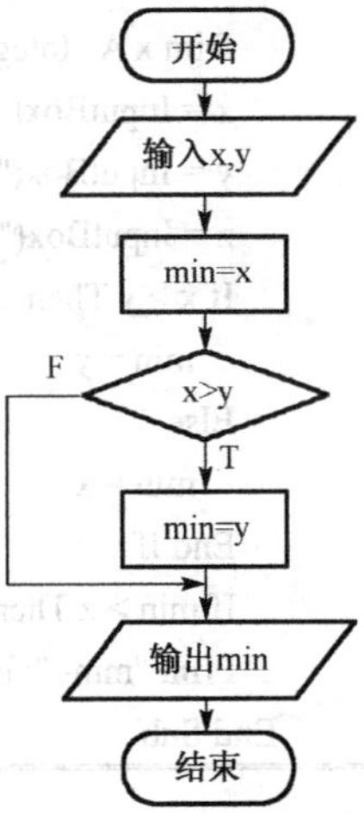

图 4.29 例 4.6 的算法流程图

程序运行后，单击窗体，然后在依次弹出的两个 InputBox 对话框中分别输入 x 和 y 的值。如果输入的值分别为 5、3 或 3、5，则在窗体上输出的结果为：

min=3

2. If…Then…Else 语句（双分支结构）

If…Then…Else 语句可根据“表达式”（条件）的值有选择地从两个分支中执行其中一个分支的一个或多个语句。它有单行语句和多行语句两种形式，其语句的一般格式为：

① If <表达式> Then <语句 1> Else <语句 2>

② If <表达式> Then
    <语句块 1>
  Else
    <语句块 2>
  End If

其中，“表达式”可以是关系表达式、逻辑表达式，也可以是数值表达式。

“语句块”可以包含一条或多条语句。如果使用格式①条件语句，则“语句 1”和“语句 2”只能包含一条语句或写在一行上的用冒号隔开的多条语句。

该语句的功能是当“表达式”的值为 True 或非 0 时，执行 Then 后面的语句 1（或语句块 1），否则执行 Else 后面的语句 2（或语句块 2），其执行流程如图 4.30 所示。

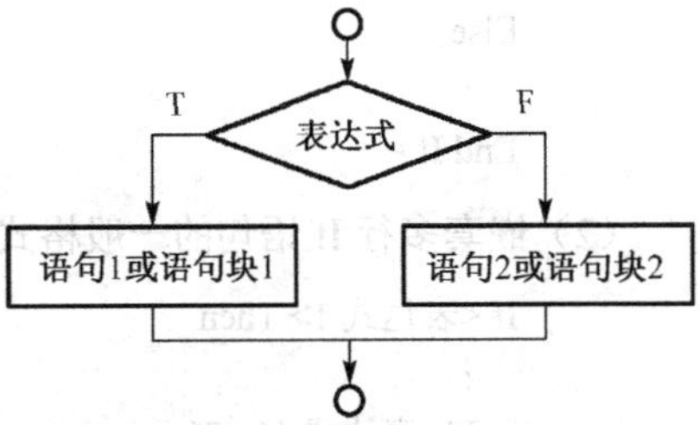

图 4.30 If 的双分支结构

【例 4.7】 输入 3 个整数，找出并打印其中的最小数。

分析：设 3 个数为 x、y、z，由键盘输入，用一个变量 min 来存放最小数，首先比较 x 和 y，将小的一个赋给 min，再将第 3 个数 z 与 min 比较，如果 z 小于 min，则将 z 赋给 min，否则 min 保持不变。最后输出 min 的值（即为 x、y、z 中的最小数）。

算法的流程图如图 4.31 所示。

按照算法编写的窗体 Form1 的 Click 事件过程代码如下：

```
Private Sub Form_Click()
  Dim x As Integer, y As Integer, z As Integer, min%
  x = InputBox("请输入 x 的值", "输入整数")
  y = InputBox("请输入 y 的值", "输入整数")
  z = InputBox("请输入 z 的值", "输入整数")
  If x > y Then
    min = y
  Else
    min = x
  End If
  If min > z Then min = z
  Print "min="; min
End Sub
```

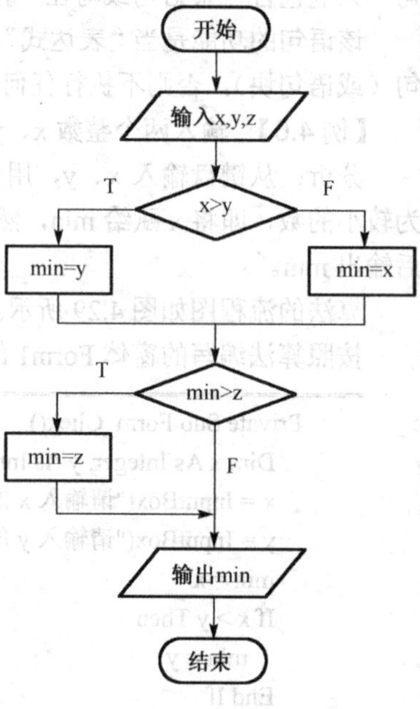

图 4.31 例 4.7 的算法流程图

上面的程序中出现了连续的两个分支结构，只需依次书写即可，每个部分都是单入口/单出口风格，程序执行完上一个分支结构后，接着进入下一个分支结构，程序从总体上来说是顺序结构。

程序运行后，单击窗体，然后在依次弹出的 3 个 InputBox 对话框中分别输入 x、y 和 z 的值。如果依次输入的值分别为 5、3、7，则在窗体上输出的结果为：

```
min=3
```

3. If 语句的嵌套

If 语句的嵌套是指 Then 或 Else 后面的语句块中又包含单行 If…Then…Else 语句或多行 If…Then…Else…End If 语句，嵌套多行 If 语句时必须注意 If 和 End If 的配对问题。

（1）嵌套单行 If 语句的一般格式：

```
If <表达式 1> Then                          If <表达式 1> Then
  ⋮                                           ⋮
  If <表达式 11> Then … Else …              Else
  ⋮                                           ⋮
Else                                          If <表达式 11> Then … Else …
  ⋮                                           ⋮
End If                                      End If
```

（2）嵌套多行 If 语句的一般格式：

```
If <表达式 1> Then                          If <表达式 1> Then
  ⋮                                           ⋮
  If <表达式 11> Then                       Else
  ⋮                                           ⋮
```

```
      Else
        ⋮
      End If
        ⋮
    Else
      ⋮
    End If
```

```
    If <表达式 11> Then
      ⋮
    Else
      ⋮
    End If
      ⋮
  End If
```

【例 4.8】 编写一个程序，输入整数 x 的值，按下列公式计算并输出 y 的值。

$$y=\begin{cases} x+1 & x<1 \\ x+2 & 1\leqslant x<2 \\ x+3 & 2\leqslant x<3 \\ x+4 & x\geqslant 3 \end{cases}$$

分析：当输入 x 的值后，根据 x 的不同取值分为 4 种情况，需要多次判断才可确定执行哪个分支。算法的流程图如图 4.32 所示。

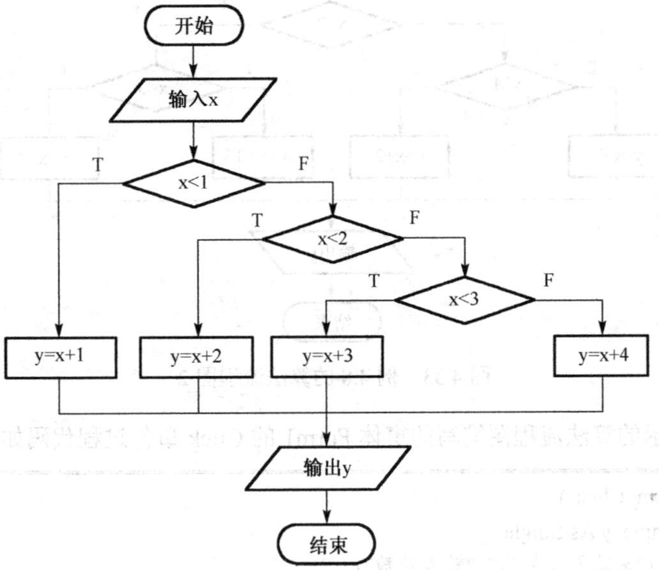

图 4.32　例 4.8 的算法流程图 1

按照如图 4.32 所示的算法流程图编写的窗体 Form1 的 Click 事件过程代码如下：

```
Private Sub Form_Click()
  Dim x As Single, y As Single
  x = InputBox("请输入 x 的值", "输入整数")
  If x < 1 Then
    y = x + 1
  Else
    If x < 2 Then
      y = x + 2
    Else
      If x < 3 Then
```

```
            y = x + 3
        Else
            y = x + 4
        End If
    End If
  End If
  Print "y="; y
End Sub
```

程序运行后，单击窗体，在弹出的 InputBox 对话框中输入 *x* 的值为 2，在窗体上的输出结果为：*y*=5。

下面采用另一种方法解决此问题，算法流程图如图 4.33 所示。

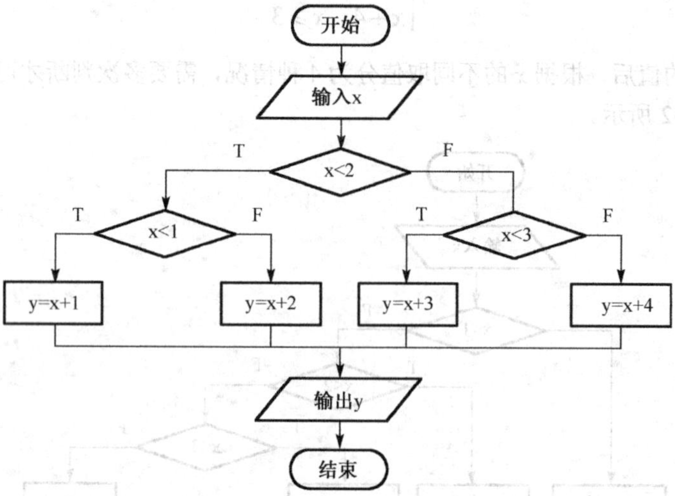

图 4.33　例 4.8 的算法流程图 2

按照如图 4.33 所示的算法流程图编写的窗体 Form1 的 Click 事件过程代码如下：

```
Private Sub Form_Click()
  Dim x As Single, y As Single
  x = InputBox("请输入 x 的值", "输入整数")
  If x < 2 Then
    If x < 1 Then
      y = x + 1
    Else
      y = x + 2
    End If
  Else
    If x < 3 Then
      y = x + 3
    Else
      y = x + 4
    End If
  End If
```

```
    Print "y="; y
End Sub
```

程序运行后，单击窗体，在弹出的 InputBox 对话框中输入 x 的值为 5.4，在窗体上输出结果为：y=9.4。

上面的程序中，一个分支结构内部又包含了另一个完整的分支结构，这就是分支结构的嵌套。在图 4.32 中的 If 语句嵌套都是在 If…Then…Else 语句的 Else 后面的语句块中嵌套另一个 If…Then…Else 语句；在图 4.33 中的 If 语句嵌套是在 If…Then…Else 语句的 Then 与 Else 后面的语句块中分别嵌套另一个 If…Then…Else 语句。嵌套的分支结构形成了内外两层，程序的执行由外向内，先判断外层的条件，之后进入内层的某个分支结构。无论有多少个分支，程序执行了一个分支后，其余分支就不再执行。

嵌套结构的书写一般采用缩进方式，这样可以突出不同的层次，也便于阅读，不易出错。嵌套的每个多行 If 语句必须与 End If 配对。

4．If…Then…ElseIf 语句（多分支结构）

实际问题中常常需将条件细分为许多种情况，根据不同的情况分别进行不同的处理，这就是多分支结构。多分支结构采用 If…Then…ElseIf 语句，书写更为方便。其语句的一般格式为：

```
If <表达式 1> Then
    <语句块 1>
ElseIf <表达式 2> Then
    <语句块 2>
    ⋮
[Else
    <语句块 n+1>]
End If
```

其中，“表达式”可以是关系表达式、逻辑表达式，也可以是数值表达式。“语句块”可以包含一条或多条语句。

该语句的功能是依次计算“表达式”的值并确定执行相应的语句块，如果“表达式 1”的值为 True 或非 0，执行“语句块 1”，然后跳到 End If 后继续执行语句，否则如果“表达式 2”的值为 True 或非 0，执行“语句块 2”，然后跳到 End If 后继续执行语句，否则如果“表达式 3”的值为 True 或非 0，执行“语句块 3”，然后跳到 End If 后继续执行语句，等等。如果所有“表达式”的值均为 False 或 0，在有 Else 的情况下，则执行“语句块 *n*+1”，直接跳到 End If 后继续执行语句；在省略 Else 的情况下，则不执行任何语句块，直接跳到 End If 后继续执行语句。其执行流程如图 4.34 所示。

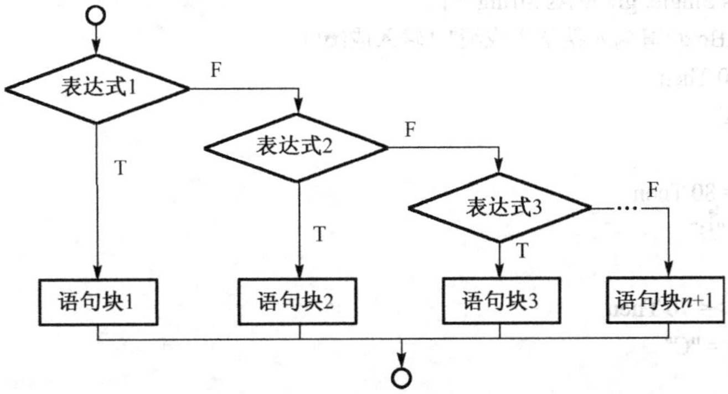

图 4.34　多分支结构

【例 4.9】 根据输入的考试成绩 score，输出相应的成绩等级字符 grade，考试成绩 score 与等级字符 grade 之间的对应关系如下：

$$grade=\begin{cases}\text{"A"} & 90\leqslant score\leqslant 100\\ \text{"B"} & 80\leqslant score<90\\ \text{"C"} & 70\leqslant score<80\\ \text{"D"} & 60\leqslant score<70\\ \text{"E"} & score<60\end{cases}$$

分析：考试成绩 score 由键盘输入，之后根据成绩得出成绩等级 grade 的相应值，最后输出 grade，这是典型的多分支问题。

按照题意编写的窗体 Form1 的 Click 事件过程代码如下：

```
Private Sub Form_Click()
  Dim score As Single, grade As String * 1
  score = InputBox("请输入某学生成绩", "输入成绩")
  If score >= 90 Then
    grade = "A"
  ElseIf score >= 80 Then
    grade = "B"
  ElseIf score >= 70 Then
    grade = "C"
  ElseIf score >= 60 Then
    grade = "D"
  Else
    grade = "E"
  End If
  Print "grade="; grade
End Sub
```

程序运行后，单击窗体，在弹出的 InputBox 对话框中输入 score 的值 85.5，在窗体上的输出结果为：grade=B。

如果例 4.9 中的多分支问题采用 If…Then…Else 语句嵌套的形式分层缩进书写，则窗体 Form1 的 Click 事件过程代码如下：

```
Private Sub Form_Click()
  Dim score As Single, grade As String * 1
  score = InputBox("请输入某学生成绩", "输入成绩")
  If score >= 90 Then
    grade = "A"
  Else
    If score >= 80 Then
      grade = "B"
    Else
      If score >= 70 Then
        grade = "C"
      Else
        If score >= 60 Then
```

```
            grade = "D"
          Else
            grade = "E"
          End If
        End If
      End If
    End If
    Print "grade="; grade
End Sub
```

这个多分支结构是由多层 If…Then…Else 嵌套而成的，内层的 If…Then…Else 都放在外层的 If…Then…Else 的 Else 子句中，执行时依次判断各个表达式的值，当出现某个表达式的值为 True 或非 0 时，则执行其相应的语句块，然后跳到最外层的 If…Then…Else 语句之外继续执行程序，从而只会执行多个分支中的一支。这两种程序的功能是等价的，但前一种形式更受欢迎，当分支数很多时，后一种形式会过度向右缩进，导致一行剩余空间太少从而写不下一行代码。在嵌套使用 If…Then…Else…End If 语句时，要特别注意 If 和 End If 的匹配问题。

4.2.2 Select Case 语句

If…Then…Else 语句可以解决双分支结构问题，使用 If…Then…ElseIf 语句或 If 语句的嵌套可以解决多分支结构问题。但在 Visual Basic 中，多分支结构问题还可以通过 Select Case 语句来实现。其语句的一般格式为：

```
Select Case <测试表达式>
  Case <表达式列表 1>
      <语句块 1>
  Case <表达式列表 2>
      <语句块 2>
  ⋮
  [Case Else
      <语句块 n+1>]
End Select
```

其中，“测试表达式”可以是任何数值型、字符串型或逻辑型的表达式，“表达式列表 *i*”中的各表达式必须与“测试表达式”类型相同。“表达式列表 *i*”可以是下列 3 种形式之一：

① <表达式 1>[,<表达式 2>] [,<表达式 3>]…

例如：Case 1,6,8

表示“测试表达式”的值为 1、6 或 8 时执行该 Case 之后的语句块。

② <表达式 1> To <表达式 2>

例如：Case 10 To 15

表示“测试表达式”的值为 10～15 时执行该 Case 之后的语句块。

例如：Case "a" To "z"

表示“测试表达式”的值为小写字母 a～z 时执行该 Case 之后的语句块。

③ Is <关系运算符><表达式>

例如：Case Is>20

表示“测试表达式”的值大于 20 时执行该 Case 之后的语句块。

以上 3 种形式可以同时出现在同一个 Case 之后，并用逗号分隔。例如：

```
Case 1,6,8,10 To 15, Is>20
```

表示“测试表达式”的值为 1、6 或 8，或为 10～15，或大于 20 时执行该 Case 之后的语句块。

该语句的功能是根据“测试表达式”的值，按顺序与各 Case 后的“表达式列表”中的值进行匹配，如果匹配成功，则执行该 Case 后的语句块，然后转去执行 End Select 后的语句；如果匹配不成功，则执行 Case Else 后的语句块，接着执行 End Select 后的语句。如果有多个 Case 后的“表达式列表”中的值与“测试表达式”的值匹配，则按照自上而下的判断顺序，只执行第一个与之匹配的语句块，其执行流程如图 4.35 所示。

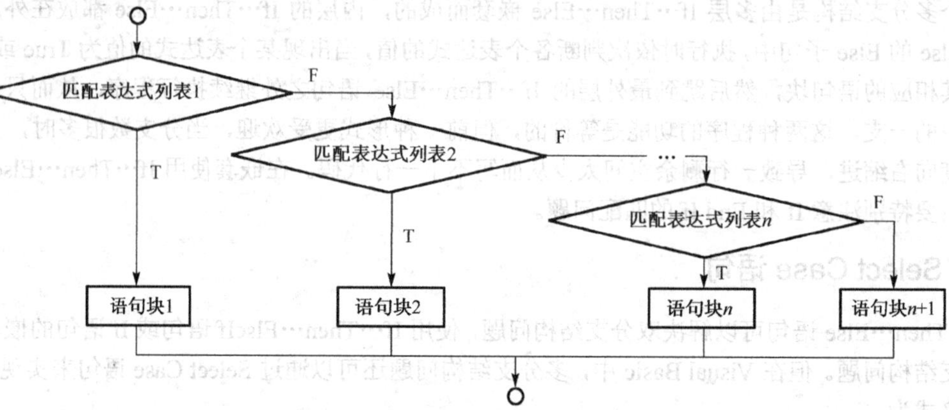

图 4.35　Select Case 语句执行流程

【例 4.10】 使用 Select Case 语句重编例 4.9 的程序。

分析：从键盘上输入的考试成绩为 0～100，如果成绩为整数，则会有 101 种成绩；如果成绩为实数，则成绩的种类会更多，所以分支数会很多。为了减少分支数，在判断之前可先对成绩 0～100 做一下加工，把成绩除以 10 之后取整，可得到 0～10，这样只会有 11 种成绩情况。

按照题意编写的窗体 Form1 的 Click 事件过程代码如下：

```
Private Sub Form_Click()
  Dim score As Single, grade As Integer
  score = InputBox("请输入成绩")
  If score < 0 Or score > 100 Then
    Print "成绩越界"
  Else
    grade = score \ 10             ' 对成绩进行处理，使成绩种类减为 11 种
    Select Case grade
      Case Is>=9
        Print "A"
      Case 8
        Print "B"
      Case 7
        Print "C"
      Case 6
        Print "D"
      Case 0 To 5
```

```
            Print "E"
        End Select
    End If
End Sub
```

【例 4.11】 编写实现整数四则运算的计算器程序。

在窗体上添加 7 个标签（Label1～Label7）、3 个文本框（Text1、Text2、Text3）和 1 个命令按钮（Command1），属性设置如表 4.8 所示，界面设计如图 4.36 所示。

表 4.8 属 性 设 置

对象名	属性名	属性值	说明
Form1	Caption	四则运算	
Label1	Caption	左操作数	
Label2	Caption	运算符	
Label3	Caption	右操作数	
Label4	Caption	=	
Label5、Label7	Caption		初始内容为空，用于输出
	BorderStyle	1	凹陷单线边框
Label6	Caption	错误提示信息	
Text1～Text3	Text		初始内容为空，用于输入
Command1	Caption	计算	

“计算”命令按钮 Command1 的 Click 事件过程代码如下：

```
Private Sub Command1_Click()
    Dim num1 As Integer, num2 As Integer, oper As String * 1, result As Single
    num1 = Val(Text1.Text)
    oper = Trim(Text2.Text)
    num2 = Val(Text3.Text)
    Select Case oper
        Case "+"
            result = num1 + num2: Label5.Caption = result
        Case "-"
            result = num1 - num2: Label5.Caption = result
        Case "*"
            result = num1 * num2: Label5.Caption = result
        Case "/"
            If num2 <> 0 Then
                result = num1 / num2: Label5.Caption = result
            Else
                Label7.Caption = "除数为 0"
            End If
        Case Else
            Label7.Caption = "操作符" + " “" + oper + "” " + "是非法的!"
    End Select
End Sub
```

程序运行后，在“左操作数”、“运算符”和“右操作数”对应的文本框中输入数值和运算符，单击“计算”命令按钮，如果输入的数和运算符正确，则运行结果如图 4.37 所示。如果进行除法运算时输入的除数为 0，则运行结果如图 4.38 所示。如果输入的运算符非法，则运行结果如图 4.39 所示。

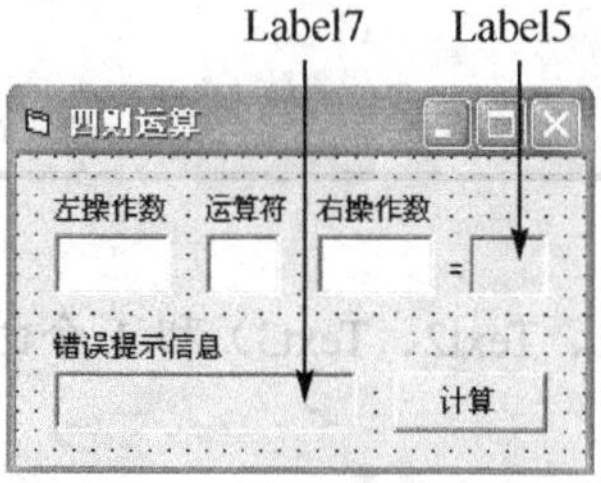

图 4.36　例 4.11 的设计界面

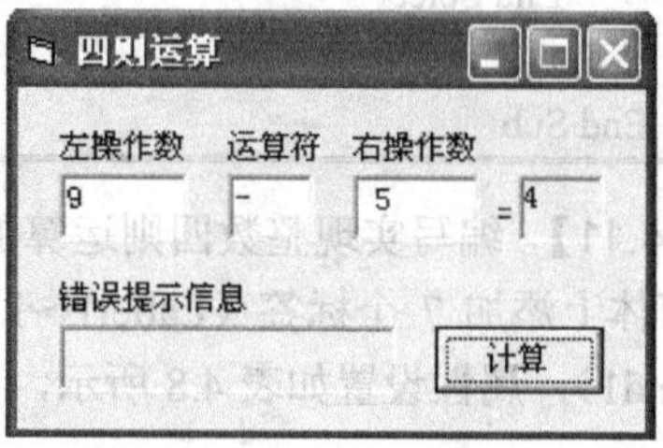

图 4.37　例 4.11 的运算结果

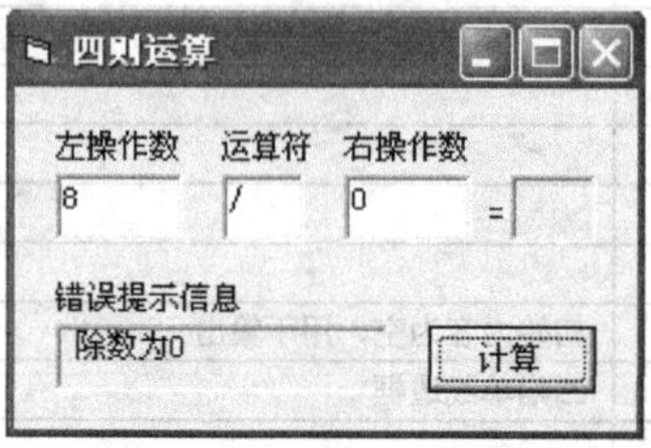

图 4.38　例 4.11 除数为 0 的运行结果

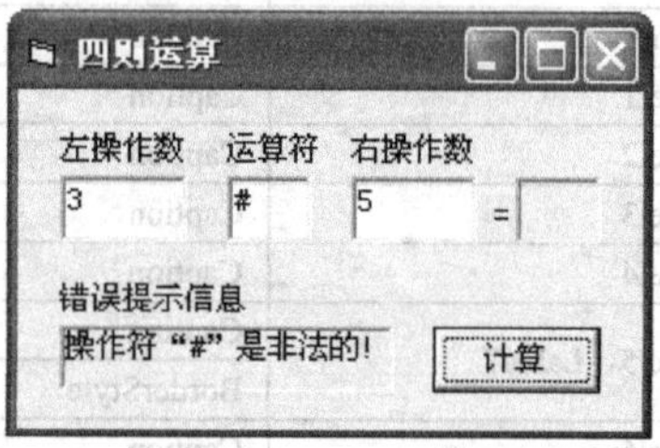

图 4.39　例 4.11 运算符非法的运行结果

使用 Select Case 语句应注意以下几点：

（1）Case 后的关系运算符左边不能使用“测试表达式”中的变量。例如，下面语句是错误的。

```
Select Case x
  Case x <> 0
    y = 20 / x
    Print y
  Case Else
    Print "除数为 0"
End Select
```

因为该语句 Case 后的关系运算符左边出现了“测试表达式”中的变量 x，正确的写法应该是：

```
Select Case x
  Case Is <> 0
    y = 20 / x
    Print y
  Case Else
    Print "除数为 0"
End Select
```

（2）Case 后的“表达式列表 i”中出现“Is <关系运算符><表达式>”形式时，表达式中不能出现逻辑运算符。例如，下面语句是错误的。

```
Select Case x
  Case Is>="A" And Is<="Z"
    Print x
End Select
```

4.2.3　条件函数

Visual Basic 提供的条件函数 IIf 和 Choose 可用于简单条件的判断场合。IIf 函数与 If…Then…Else 语句有类似的功能，Choose 函数与 Select Case 语句有类似的功能。

1．IIf 函数

IIf 函数的一般格式为：

IIf(<表达式 1>,<表达式 2>,<表达式 3>)

功能：当“表达式 1”的值为 True 或非 0 时，函数返回“表达式 2”的值；当“表达式 1”的值为 False 或 0 时，函数返回“表达式 3”的值。

例如，使用 IIf 函数求两个变量 x、y 中较大的数，将较大者存入变量 xymax 中，语句如下：

```
xymax = IIf(x > y, x, y)
```

该语句等价于如下 If 语句：

```
If x > y Then xymax = x Else xymax = y
```

又如，使用 IIf 函数求下列分段函数 y 的值。

$$y=\begin{cases}1 & x>0\\ 0 & x=0\\ -1 & x<0\end{cases}$$

语句如下：

```
y = IIf(x > 0, 1, IIf(x = 0, 0, -1))
```

该语句等价于如下 If 语句：

```
If x > 0 Then y = 1 Else If x = 0 Then y = 0 Else y = -1
```

2．Choose 函数

Choose 函数的一般格式为：

Choose(<数值表达式>,<选项 1>,<选项 2>,<选项 3>,…,<选项 n>)

功能：先计算“数值表达式”的值，如果其值不是整数，则截掉小数部分取其整数。当“数值表达式”的值为 1 时，Choose 函数返回“选项 1”的值；当“数值表达式”的值为 2 时，Choose 函数返回“选项 2”的值；…；当“数值表达式”的值为 n 时，Choose 函数返回“选项 n”的值。如果“数值表达式”的值小于 1 或大于 n，则 Choose 函数返回 Null。

例如，将 5 分制成绩 score 转换为相应的等级 grade：不及格（1 分、2 分），及格（3 分），良（4 分），优（5 分）。

```
grade = Choose(score, "不及格", "不及格", "及格", "良", "优")
```

又如，求下列分段函数 y 的值。

$$y=\begin{cases}x+1 & 1\leqslant x<2\\ x+2 & 2\leqslant x<3\\ x+3 & 3\leqslant x<4\\ x+4 & 4\leqslant x<5\end{cases}$$

窗体 Form1 的 Click 事件过程代码如下：

```
Private Sub Form_Click()
  x = InputBox("请输入 x")
  y = Choose(x, x + 1, x + 2, x + 3, x + 4)
  Print "y="; y
End Sub
```

程序运行后，单击窗体，在弹出的 InputBox 对话框中输入 x 的值 2.7，Choose 函数中的第一个参数 x 的值截掉小数部分取整为 2，最后在窗体上的输出结果为：y=4.7。

4.3　循环结构

在实际应用中，经常遇到一些需反复多次处理的问题。例如，统计学校各门课程平均成绩、计算银行存款利率等。如果只是简单地用顺序结构来处理这类重复性的问题，则会非常烦琐。为此，Visual Basic 提供了循环语句，用以实现循环结构程序设计。

循环结构就是用来控制某段程序的重复执行过程，循环执行的程序段代码只需书写一次，这样就可大大地减少程序代码的书写量，将程序装入内存时也可减少内存的占用量，从而优化性能。

循环结构的特点是：通过条件来控制循环的重复执行次数，在给定条件满足时，反复执行某段程序，一旦条件不满足，控制转移到循环之后的下一条语句。给定的条件称为循环条件，反复执行的程序段称为循环体，转移到循环之后的下一条语句称为退出循环。Visual Basic 提供了 3 种不同风格的循环结构：For 循环、Do 循环和 While 循环。

4.3.1　For 循环

For 循环也称 For…Next 循环，属于计数型循环，在程序设计中常用于循环次数已知的情况。其语句的一般格式为：

```
For 循环变量=初值 To 终值 [Step 步长]
   [循环体]
Next [循环变量]
```

说明：

（1）循环变量也称为循环控制变量，它是一个数值型变量。

（2）初值、终值和步长分别为循环变量的初值、终值和增量，它们都是数值型表达式。

（3）如果步长为正，则为递增型循环，初值应小于等于终值；如果步长为负，则为递减型循环，初值应大于等于终值；如果步长为 1，则可省略不写。

例如，利用递增型循环对自然数 1～100 中的奇数求和。

```
For i = 1 To 100 Step 2
  sum = sum + i
Next i
```

其中，i 是循环变量，初值为 1，终值为 100，步长为 2，sum 是累加和变量，语句 sum = sum + i 是循环体。

例如，利用递减型循环对自然数 1～100 中的偶数求和。

```
For i = 100 To 1 Step -2
  sum = sum + i
Next i
```

其中，i 是循环变量，初值为 100，终值为 1，步长为-2，sum 是累加和变量，语句 sum = sum + i 是循环体。

（4）循环体可以是一条或多条语句。

（5）循环次数为：

n=Int((终值–初值)/步长+1)

（6）在 Next 后的循环变量应与 For 后的循环变量一致，或省略不写。

（7）For 和 Next 必须成对出现。

For 循环语句的执行过程如图 4.40 所示。

当步长为正值时，首先将初值赋给循环变量，接着判断循环变量的值是否小于等于终值，如果成立，则执行循环体，并将循环变量增加一个步长，然后无条件返回继续判断循环变量的值是否小于等于终值，如果还成立，就进行下一次循环。如果循环变量的值大于终值，将结束循环，接着执行 Next 后面的语句。

当步长为负值时，首先把初值赋给循环变量，接着判断循环变量的值是否大于等于终值，如果成立，则执行循环体，并将循环变量增加一个步长（步长为负相当于减去一个步长值），然后无条件返回继续判断循环变量的值是否大于等于终值，如果还成立，就进行下一次循环。如果循环变量的值小于终值，将结束循环，接着执行 Next 后面的语句。

需要注意：如果 For 循环语句中的步长为负，则图 4.40 执行流程中的“循环变量≤终值”应改为“循环变量≥终值”。

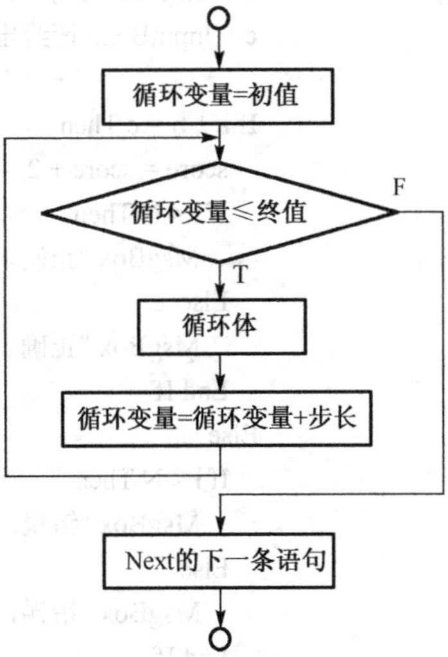

图 4.40　For 循环执行流程图

例如，利用 For 循环语句编写程序计算 10 个自然数的和。

窗体 Form1 的 Click 事件过程代码如下：

```
Private Sub Form_Click()
  Dim i%, sum%
  sum = 0
  For i = 1 To 10 Step 1
    sum = sum + i
  Next i
  Print "sum="; sum
End Sub
```

在该程序中，sum 为累加和变量，其初值为 0，i 为循环变量，用 i 依次取自然数 1～10，将其累加到变量 sum 中。程序运行后，该程序的输出结果为：sum=55。

注意：在退出循环后，循环变量 i 保持退出时的值，即 i 的值为 11，但并没有把 11 加到 sum 上。

【例 4.12】 编写小学生 2 位数加法测验程序。每次测验出 50 道题，做对一道题加 2 分，做错不得分，最后输出总分。

分析：利用 For 循环出 50 道题，每出一道题就弹出一个对话框，在对话框的提示信息中显示试题，并在对话框的输入框中输入答案。每答对一道题加 2 分，同时给出“正确，请再做下一道题。”的提示；每答错一道题不得分，同时给出“错误，这道题不得分。”的提示。使用 Int 和 Rnd 函数构成的表达式

Int(Rnd*90)+10 产生 2 位数。

按照题意编写的窗体 Form1 的 Click 事件过程代码如下：

```
Private Sub Form_Click()
    Dim a As Integer, b As Integer, c As Integer, score As Integer, i%
    Const N As Integer = 50
    score = 0
    For i = 1 To N
        Randomize
        a = Int(Rnd * 90) + 10
        b = Int(Rnd * 90) + 10
        c = InputBox("请给出下列算式的结果" + vbCrLf + Trim(Str(a)) + _
                    "+" + Trim(Str(b)) + "=", "2 位数加法")
        If a + b = c Then
            score = score + 2
            If i < N Then
                MsgBox "正确，请再做下一道题。", 48, "提示"
            Else
                MsgBox "正确，这是最后一道题。", 48, "提示"
            End If
        Else
            If i < N Then
                MsgBox "错误，这道题不得分。", 48, "提示"
            Else
                MsgBox "错误，这是最后一道题。", 48, "提示"
            End If
        End If
    Next i
    Print "总分为："; score
End Sub
```

程序运行后，单击窗体，执行 Form_Click 事件过程，程序开始出题，如图 4.41 所示；如果回答正确，且不是最后一道题，则弹出如图 4.42 所示的窗口；如果回答正确，且是最后一道题，则弹出的提示信息是“正确，这是最后一道题。”；如果回答错误，且不是最后一道题，则弹出如图 4.43 所示的窗口；如果回答错误，且是最后一道题，则弹出的提示信息是“错误，这是最后一道题。”。做完 50 道题后，窗体上显示出总分。

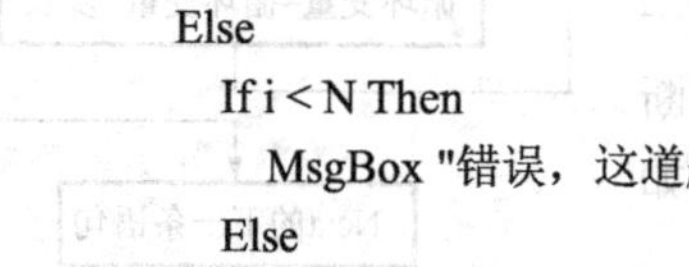

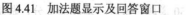

图 4.41 加法题显示及回答窗口

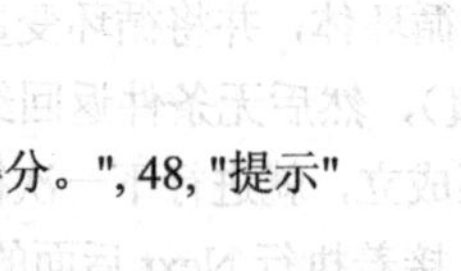

图 4.42 回答正确提示窗口

图 4.43 回答错误提示窗口

4.3.2 Do…Loop 循环

Do…Loop 循环用于循环次数未知的情况，它有两类语法形式：一类是“当型循环”，即在循环条件为 True 或非 0 时，执行循环体中的语句；另一类是“直到型循环”，即在循环条件为 False 或 0 时，执行循环体中的语句。

1．当型循环

“当型循环”有两种形式。

形式 1：

```
Do While <表达式>
  循环体
Loop
```

形式 2：

```
Do
  循环体
Loop While <表达式>
```

其中，“表达式”可以是关系表达式、逻辑表达式，也可以是数值表达式。

这两种循环的执行流程如图 4.44 和图 4.45 所示。

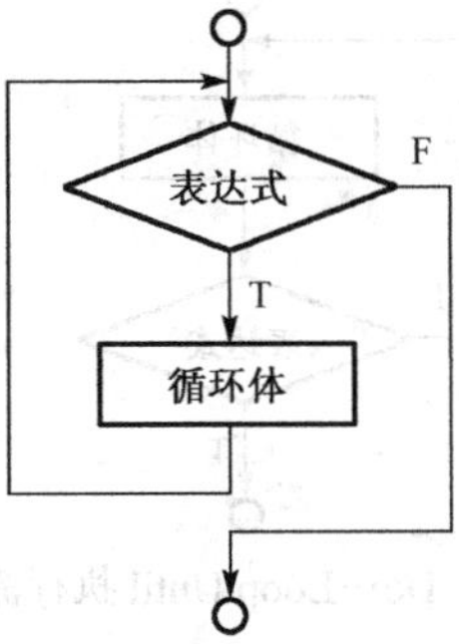

图 4.44　Do While…Loop 执行流程

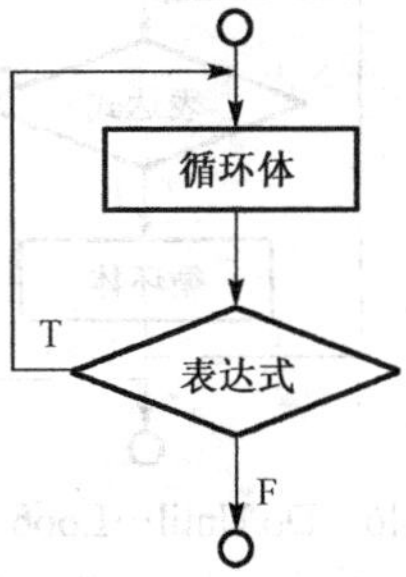

图 4.45　Do…Loop While 执行流程

在 Do While…Loop 循环中，当“表达式”的值为 True 或非 0 时，执行循环体，然后执行 Loop 直接返回到 Do While 处再次检查“表达式”的值，如果还为 True 或非 0，继续执行循环体。如果为 False 或 0，则退出循环，执行 Loop 后面的语句。

在 Do…Loop While 循环中，首先执行循环体，然后进行判断，当“表达式”的值为 True 或非 0 时，继续执行循环体。如果为 False 或 0，则退出循环，执行 Loop 后面的语句。

这两种形式的循环，Do While…Loop 循环可能一次也不执行循环体，而 Do…Loop While 循环至少执行一次循环体。

【例 4.13】分别利用 Do While…Loop 循环和 Do…Loop While 循环计算自然数 1～100 中偶数之和。

程序代码 1：

```
Private Sub Form_Click()
  Dim i As Integer, sum As Integer
  i = 2
  sum = 0
  Do While i <= 100
     sum = sum + i
     i = i + 2
  Loop
  Print "sum="; sum
End Sub
```

程序代码 2：

```
Private Sub Form_Click()
  Dim i As Integer, sum As Integer
  i = 2
  sum = 0
  Do
     sum = sum + i
     i = i + 2
  Loop While i <= 100
  Print "sum="; sum
End Sub
```

在上面的程序中，计算的是自然数 1～100 范围内的偶数之和，变量 sum 定义为 Integer 类型。如果计算的是自然数 1～1000 范围内的偶数之和，则 sum 的值就超出了 Integer 类型的表示范围–32768～

32767，将产生溢出错误，在这种情况下，应该将 sum 定义为 Long 类型。

2．直到型循环

“直到型循环”有两种形式。

形式 1：	形式 2：
Do Until <表达式>	Do
循环体	循环体
Loop	Loop Until <表达式>

其中，“表达式”可以是关系表达式、逻辑表达式，也可以是数值表达式。

这两种循环的执行流程如图 4.46 和图 4.47 所示。

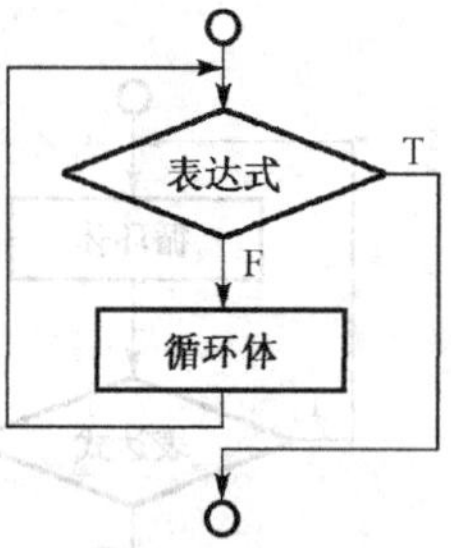

图 4.46　Do Until…Loop 执行流程

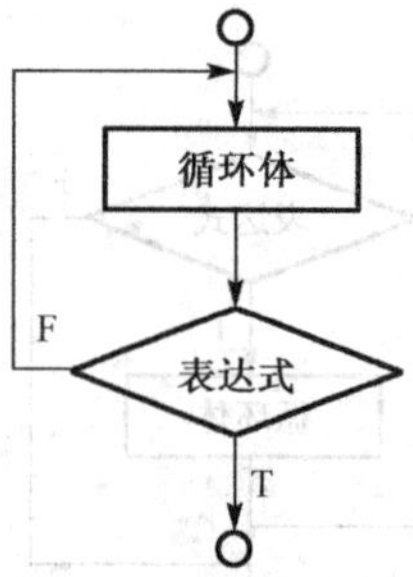

图 4.47　Do…Loop Until 执行流程

在 Do Until…Loop 循环中，当“表达式”的值为 False 或 0 时，执行循环体，然后执行 Loop 直接返回到 Do Until 处再次检查“表达式”的值，如果还为 False 或 0，继续执行循环体。如果为 True 或非 0，则退出循环，执行 Loop 后面的语句。

在 Do…Loop Until 循环中，首先执行循环体，然后进行条件判断，当“表达式”的值为 False 或 0 时，继续执行循环体，然后再进行判断。如果“表达式”的值为 True 或非 0，则退出循环，执行 Loop 后面的语句。

“直到型循环”与“当型循环”的区别是：在“直到型循环”中，当“表达式”的值为 False 或 0 时，执行循环体；如果为 True 或非 0，则退出循环，执行 Loop 后面的语句。在“当型循环”中，当“表达式”的值为 True 或非 0 时，执行循环体；如果为 False 或 0，则退出循环，执行 Loop 后面的语句。

这两种形式的循环，Do Until…Loop 循环是先进行条件判断，后执行循环体，所以循环体可能一次也不执行；而 Do…Loop Until 循环是先执行循环体，后判断条件，所以循环体至少执行一次。

【例 4.14】 分别利用 Do Until…Loop 循环和 Do…Loop Until 循环计算自然数 1～100 中偶数之和。

程序代码 1：

```
Private Sub Form_Click()
  Dim i As Integer, sum As Integer
  i = 2
  sum = 0
  Do Until i > 100
      sum = sum + i
      i = i + 2
  Loop
  Print "sum="; sum
End Sub
```

程序代码 2：

```
Private Sub Form_Click()
  Dim i As Integer, sum As Integer
  i = 2
  sum = 0
  Do
      sum = sum + i
      i = i + 2
  Loop Until i > 100
  Print "sum="; sum
End Sub
```

4.3.3　While…Wend 循环

While…Wend 循环语句的一般格式为：

```
While <表达式>
   循环体
Wend
```

其中，“表达式”可以是关系表达式、逻辑表达式，也可以是数值表达式。

该语句的执行流程如图 4.48 所示。

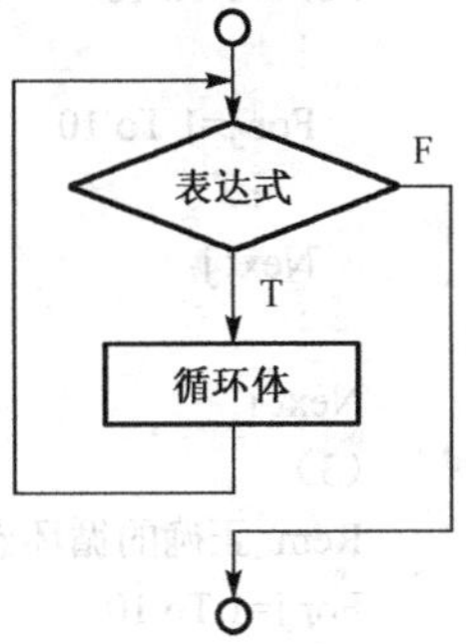

图 4.48　While…Wend 执行流程

在执行 While…Wend 循环时，当“表达式”的值为 True 或非 0 时，执行循环体，然后执行 Wend 直接返回到 While 处再次检查“表达式”的值，如果“表达式”的值还为 True 或非 0，继续执行循环体。如果为 False 或 0，则退出循环，执行 Wend 后面的语句。

【例 4.15】 计算 *n*!值。

按照题意编写的窗体 Form1 的 Click 事件过程如下：

```
Private Sub Form_Click()
  Dim i As Integer, n As Integer, fact As Long
  n = InputBox("输入 n 的值")
  i = 1
  fact = 1
  While i <= n
    fact = fact * i
    i = i + 1
  Wend
  Print Str(n); "!="; fact
End Sub
```

运行程序后，单击窗体，执行 Form_Click 事件过程，在弹出的 InputBox 输入框中输入 *n* 的值 5，在窗体上的输出结果为 5!=120。

在该程序中，当 *n*=8 时，8!=40320；当 *n*=9 时，9!=362880，这个阶乘值已超过 Integer 类型的表示范围–32768～32767，所以将存放阶乘值的变量 fact 声明为 Long 类型。求阶乘值的运算是累乘运算，所以 fact 初值设为 1。Print 语句中的 n 转换为字符输出，目的是去掉数值 n 输出时的尾随空格，使得 n 值和“!”之间没有空格。

4.3.4　循环嵌套

一个循环的循环体中包含另一个循环称为循环嵌套，外面的循环语句称为“外层循环”，外层循环的循环体中的循环语句称为“内层循环”，这种嵌套可以有任意多层，一个循环里仅包含一层循环称为双重循环；一个循环里包含两层循环称为三重循环；三重以上的循环称为多重循环。

循环语句 For…Next 和 Do…Loop 可以互相嵌套，但要注意的是各层循环相互之间绝不允许交叉。下面的循环嵌套形式（1）、（2）、（3）都是合法的。

（1）
```
Rem 正确的循环嵌套
For i=1 To 10
 ⋮
  For j=1 To 10
   ⋮
  Next j
 ⋮
Next i
```

（2）
```
Rem 正确的循环嵌套
Do While i<10
 ⋮
  For j=1 To 10
   ⋮
  Next j
 ⋮
Loop
```

（3）
```
Rem 正确的循环嵌套
For j=1 To 10
 ⋮
  Do
   ⋮
  Loop Until i>10
 ⋮
Next j
```

（4）
```
Rem 正确的并列循环
For i=1 To 10
 ⋮
Next i
For i=1 To 20
 ⋮
Next i
```

下面的循环嵌套是不合法的。

```
Rem 内外循环交叉
For i=1 To 10
 ⋮
  For j=1 To 10
   ⋮
  Next i
 ⋮
Next j
```

```
Rem 内外循环交叉
For i=1 To 10
 ⋮
  Do While i<10
   ⋮
  Next i
 ⋮
Loop
```

【例 4.16】 输出以下图形。

```
        1
      2   2
    3   3   3
  4   4   4   4
5   5   5   5   5
```

分析：利用外层循环控制循环 5 次，每循环一次，内层循环用来打印一行数字，一行数字输出之后，打印换行，为打印下一行做准备。

按照题意编写的窗体 Form1 的 Click 事件过程代码如下：

```
Private Sub Form_Click()
  Dim i As Integer, j As Integer, k As Integer
  Do While i <= 5
    For j = 1 To 20 - 2 * i
      Print " ";
    Next j
    For k = 1 To i
      Print Spc(2); Str(i);
```

```
        Next k
        Print
        i = i + 1
      Loop
    End Sub
```

程序运行后，单击窗体，执行 Form_Click 事件过程，在窗体上输出题意要求的结果。

上面的程序使用了双重循环结构，其中内嵌的第 1 个 For 循环用来确定输出数字的起始位置，内嵌的第 2 个 For 循环用来输出一行数字，这两个内嵌的 For 循环是并列关系。两个并列 For 循环后面的 Print 方法用于实现打印完一行后换行。

【例 4.17】 打印九九乘法表。

按照题意编写的窗体 Form1 的 Click 事件过程代码如下：

```
Private Sub Form_Click()
  Dim i As Integer, j As Integer, cj As Integer
  Print Spc(36); "九九乘法表"
  For i = 1 To 9
    Print Spc(1);
    For j = 1 To 9
      cj = i * j
      If cj >= 10 Then
        Print Format(i); "×"; Format(j); "="; Format(i * j); Spc(2);
      Else
        Print Format(i); "×"; Format(j); "="; Format(i * j); Spc(3);
      End If
    Next j
    Print
  Next i
End Sub
```

上面的程序由外层循环变量 i 作为被乘数，内层循环变量 j 作为乘数。外层循环变量 i 每取一个数（依次取 1～9），内层循环变量 j 依次取 1～9，并打印出第 i 行的 9 个算式，内层循环中 Print 方法最后的分号用于打印一个式子后不换行，退出内层循环后，使用 Print 方法实现换行。

两层循环之间的“Print Spc(1);”语句用于使每行的起始输出位置与窗体左边框之间留一个空格。Print 方法中的 Format 函数用于输出时去掉其参数的符号位空格和尾随空格。

程序运行后，单击窗体，执行 Form_Click 事件过程，在窗体上的输出结果如图 4.49 所示。

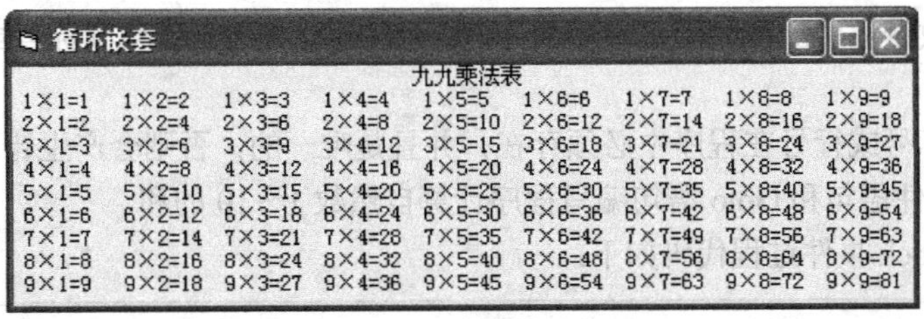

图 4.49　例 4.17 的运行结果

如果要打印下三角形式的九九乘法表，可将上面的程序代码改为：

```
Private Sub Form_Click()
  Dim i As Integer, j As Integer, cj As Integer
  Print Spc(36); "九九乘法表"
  For i = 1 To 9
    Print Spc(1);
    For j = 1 To i
      cj = i * j
      If cj >= 10 Then
        Print Format(i); "×"; Format(j); "="; Format(i * j); Spc(2);
      Else
        Print Format(i); "×"; Format(j); "="; Format(i * j); Spc(3);
      End If
    Next j
    Print
  Next i
End Sub
```

程序运行后，单击窗体，在窗体上的输出结果如图 4.50 所示。

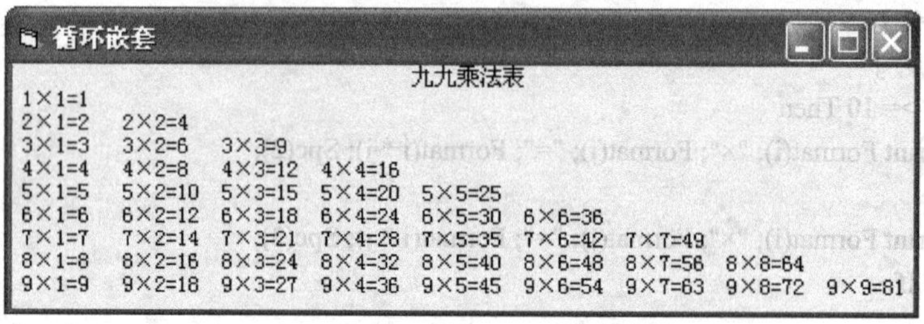

图 4.50 下三角形式的九九乘法表运行结果

4.3.5 GoTo 语句

GoTo 语句可以改变程序的执行顺序，跳过某段程序去执行后面的程序段，或者返回已经执行过的某段程序使之重复执行。这样，利用 GoTo 语句也可以构成循环。

GoTo 语句的一般格式为：

GoTo {标号|行号}

“标号”是一个以冒号结尾的标识符；“行号”是一个整数，整数后不加冒号。例如，“Lp:”是一个标号，而“210”是一个行号。

GoTo 语句用于改变程序的执行顺序，它的功能是无条件地将控制转移到标号或行号所在语句行去执行。

GoTo 语句中的标号或行号在程序中必须存在，并且是唯一的，否则会产生错误。

例如，利用 If 条件语句和 Goto 语句编写程序计算自然数 1～10 的和。

窗体 Form1 的 Click 事件过程代码如下：

```
Private Sub Form_Click()
  Dim i%, sum%
  i = 1: sum = 0
```

```
Lp: If i <= 10 Then
        sum = sum + i
        i = i + 1
        GoTo Lp
    End If
    Print "sum="; sum
End Sub
```

在上面的程序中，利用 If 语句和 GoTo 语句构成循环结构解决了 10 个自然数的求和问题。结构化程序设计是由单入口、单出口风格的控制结构堆叠、嵌套而成的，显然，采用 GoTo 语句可能破坏这种程序结构，所以结构化程序设计方法主张限制使用 GoTo 语句，但也不是绝对禁止使用 GoTo 语句。另外，Visual Basic 规定 GoTo 语句只能在一个过程中使用。

【例 4.18】 打印半径为 1～10 的圆的面积，若面积超过 100，则不予打印。

窗体 Form1 的 Click 事件过程代码如下：

```
Private Sub Form_Click()
  Dim r As Integer, area As Single
  r = 1
Repeat:
  area = 3.141593 * r * r
  If area > 100 Then GoTo Stp
  Print "r="; r, "area="; area
  r = r + 1
  If r <= 10 Then GoTo Repeat
Stp:
  Print "r="; r, "面积超过了 100"
End Sub
```

运行结果如下：

```
r=1     area=3.141593
r=2     area=12.56637
r=3     area=28.27434
r=4     area=50.26549
r=5     area=78.53983
r=6      面积超过了 100
```

程序中的标号 Repeat 和 Stp 标记了两个转移位置，利用 GoTo 语句实现了循环和从循环中退出。

4.3.6 循环出口语句

通常情况下，当循环语句完成应执行的循环次数后，即可正常结束循环。但在某种情况下，不等循环正常结束就要提前退出循环，这时可采用循环出口语句。

1. Exit For 语句

一般格式为：

```
Exit For
```

Exit For 语句用来结束 For…Next 循环。该语句要放在 For…Next 循环中，一般要与条件语句配合使用，当执行到 Exit For 语句时，程序控制会立即结束循环，转去执行 Next 后面的语句。

【例 4.19】 打印半径为 1～10 的圆的面积，若面积超过 200，则不予打印。

按照题意编写的窗体 Form1 的 Click 事件过程代码如下：

```
Private Sub Form_Click()
  Dim r As Integer, area As Single
  For r = 1 To 10
    area = 3.14159 * r * r
    If area > 200 Then Exit For
    Print "r="; r, "area="; area
  Next r
  Print "r="; r, "面积超过了 200"
End Sub
```

程序运行后，单击窗体，执行 Form_Click 事件过程，在窗体上的输出结果为：

```
r=1    area=3.14159
r=2    area=12.56636
r=3    area=28.27431
r=4    area=50.26544
r=5    area=78.53975
r=6    area=113.0972
r=7    area=153.9379
r=8    面积超过了 200
```

在本例中，当 r=8 时，圆面积 area 的值大于 200，此时 If 语句条件成立，则执行 Exit For 语句退出循环，使原本进行 10 次的循环提前结束了。

2. Exit Do 语句

一般格式为：

```
Exit Do
```

Exit Do 语句用来结束 Do…Loop 循环，该语句要放在 Do…Loop 循环中，一般要与条件语句配合使用，当执行到 Exit Do 语句时，程序控制会立即结束循环，转去执行 Loop 后面的语句。

【例 4.20】 编写程序，计算并输出 100～200 之间的所有素数。

分析：只能被 1 和本身整除的数是素数，所以判定一个整数 x 是否为素数的方法就是用 x 除以 2～x–1 之间的每个整数，如果 2～x–1 之间的每个整数都不能整除 x，则说明 x 是素数；如果有一个能整除 x，则说明 x 不是素数。

按照题意编写的窗体 Form1 的 Click 事件过程代码如下：

```
Private Sub Form_Click()
  Dim x As Integer, n As Integer, count As Integer
  count = 0
  For x = 100 To 200
    n = 2
    Do While n < x
```

```
            If x Mod n = 0 Then
                Exit Do
            End If
            n = n + 1
        Loop
        If n = x Then
            count = count + 1
            If count Mod 5 = 0 Then Print x Else Print x,
        End If
    Next x
End Sub
```

在上面的程序中，变量 count 用于素数的计数，利用循环使变量 x 从 100 取至 200。每取一个 x 判断其是否为素数，n 都从 2 开始取值，Do While 循环的条件是“n<x”，当条件“n<x”成立时，n 的取值是 2～x−1。在循环内用 If 语句的条件“x Mod n=0”来判定 n 是否能整除 x，如果“x Mod n”运算的结果为 0，说明 n 能整除 x，只要 2～x−1 之间有一个数能整除 x，则 x 就不是素数，后面的数也就不用再判断了，此时利用 Exit Do 语句退出循环，执行 Loop 后面的语句，因为循环不是正常结束，而是中途退出，则 n 值一定小于 x，所以 Loop 后面的 If 语句的条件“n=x”不成立，直接执行 Next 取下一个 x 值。如果 Do While 循环能正常结束，则说明 2～x−1 之间的每一个整数都不能整除 x，此时的 n 值一定等于 x，所以在执行 Loop 后面的 If 语句时，其条件“n=x”成立，则打印素数 x。单行 If 语句“If count Mod 5 = 0 Then Print x Else Print x,”用于输出素数 x，且每输出 5 个数就换行。

程序运行后，单击窗体，执行 Form_Click 事件过程，在窗体上的输出结果如图 4.51 所示。

图 4.51　例 4.20 的运行结果

使用循环语句、GoTo 语句和循环出口语句时应注意：

（1）For 循环嵌套时，内、外层循环控制变量不能同名。

（2）循环嵌套时，外层循环必须完全套住内层循环，内、外层循环不能交叉。

（3）循环体内有多行 If 语句，或多行 If 语句内有循环语句，两者也不能交叉。

（4）可以利用 GoTo 语句从循环体内转向循环体外，但不能从循环体外转入循环体内。

（5）在循环嵌套时，利用 Exit For 或 Exit Do 语句只能退出该语句所在层的循环。

4.4　应用程序举例

【例 4.21】 计算 1!+2!+3!+…+*n*!。

分析：利用外层循环控制变量进行 1～*n* 的取值，每取一个值，在其循环体内利用内层循环计算该值的阶乘，并进行阶乘值的累加。当外层循环执行结束时，即可打印计算结果。

按照题意编写的窗体 Form1 的 Click 事件过程代码如下：

```
Private Sub Form_Click()
    Dim i As Integer, j As Integer, n As Integer
```

```
    Dim fact As Long, sum As Long
    sum = 0
    n = InputBox("请输入 n 值")
    For i = 1 To n
        fact = 1
        For j = 1 To i
            fact = fact * j
        Next j
        sum = sum + fact
    Next i
    Print "1!+2!+…+"; Str(n); "!="; sum
End Sub
```

程序运行后，单击窗体，执行 Form_Click 事件过程，在弹出的 InputBox 对话框中输入 n 的值 5，在窗体上的输出结果为：

1!+2!+…+5!=153

从上面程序的计算过程看出，在每次计算完一个数的阶乘值之后，下一个数的阶乘值还要从头开始计算，从而造成程序运行时间的浪费。实际上，n!可由(n−1)!乘以 n 得到，如果能保留上一个数的阶乘值，则可使计算过程加快，例 4.22 的程序就是用这种方法实现的。

【例 4.22】 重编例 4.21 的程序。

按照题意编写的窗体 Form1 的 Click 事件过程代码如下：

```
Private Sub Form_Click()
    Dim i As Integer, n As Integer
    Dim fact As Long, sum As Long
    sum = 0
    fact = 1
    n = InputBox("请输入 n 值")
    For i = 1 To n
        fact = fact * i
        sum = sum + fact
    Next i
    Print "1!+2!+…+"; Str(n); "!="; sum
End Sub
```

程序运行后，单击窗体，执行 Form_Click 事件过程，在弹出的 InputBox 对话框中输入 n 的值 5，在窗体上的输出结果为：

1!+2!+…+5!=153

【例 4.23】 求斐波那契数列 1，1，2，3，5，8，…的前 20 项的值。

分析：斐波那契数列前两项为 1，从第 3 项开始每一项的值是前两项的和。首先设 p1=1、p2=1，然后循环计算后面各项的值。在循环中根据前两项的值求出下一项的值并存于变量 t 中，即执行语句 t=p1+p2，然后再执行 p1=p2，p2=t，为求下一项做准备。

按照题意编写的窗体 Form1 的 Click 事件过程代码如下：

```
Private Sub Form_Click()
  Dim p1%, p2%, n%, t%
  p1 = 1: p2 = 1
  n = 2
  Print Format(p1, "@@@@@@@@"),          ' 输出第一项
  Print Format(p2, "@@@@@@@@"),          ' 输出第二项
  Do
    t = p2 + p1                          ' 求下一项
    p1 = p2
    p2 = t
    Print Format(t, "@@@@@@@@"),         ' 输出下一项
    n = n + 1                            ' 输出项计数
    If n Mod 5 = 0 Then Print            ' 每一行输出 5 项后换行
  Loop While n < 20                      ' 循环控制条件是输出项的个数
End Sub
```

程序运行后，单击窗体，执行 Form_Click 事件过程，在窗体上的输出结果如图 4.52 所示。

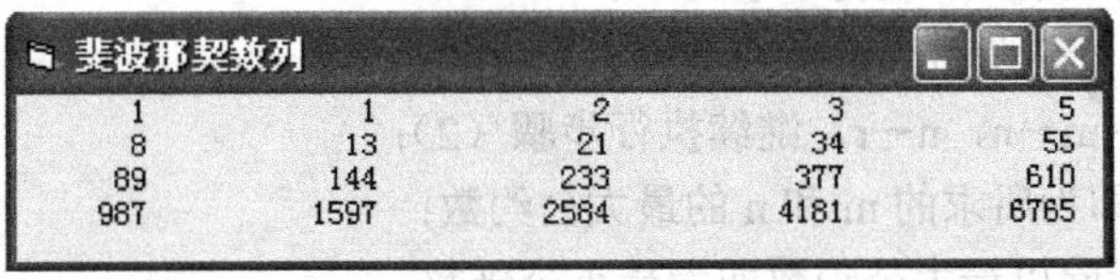

图 4.52　例 4.23 的运行结果

【例 4.24】 利用格里高利（J. Gregory）公式求圆周率 π，直到最后一项的绝对值小于等于 10^{-5} 为止。

$$\frac{\pi}{4}=1-\frac{1}{3}+\frac{1}{5}-\frac{1}{7}+\cdots$$

分析：这是一个求累加和的问题，循环算式是：sum = sum+第 i 项，第 i 项用变量 item 表示，item 在每次循环中其值都会改变，具体变化规律是每次分母加 2，符号取反（第 i 项为正值，第 i+1 项为负值）。

在反复计算累加和的过程中，一旦某一项的绝对值小于 10^{-5}（$|item|<10^{-5}$），就达到了给定的精度，计算终止。这说明精度要求实际上就是循环的结束条件，即循环条件为$|item|\geq10^{-5}$。当 $|item|\geq10^{-5}$ 时，要循环累加 item 的值，否则结束累加。

通过上面的分析，已经明确了循环条件和循环体，并选择 Do…Loop 语句实现循环。

按照题意编写的窗体 Form1 的 Click 事件过程代码如下：

```
Private Sub Form_Click()
  Dim n As Long, flag As Integer
  Dim pi As Single, item As Single, sum As Single
  n = 1: flag = 1
  sum = 0
  item = flag * 1 / n
  Do
    sum = sum + item
```

```
      n = n + 2
      flag = -flag          ' 正负项交替
      item = flag * 1 / n
   Loop While Abs(item) >= 0.00001
   pi = sum * 4
   Print "pi="; pi
End Sub
```

程序运行后，单击窗体，执行 Form_Click 事件过程，在窗体上的输出结果为：

pi = 3.141576

上面程序中的循环条件为 Abs(item)>=1E-5，其中调用了 Visual Basic 语言的数学库函数 Abs，它用来求实型数的绝对值。为避免 n 的值超出 Integer 类型的范围，将其声明为 Long 类型，另外要注意实现正负项交替出现的方法。

【例 4.25】 用辗转相除法求两个正整数 m 和 n 的最大公约数和最小公倍数。

分析：

（1）输入两个正整数 m 和 n，使得 m 大于 n；

（2）以 m 作被除数，n 作除数，m 除以 n 得余数 r；

（3）如果 r≠0，则将 m←n，n←r，继续执行步骤（2）；

（4）如果 r=0，则 n 即为所求的 m 和 n 的最大公约数；

（5）将 m 和 n 相乘后除以最大公约数即为最小公倍数。

在窗体上添加 7 个标签（Label1～Label7）、2 个文本框（Text1、Text2）和 1 个命令按钮（Command1），属性设置如表 4.9 所示，界面设计如图 4.53 所示。

表 4.9 属 性 设 置

对象名	属性名	属性值	说明
Form1	Caption	求最大公约数与最小公倍数	
	BorderStyle	1	关闭最大化、最小化按钮
Label1	Caption	输入两个正整数	
Label2	Caption	m	
Label3	Caption	n	
Label4	Caption	最大公约数	
Label5、Label7	Caption		初始内容为空，用于输出
	BorderStyle	1	凹陷单线边框
Label6	Caption	最小公倍数	
Text1、Text2	Text		初始内容为空，用于输入
Command1	Caption	求最大公约数与最小公倍数	

按照题意编写的“求最大公约数与最小公倍数”命令按钮 Command1 的 Click 事件过程代码如下：

```
Private Sub Command1_Click()
   Dim m%, n%, t%, r%, mn%
   m = Val(Text1.Text)
   n = Val(Text2.Text)
   If m < 0 Or n < 0 Then End
   If m < n Then
      t = m: m = n: n = t           ' 如果m<n，则交换 m 和 n
```

```
      Text1.Text = m              ' 重新显示 m 和 n
      Text2.Text = n
    End If
    mn = m * n
    Do
      r = m Mod n
      m = n
      n = r
    Loop While r <> 0
    Label5.Caption = m            ' 输出最大公约数
    Label7.Caption = mn / m       ' 输出最小公倍数
  End Sub
```

上面的程序中，如果在两个文本框中输入 m 和 n 的值只要有一个小于 0，则结束程序运行。如果在两个文本框中输入 m 的值小于 n 的值，则将 m 和 n 的值交换，并重新将交换后的值显示在 m 和 n 对应的文本框中。求出的最大公约数与最小公倍数分别利用标签 Label5 和 Label7 进行输出。

程序运行后，在变量 m 和 n 对应的文本框中分别输入 35 和 20，单击“求最大公约数与最小公倍数”命令按钮，执行 Command1_Click 事件过程，在窗体的标签框中输出最大公约数为 5，最小公倍数为 140。程序的运行结果如图 4.54 所示。

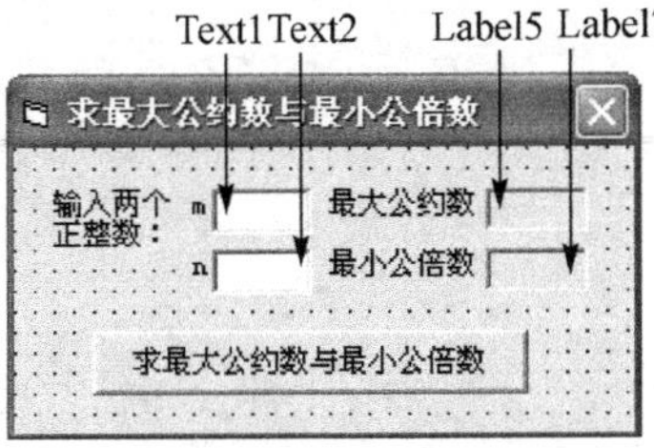

图 4.53　例 4.25 的设计界面

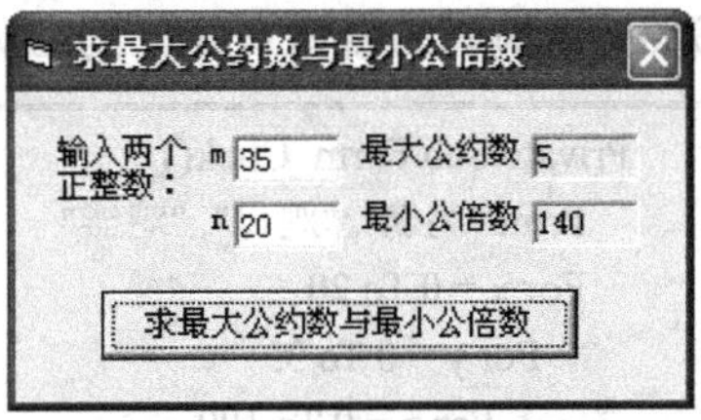

图 4.54　例 4.25 的运行结果

【例 4.26】 编写程序解决“百鸡问题”：鸡翁一，值钱五；鸡母一，值钱三；鸡雏三，值钱一；百钱买百鸡，求鸡翁、鸡母、鸡雏各几何？

方法一

分析：设鸡翁、鸡母、鸡雏各 x、y、z 只，则 x、y、z 的值一定为整数，且满足以下关系：

$$\begin{cases} x+y+z=100 \\ 5x+3y+z/3=100 \end{cases}$$

上面两个方程有 3 个未知数，这是一个不定方程问题。解这类方程，通常采用“穷举法”，它是计算机解题常用的一种方法。其方法是：对所有可能的 x、y、z 的值逐个进行检验，若满足上述两个方程，x、y、z 的值就是一组解，否则不是解。

按照题意编写的窗体 Form1 的 Click 事件过程代码如下：

```
Private Sub Form_Click()
  Print "鸡翁", "鸡母", "鸡雏"
  For x = 0 To 100
    For y = 0 To 100
      For z = 0 To 100
```

```
            sum1 = x + y + z
            sum2 = 5 * x + 3 * y + z / 3
            If (sum1 = 100) And (sum2 = 100) Then Print x, y, z
        Next z
    Next y
  Next x
End Sub
```

程序运行后，单击窗体，执行 Form_Click 事件过程，在窗体上的输出结果为：

鸡翁	鸡母	鸡雏
0	25	75
4	18	78
8	11	81
12	4	84

上面的程序是通过三重循环来解决这个问题的，其结构虽然简单，但穷举的次数多，程序运行速度慢。

方法二

分析：对问题稍加思考就会发现，*x*、*y*、*z* 的值没有必要都取值到 100。*x* 的取值范围为 0～20，*y* 的取值范围为 0～33，*z* 的取值范围为 0～100。

按照题意编写的窗体 Form1 的 Click 事件过程代码如下：

```
Private Sub Form_Click()
  Print "鸡翁", "鸡母", "鸡雏"
  For x = 0 To 20
    For y = 0 To 33
      For z = 0 To 100
        sum1 = x + y + z
        sum2 = 5 * x + 3 * y + z / 3
        If (sum1 = 100) And (sum2 = 100) Then Print x, y, z
      Next z
    Next y
  Next x
End Sub
```

上面的程序虽然也是通过三重循环来解决这个问题，但穷举的次数比第一个程序减少了很多，所以程序运行速度较快。

方法三

根据上面的两个方程，对于 0～20 内的每一个 *x* 取值，以及 0～33 内的每一个 *y* 的取值，可求得 *z* 的值，如果 *x*、*y*、*z* 的值求和等于 100，则为一组解，否则不是解。

按照题意编写的窗体 Form1 的 Click 事件过程代码如下：

```
Private Sub Form_Click()
  Print "鸡翁", "鸡母", "鸡雏"
  For x=0 To 20
    For y=0 To 33
```

```
        z=(100-5*x-3*y)*3
        If x+y+z=100 Then Print x, y, z
      Next y
    Next x
  End Sub
```

由于穷举的次数进一步减少，因此这个程序的运行速度最快。

第 5 章 常 用 控 件

控件是应用程序中用户界面最基本的组成要素，使用 Visual Basic 提供的常用控件可以很方便地建立用户界面。Visual Basic 的控件可分为 3 类：标准控件、ActiveX 控件和可插入对象。第 2 章已经介绍了标签、文本框和命令按钮等基本控件，本章将继续学习其他一些常用控件的使用方法。

5.1 选择性控件

在多数的应用程序中，经常会允许用户根据需要进行单项或多项选择，Visual Basic 提供的选择性控件就可完成这项工作。选择性控件包括单选按钮、复选框、框架、列表框和组合框。下面依次介绍这些控件。

5.1.1 单选按钮

单选按钮（OptionButton）由一个圆圈“○”和紧挨着它的文字组成，通常成组出现，用于从多个选项中选择一项，提供“选定”和“未选定”两种选项状态，而且同时只能有一项被选定，选定时在圆圈内加一个小圆点“•”。多个选项之间是互斥的，当选定某一项时，其他选项均变为未选定状态。在窗体上添加的单选按钮的默认名称为 Option1，Option2，…。

单选按钮的常用属性如表 5.1 所示。

表 5.1 单选按钮的常用属性

属性名	属性值	说明
Alignment	0：左对齐，默认值；1：右对齐	设置标题文本的对齐方式
Caption	标题内容为字符串，即紧挨“○”后的文字	设置单选按钮的标题
Enabled	True：控件可对用户事件做出响应，默认值 False：控件不可对用户事件做出响应，运行时控件呈灰色不可用状态	设置是否对用户事件产生响应
Picture	当 Style 属性值为 1 时有效，显示图形	设置单选按钮上显示的图形
Style	0：标准样式，默认值；1：图形样式	设置单选按钮的样式
Value	True：选定；False：未选定	设置单选按钮是否被选定

其中，Caption 属性用于设置单选按钮的标题，也就是出现在单选按钮右边的文字说明，默认值为 Option1，Option2，…；Value 属性用于表示单选按钮是否被选定，当属性值为 True 时，单选按钮为被选定的状态，样式为，当属性值为 False 时，单选按钮为未被选定的状态，样式为；Enabled 属性表示该单选按钮是否可用，当属性值为 False 时，运行状态下单选按钮呈灰色不可用，样式为。

单选按钮通常响应的事件是 Click 事件，当用鼠标单击时，就触发单选按钮的 Click 事件，执行事件过程中的代码。

注意：单选按钮的 Click 事件不同于命令按钮的 Click 事件，当单选按钮的 Value 属性由 False 变为 True 时，才会触发单选按钮的 Click 事件。当单选按钮被选定时，再次单击单选按钮，并不触发 Click 事件。在程序中执行 Option1.Value = True 语句时，也会触发单选按钮的 Click 事件。

【例 5.1】 编写一个程序，用单选按钮来改变文本框中文字的大小。

在窗体上添加 1 个文本框和 3 个单选按钮，文本框中显示文字“改变文字大小”，3 个单选按钮的标题分别为 16 号字、24 号字和 28 号字，窗体及控件的属性设置如表 5.2 所示，界面设计如图 5.1 所示。

表 5.2 属 性 设 置

对象名	属性名	属性值	说明
Form1	Caption	单选按钮示例 1	
Text1	Text	改变文字大小	
	FontSize	16 号	
Option1	Caption	16 号字	
	Value	True	默认选定 Option1
Option2	Caption	24 号字	
Option3	Caption	28 号字	

该程序需要分别编写 3 个单选按钮的单击事件过程。

程序代码如下：

```
Private Sub Option1_Click()    ' 将文本框内的文字大小设置为 16 号字
  Text1.FontSize = 16
End Sub
Private Sub Option2_Click()    ' 将文本框内的文字大小设置为 24 号字
  Text1.FontSize = 24
End Sub
Private Sub Option3_Click()    ' 将文本框内的文字大小设置为 28 号字
  Text1.FontSize = 28
End Sub
```

程序运行后，文本框中显示的文字初始大小为 16 号字，通过单击不同的单选按钮，文本框中的字号变成相应大小。如果单击“24 号字”单选按钮，文本框中的字体大小变为 24 号字，运行结果如图 5.2 所示。

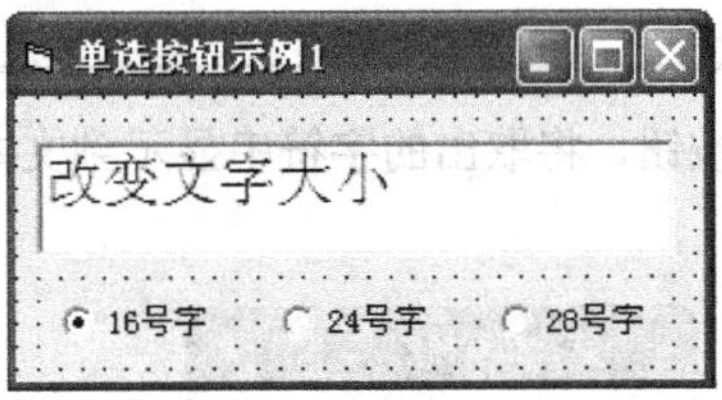

图 5.1 例 5.1 的界面设计

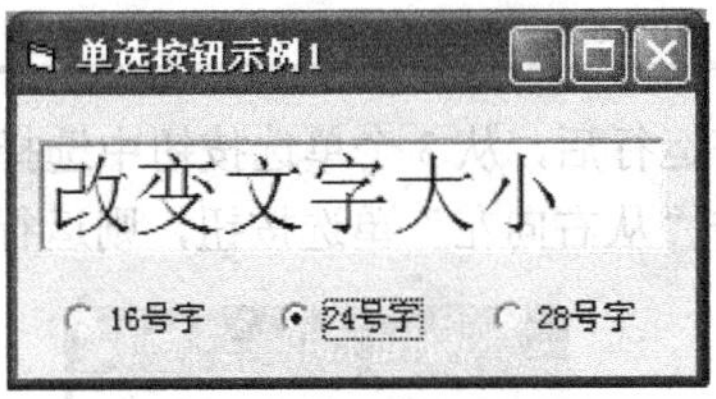

图 5.2 例 5.1 的运行结果

【例 5.2】 编写一个程序，从字符串“ABCDEFGH”中不同的位置分别取出 2 个字符，用单选按钮分别控制从左向右取、从右向左取和从中间位置向右取，单击“确定”命令按钮后，将结果输出到文本框中。

在窗体上添加 1 个标签、1 个文本框、1 个命令按钮和 3 个单选按钮，窗体及控件的属性设置如表 5.3 所示，界面设计如图 5.3 所示。

分析：利用字符串处理函数 Left、Right、Mid，可以从字符串的不同位置截取字符，根据题目要求，单击“确定”命令按钮，将截取出的字符串显示到文本框中，所以应该在命令按钮的单击事件过程中编写代码。程序中利用 Select Case 语句对单选按钮的 Value 属性值进行判断，以确定选定项。当从字符串的中间位置取 2 个字符时，首先利用 Len 函数求出总长度，然后除以 2，再对结果四舍五入之后就可以得到中间字符的位置。

表 5.3　属 性 设 置

对象名	属性名	属性值	说明
Form1	Caption	单选按钮示例 2	
Label1	Caption	ABCDEFGH	
	Font	小四号	
Option1	Caption	从左向右	
	Value	True	设置为默认选定
Option2	Caption	从右向左	
Option3	Caption	从中间向右	
Text1	Text		初始内容为空
	Font	小四号	
Command1	Caption	确定	

程序代码如下：

```
Private Sub Command1_Click()
  Dim stra As String, pos As Integer
  stra = Trim(Label1.Caption)              ' 将字符串"ABCDEFGH"赋值给变量 stra
  Select Case True
    Case Option1.Value
      Text1.Text = Left(stra, 2)
    Case Option2.Value
      Text1.Text = Right(stra, 2)
    Case Option3.Value
      pos = Int(Len(stra) / 2 + 0.5)       ' 四舍五入求出字符串中间位置
      Text1.Text = Mid(stra, pos, 2)       ' 从中间位置向右取 2 个字符
  End Select
End Sub
```

程序运行后，从 3 个单选按钮中选择其一，单击“确定”按钮，将取出的字符串显示到文本框中。如果单击“从右向左”单选按钮，则运行结果如图 5.4 所示。

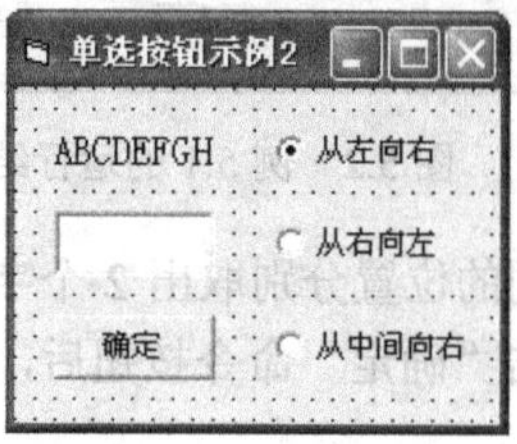

图 5.3　例 5.2 的界面设计

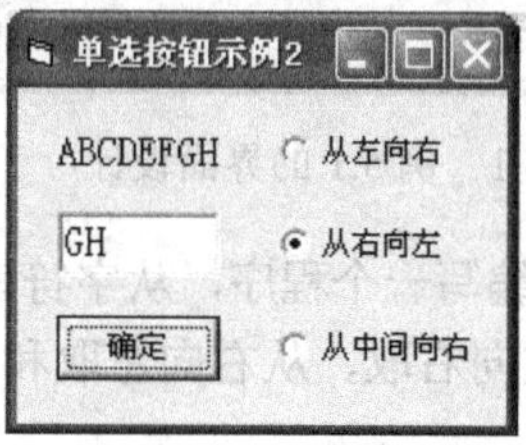

图 5.4　例 5.2 的运行结果

5.1.2　复选框

复选框（CheckBox）可供用户进行多项选择，用户可根据需要选择一项或多项，或者一项都不选。复选框由一个小方框“□”和紧挨着它的文字组成。复选框通常成组出现，也可单独出现。复选框有

“选定”和“未选定”两种选项状态，选定时在小方框内打“√”；与单选按钮不同的是复选框允许同时选择多项，而且每个选项彼此独立、互不影响。在窗体上添加的复选框其默认名称为 Check1，Check2，…。

复选框常用的属性如表 5.4 所示。

表 5.4 复选框的常用属性

属性名	属性值	说明
Alignment	0：左对齐，默认值；1：右对齐	设置标题文本的对齐方式
Caption	标题内容为字符串，即紧挨“□”后的文字	设置复选框的标题
Enabled	True：可对用户事件做出响应，即复选框有效，默认值 False：不可对用户事件做出响应，即复选框无效，运行时呈灰色不可用状态	设置复选框是否有效， 即是否响应用户的操作
Value	0-Unchecked：未选定，为默认值 1-Checked：选定 2-Grayed：不可用，呈灰色显示	设置复选框选定状态

其中，比较重要的属性为 Caption 和 Value。Caption 属性值是复选框上显示的文本内容，Value 属性值表示选定状态。

复选框常用的事件与单选按钮一样，也是 Click 事件。

【例 5.3】 编写一个程序，实现对文本框中文字字形的设置。

在窗体上添加 1 个文本框和 3 个复选框，窗体及控件的属性设置如表 5.5 所示，界面设计如图 5.5 所示。

表 5.5 属 性 设 置

对象名	属性名	属性值	说明
Form1	Caption	复选框示例	
Text1	Text	改变文字字形	
	FontSize	24 号	文本框字体大小
Check1	Caption	粗体	
Check2	Caption	斜体	
Check3	Caption	加删除线	

复选框不同于单选按钮，当单击复选框时，复选框包含两种状态的变化，所以应该在复选框的单击事件中，对复选框的状态进行判断，从而确定复选框是否被选定。程序运行后，单击复选框，判断复选框的 Value 属性值，当 Value 值为 1 时，复选框被选定，再单击复选框时，Value 值为 0，复选框未被选定。

程序代码如下：

```
Private Sub Check1_Click()
  If Check1.Value = 1 Then              ' 选定，文本框中文字为粗体
    Text1.FontBold = True
  Else
    Text1.FontBold = False
  End If
End Sub
Private Sub Check2_Click()
  If Check2.Value = 1 Then              ' 选定，文本框中文字为斜体
```

```
      Text1.FontItalic = True
    Else
      Text1.FontItalic = False
    End If
  End Sub
  Private Sub Check3_Click()
    If Check3.Value = 1 Then
      Text1.FontStrikethru = True          ' 选定，文本框中文字加删除线
    Else
      Text1.FontStrikethru = False
    End If
  End Sub
```

程序运行后，单击不同的复选框，可以对文本框中的文字进行相应的字形设置。如果 3 个复选框全部选定，则运行结果如图 5.6 所示。

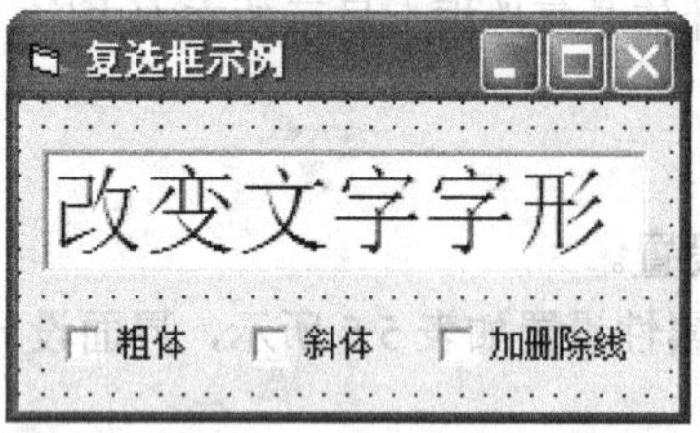

图 5.5　例 5.3 的界面设计

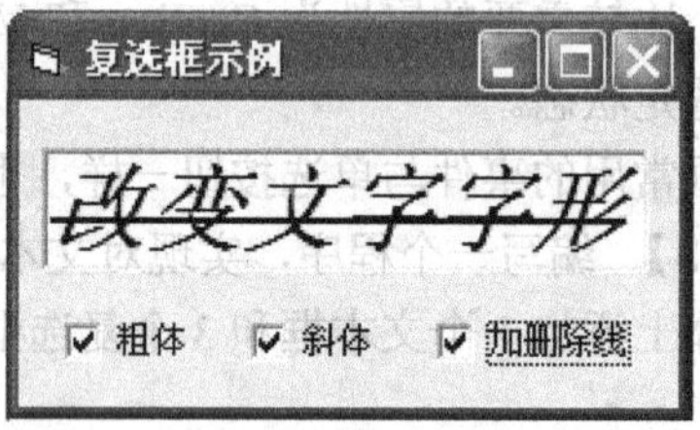

图 5.6　例 5.3 的运行结果

5.1.3　框架

框架（Frame）是一个容器控件，可以容纳多个其他控件，并将框架内的控件组合为一组。框架也用于美化和修饰界面。在窗体上的框架内添加控件时，必须先添加框架，然后在框架内再添加控件。添加框架内的控件时，不能双击工具箱中的控件自动添加，而应单击工具箱中的控件，然后在框架内画出大小适当的控件。当移动框架时，框架内的控件也随之移动；当删除框架时，框架内的控件也全部被删除；当隐藏框架时，框架内的控件也全部被隐藏。在窗体上添加的框架其默认名称为 Frame1，Frame2，…。

由于单选按钮同时只允许用户选择一项，如果需要在一个窗体中同时选定两个或多个单选按钮，则必须利用框架将单选按钮分组，每一个框架内的一组中只能选择一项，从而达到多选的目的。

框架的常用属性如表 5.6 所示。

表 5.6　框架的常用属性

属性名	属性值	说明
Caption	标题内容为字符串	设置框架的标题
Enabled	True：控件有效，默认值 False：控件无效，运行时控件呈灰色不可用状态	设置框架内所有控件是否有效，即是否响应用户的操作
Visible	True：可见，默认值；　False：不可见	设置框架及内部所有控件是否可见

框架最常用的属性是 Caption，其默认值为 Frame1，Frame2，…，显示在框架的左上方。当 Caption 属性值为空时，框架是一个封闭的矩形框。

框架通常可以响应 Click 和 DblClick 事件，但在应用程序中一般不需要编写事件过程。

【例 5.4】 编写一个程序，使用框架实现文本框中文字的字体、颜色、字号及字形的设置。

在窗体上添加 1 个文本框和 4 个框架。然后在“字体”框架中添加“隶书”和“黑体”2 个单选按钮；在“颜色”框架中添加“红色”和“蓝色”2 个单选按钮；在“字号”框架中添加“20 号”和“16 号”2 个单选按钮；在“字形”框架中添加“粗体”、“斜体”和“下画线”3 个复选框。这样就将 6 个单选按钮分成 3 组，窗体及控件的属性设置如表 5.7 所示，界面设计如图 5.7 所示。

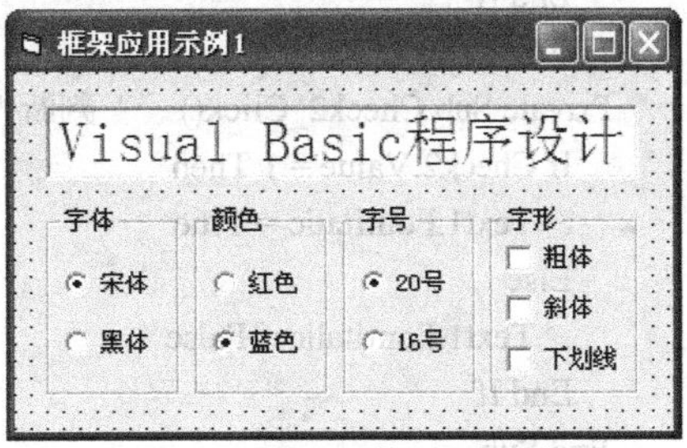

图 5.7 例 5.4 的界面设计

表 5.7 属 性 设 置

对象名	属性名	属性值	说明
Form1	Caption	框架应用示例 1	
Text1	Text	Visual Basic 程序设计	
	ForeColor	蓝色	
	FontName	宋体	文本框字体
	FontSize	20 号	文本框字号
Frame1	Caption	字体	
Frame2	Caption	颜色	
Frame3	Caption	字号	
Frame4	Caption	字形	
Option1	Caption	宋体	
	Value	True	该单选按钮被选定
Option2	Caption	黑体	
Option3	Caption	红色	
Option4	Caption	蓝色	
	Value	True	该单选按钮被选定
Option5	Caption	20 号	
	Value	True	该单选按钮被选定
Option6	Caption	16 号	
Check1	Caption	粗体	
Check2	Caption	斜体	
Check3	Caption	下画线	

当多个单选按钮需要分组时，可将分为一组的单选按钮放置在同一个框架中。而复选框可以任意组合，没有互斥性，所以可以不将它们存放在框架中。本例为了程序界面的美观，复选框也放置在了框架中。

程序代码如下：

```
Private Sub Check1_Click()    ' 判断“粗体”复选框是否被选定，选定时文字加粗
  If Check1.Value = 1 Then
    Text1.FontBold = True
```

```
    Else
      Text1.FontBold = False
    End If
End Sub
Private Sub Check2_Click()    ' 判断"斜体"复选框是否被选定，选定时文字倾斜
    If Check2.Value = 1 Then
      Text1.FontItalic = True
    Else
      Text1.FontItalic = False
    End If
End Sub
Private Sub Check3_Click()   ' 判断"下画线"复选框是否被选定，选定时文字加下画线
    If Check3.Value = 1 Then
      Text1.FontUnderline = True
    Else
      Text1.FontUnderline = False
    End If
End Sub
Private Sub Form_Load()
    Text1.Alignment = 2          ' 文本框中的内容居中
End Sub
Private Sub Option1_Click()
    Text1.FontName = "宋体"
End Sub
Private Sub Option2_Click()
    Text1.FontName = "黑体"
End Sub
Private Sub Option3_Click()
    Text1.ForeColor = vbRed
End Sub
Private Sub Option4_Click()
    Text1.ForeColor = vbBlue
End Sub
Private Sub Option5_Click()
    Text1.FontSize = 20
End Sub
Private Sub Option6_Click()
    Text1.FontSize = 16
End Sub
```

程序运行后，选定"黑体"、"红色"、"20 号"单选按钮和"斜体"、"下画线"复选框后，分别设置了字体、颜色、字号和字形，运行结果如图 5.8 所示。

【例 5.5】 编写一个程序，使用框架，选择从北京到天津再到上海两段路程的交通工具，用 2 个文本框分别显示两段路程使用不同交通工具的费用，再用 1 个文本框显示计算出的总费用。其中，从北京到天津为第一程，交通工具分别为汽车、火车和飞机，费用分别为 25、22 和 580；从天津到上海为第二程，交通工具分别为汽车、火车和飞机，费用分别为 308、164 和 970。

在窗体上添加 4 个标签、2 个框架、6 个单选按钮和 3 个文本框。将 6 个单选按钮分成两组，分别添加到“第一程工具”框架和“第二程工具”框架中，窗体及控件属性设置如表 5.8 所示，界面设计如图 5.9 所示。

分析：在本例中，不同路程、不同交通工具的费用是不同的。选择某一个路程的交通工具之后，则将其费用信息显示在对应的文本框中，所以应该在单选按钮的 Click 事件过程中编写代码。当某一路程的费用发生变化时，总费用也随之变化，所以应该在 Text1、Text2 的 Change 事件过程中编写计算总费用的代码。

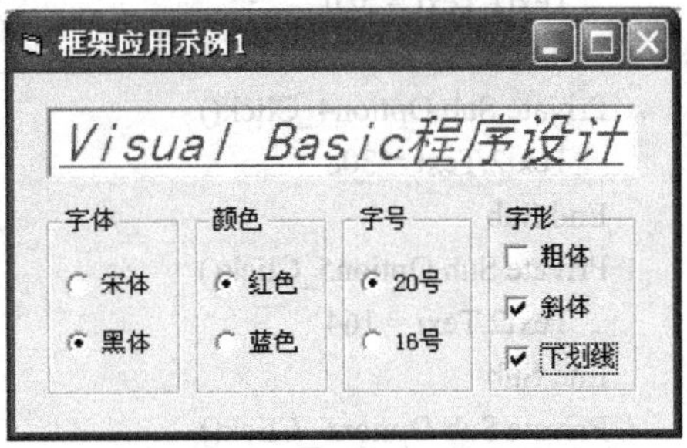

图 5.8　例 5.4 的运行结果

表 5.8　属 性 设 置

对象名	属性名	属性值	说明
Form1	Caption	框架应用示例 2	
Label1	Caption	选择从北京到天津再到上海的交通工具	
Label2	Caption	第一程费用	
Label3	Caption	第二程费用	
Label4	Caption	总费用	
Frame1	Caption	第一程工具	框架标题
Frame2	Caption	第二程工具	
Option1	Caption	汽车	单选按钮标题
Option2	Caption	火车	
Option3	Caption	飞机	
Option4	Caption	汽车	
Option5	Caption	火车	
Option6	Caption	飞机	
Text1～Text3	Text		初始内容为空

程序代码如下：

```
Private Sub Form_Load()              ' 初始状态为两程工具均选定为“汽车”
  Option1.Value = True
  Option4.Value = True
End Sub
Private Sub Text1_Change()           ' 当第一程费用发生变化时计算总费用
  Text3.Text = Val(Text1.Text) + Val(Text2.Text)
End Sub
Private Sub Text2_Change()           ' 当第二程费用发生变化时计算总费用
  Text3.Text = Val(Text1.Text) + Val(Text2.Text)
End Sub
Private Sub Option1_Click()
  Text1.Text = 25
End Sub
Private Sub Option2_Click()
  Text1.Text = 22
End Sub
```

```
Private Sub Option3_Click()
   Text1.Text = 580
End Sub
Private Sub Option4_Click()
   Text2.Text = 308
End Sub
Private Sub Option5_Click()
   Text2.Text = 164
End Sub
Private Sub Option6_Click()
   Text2.Text = 970
End Sub
```

程序运行后，两段路程的交通工具均先选为汽车，文本框中显示相应的两程费用，计算出总费用并显示在对应的文本框中。随后若第一程交通工具选择“火车”，第二程交通工具选择“飞机”，则两程费用及总费用也随之变化，运行结果如图 5.10 所示。

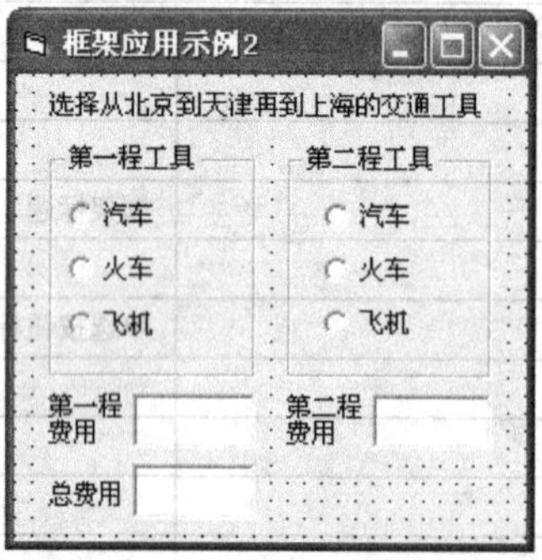

图 5.9　例 5.5 的界面设计

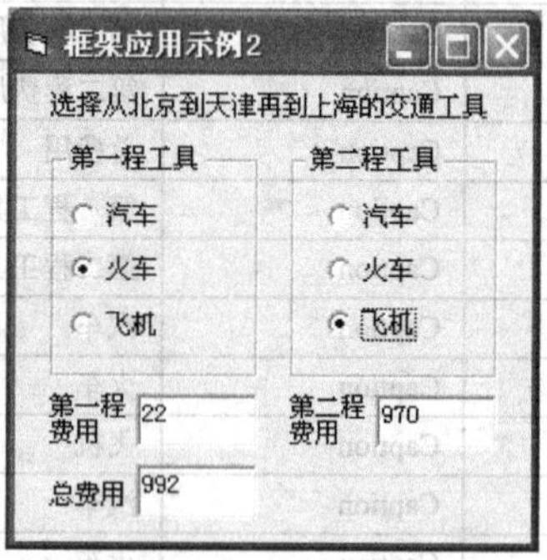

图 5.10　例 5.5 的运行结果

注意：在本例中，当用户单击单选按钮时，首先执行单选按钮 Click 事件过程，在该事件过程中会输出费用信息到文本框中。这时由于文本框内容有变化，会触发文本框的 Change 事件，因此形成一种联动事件过程。在 Form_Load 事件过程中，当执行 Option1.Value = True 语句时，会触发单选按钮 Option1 的 Click 事件，将第一程选定汽车的费用输出到 Text1 中，然后程序会自动执行 Text1_Change 事件过程，计算出总费用并输出到 Text3 中；在 Form_Load 事件过程中，当执行 Option4.Value = True 语句时，会触发单选按钮 Option4 的 Click 事件，将第二程选定汽车的费用输出到 Text2 中，然后程序会自动执行 Text2_Change 事件过程，计算出总费用并输出到 Text3 中。

5.1.4　列表框

列表框（ListBox）是在列表中显示一组可供用户选择的预先设置的选项。用户可以从中选择一项或多项，而且只能选择，不能在列表框中直接输入选项。列表框中可供选择的项目称为表项。表项的加入是按照一定的顺序号进行的，这个顺序号称为索引。在列表框中添加或删除表项，可以通过属性窗口的 List 属性进行设置或者通过程序代码进行动态设置。当表项较多而超出设计列表框所能显示的范围时，系统会在列表框上自动添加垂直滚动条，方便用户滚动选择表项。在窗体上添加的列表框的默认名称为 List1，List2，…。

列表框常用属性如表 5.9 所示。

表 5.9 列表框的常用属性

属性名	属性值	说明
List	列表框中的各表项，是一个字符串数组，下标从 0 开始，可在属性窗口或程序中设置	设置列表框中的表项内容
ListIndex	整型，只能在程序中设置或引用。–1：没有被选定的项；0：第 1 项被选定；1：第 2 项被选定；以此类推	返回当前被选定表项的索引号
ListCount	只能在程序中引用	返回列表框中表项的个数
MultiSelect	0—None：只允许选一项，默认值 1—Simple：可用鼠标单击或按空格键进行简单多选 2—Extended：用 Shift 或 Ctrl 键单击表项进行连续或不连续的多选	设置列表框是否允许多选
Text	只能在程序中设置或引用，当 MultiSelect 属性设置为 1 或 2 时，只输出选定项的最后一项	返回当前选定的表项内容
Style	0—Standand：标准样式显示，默认值 1—Checked：每个表项左侧都有一个复选框，可进行多项选择	设置列表框的显示样式
Selected	只能在程序中设置或引用。True：选定；False：未选定	返回或设置列表框中某表项的选定状态
Sorted	True：表项按字母顺序排序；False：未排序	程序运行时列表框中表项是否进行排序
Columns	0：只显示一列，一个表项占一行，默认值；大于 0：显示多列	设置列表框中显示的列数

属性设置说明：

（1）List 属性是一个一维字符串型数组，用来存放表项内容，数组的大小由 ListCount 属性决定，数组的下标从 0 开始，最后一个表项下标为 ListCount-1。如可用 List1.List(0)表示列表框 List1 的第 1 项，List1.List(1)表示列表框 List1 的第 2 项，…。在属性窗口中可直接设置 List 属性，如图 5.11 所示，每输入完一个表项后可用 Ctrl+Enter 组合键换行，输入完最后一项直接按 Enter 键结束输入。

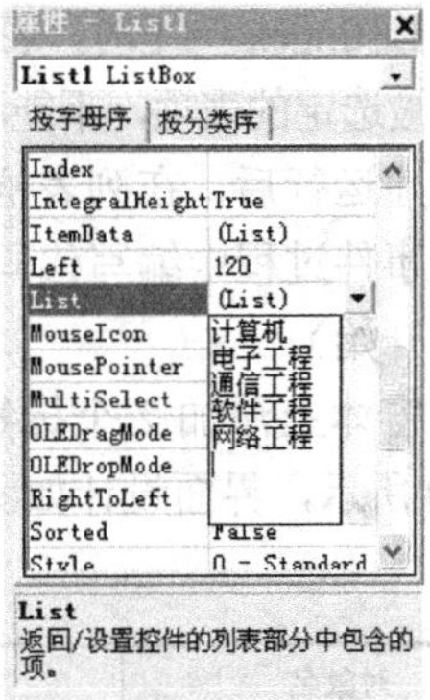

图 5.11 列表框 List 属性设置

（2）程序运行时，List1.Text 等价于 List1.List(List1.ListIndex)，即所选定表项的内容。ListIndex 属性值表示选定表项的索引号，索引号从 0 开始。索引号就是 List 数组的下标。

（3）Selected 属性也是一个数组，数组中每个元素与列表框中的表项一一对应，属性值均为逻辑型。值为 True，表示该表项被选定；值为 False，表示该表项未被选定。例如，语句 List1.Selected (1)=True 表示列表框 List1 中第 2 个表项被选定。

列表框主要用来显示表项，能够响应 Click 和 DblClick 事件，但很少编写事件过程。当单击某一表项时，会触发 Click 事件，同时系统会自动改变列表框的 ListIndex、Selected、Text 等属性值，不需要编写代码。

列表框常用的方法有 AddItem、RemoveItem 和 Clear，在程序运行时，可对列表项进行添加和删除操作。

（1）AddItem 方法：向列表框中添加表项。一般格式为：

列表框对象名.AddItem 列表项[,索引号]

其中，列表项为要添加的表项字符串。索引号是指添加表项的位置，可省略，最大值不能超过列表项数 ListCount。当省略索引号时，添加的表项自动加到最后。

例如，列表框 List1 中有 5 个表项，在第 3 个表项后添加“VB”，可以编写如下代码：

```
List1.AddItem "VB", 3
```

（2）RemoveItem 方法：从列表框中删除某一表项。一般格式为：

列表框对象名.RemoveItem 索引号

其中，删除的列表项由索引号决定，索引号只能取 0 到 ListCount-1 之间的整数值。

例如，列表框 List1 中有 5 个表项，要删除第 4 个表项内容，可编写如下代码：

```
List1. RemoveItem 3
```

该方法每次只能删除一个表项，若要删除多个选定的表项，可通过循环判断 Selected 的值，依次删除。

（3）Clear 方法：清除列表框中所有的列表项。一般格式为：

列表框对象名.Clear

【例 5.6】 编写一个程序，要求在“城市列表”列表框中，双击不同的城市，在文本框中显示北京到该城市的距离。其中，城市列表框中的城市依次添加为上海、济南、杭州、哈尔滨、长春、石家庄和太原，距离北京依次为 1213 千米、480 千米、1590 千米、1250 千米、1200 千米、294 千米和 523 千米。

分析：列表框中的表项利用 AddItem 方法添加，当双击列表项时，文本框中显示从北京到选定城市的距离。判断表项是否被选定，既可以利用 Selected 属性，也可以利用 ListIndex 属性。当列表框只允许选择一个表项时，可循环判断列表框中每一个表项的 Selected 属性，也可以利用 ListIndex 属性值进行判断，当 ListIndex＝–1 时，表示没有选定任何表项。当列表框允许选择多个表项时，只能利用 Selected 属性来判断被选定的表项，不能利用 ListIndex 属性值进行判断。

程序运行后，在列表框中双击选定的城市，在文本框中输出北京到该城市的距离，因此在列表框的双击事件过程中编写代码，利用 Select Case 语句来确定选定项的位置，即索引号（列表项中的索引号从 0 开始）。

在窗体上添加 2 个标签、1 个列表框、1 个文本框和 1 个命令按钮，窗体及控件的属性设置如表 5.10 所示，界面设计如图 5.12 所示。

表 5.10　属 性 设 置

对象名	属性名	属性值	说明
Form1	Caption	列表框应用示例 1	
Label1	Caption	城市列表	
Label2	Caption	北京到选定城市的距离	
List1	List		初始内容为空
Text1	Text		初始内容为空
Command1	Caption	结束	

程序代码如下：

```
Private Sub Form_Load()
  List1.AddItem "上海"
  List1.AddItem "济南"
  List1.AddItem "杭州"
  List1.AddItem "哈尔滨"
  List1.AddItem "长春"
  List1.AddItem "石家庄"
  List1.AddItem "太原"
End Sub
Private Sub List1_DblClick()
  Select Case List1.ListIndex
```

```
        Case 0
          Text1.Text = "1213 千米"
        Case 1
          Text1.Text = "480 千米"
        Case 2
          Text1.Text = "1590 千米"
        Case 3
          Text1.Text = "1250 千米"
        Case 4
          Text1.Text = "1200 千米"
        Case 5
          Text1.Text = "294 千米"
        Case 6
          Text1.Text = "523 千米"
        End Select
    End Sub
    Private Sub Command1_Click()
        End
    End Sub
```

程序运行后，双击列表框中“杭州”列表项，该表项位于列表框中第 3 个位置（索引号为 2），在文本框中输出 1590 千米，运行结果如图 5.13 所示。

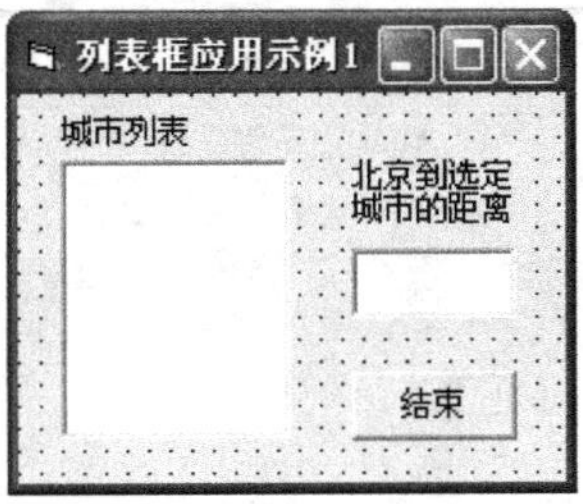

图 5.12　例 5.6 的界面设计

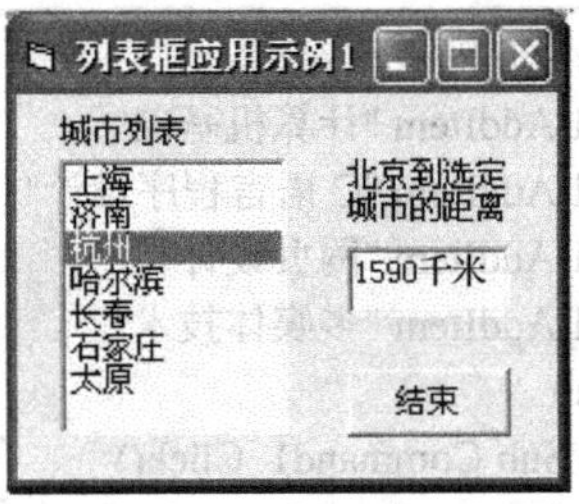

图 5.13　例 5.6 的运行结果

【例 5.7】 编写一个加课和选课程序，要求在“课程列表”对应的列表框中能够添加在文本框中输入的课程，而且能将该列表框中选定的课程（可多选）显示在“选课列表”对应的列表框中，并统计所选课程数。

分析：“课程列表”对应的列表框中的列表项可在属性窗口设置，也可在程序运行时利用 AddItem 方法添加。本例在 Form_Load 事件过程中使用 AddItem 方法添加。因为要选择多门课程，所以应将该列表框的 MultiSelect 属性值设置为 1 或 2，或不设置 MultiSelect 属性，而将 Style 属性值设置为 1。本例通过循环判断每一个表项的 Selected 属性是否为 True 来确定被选定的表项。

当用户单击“加课”命令按钮时，将文本框中输入的课程名称与列表框 List1 中的列表项进行比较，如果课程信息不存在，则添加到列表框 List1 中。如果课程信息存在，则不添加课程信息，退出比较过程。首先假设没有找到，设置查找标志变量 f 的值为 False，如果找到已经存在的课程名称，则将标志变量 f 的值设置为 True，并退出循环。查找完成后，如果标志变量的值为 False，说明没有找到，则将课程名称添加到列表框 List1 中。

当用户单击“选课”命令按钮时，循环判断列表框 List1 中索引号为 i 的 Selected(i)属性值是否为 True，如果为 True，则表示该表项被选定，将该表项添加到列表框 List2 中，并统计选定表项的个数。

程序中通过 List1.list(i)属性获得列表框 List1 中索引号为 i 的列表项内容，将 List1.list(i)利用 AddItem 方法添加到列表框 List2 中。

在窗体上添加 4 个标签、2 个列表框、2 个文本框和 3 个命令按钮，窗体及控件的属性设置如表 5.11 所示，界面设计如图 5.14 所示。

表 5.11 属性设置

对象名	属性名	属性值	说明
Form1	Caption	列表框应用示例 2	
Label1	Caption	课程列表	
Label2	Caption	选课列表	
Label3	Caption	输入增加的课程	
Label4	Caption	选课数	
List1、List2	MultiSelect	1-Simple	简单多选
	List		初始内容为空
Text1、Text2	Text		初始内容为空
Command1	Caption	加课	
Command2	Caption	选课	
Command3	Caption	清除	

程序代码如下：

```
Private Sub Form_Load()
    List1.AddItem "计算机基础"
    List1.AddItem "C 语言程序设计"
    List1.AddItem "网页设计"
    List1.AddItem "多媒体技术"
End Sub
Private Sub Command1_Click()                    ' 添加课程
    Dim f As Boolean, i As Integer
    f = False                                   ' 设置查找标志变量 f 的初始值
    For i = 0 To List1.ListCount - 1
        If List1.List(i) = Text1.Text Then
            f = True
            Exit For
        End If
    Next i
    If Not f And Text1.Text <> "" Then          ' 若 List1 中没有相同项，则添加
        List1.AddItem Text1.Text
    End If
    Text1.Text = ""
    Text1.SetFocus
End Sub
Private Sub Command2_Click()                    ' 选课
    Dim n As Integer, i As Integer
    List2.Clear
    n = 0
    For i = 0 To List1.ListCount - 1
```

```
        If List1.Selected(i) Then                  ' 判断列表框 List1 中被选定的表项
           List2.AddItem List1.List(i)             ' 添加选定的表项
           n = n + 1                               ' 统计选定的表项
        End If
    Next i
    Text2.Text = n
End Sub
Private Sub Command3_Click()                       ' 清除 2 个列表框及 2 个文本框中的内容
    List1.Clear
    List2.Clear
    Text1.Text = ""
    Text2.Text = ""
End Sub
```

程序运行后，在“输入增加的课程”对应的文本框中输入要增加的课程，单击“加课”命令按钮可以将该课程添加到“课程列表”对应的列表框中。从该列表框中选择课程之后（可多选），单击“选课”命令按钮，将选定的课程显示在“选课列表”对应的列表框中，选课的同时统计选课数，并显示到“选课数”对应的文本框中。单击“清除”命令按钮可清除 2 个列表框中的表项和文本框中的内容。运行结果如图 5.15 所示。

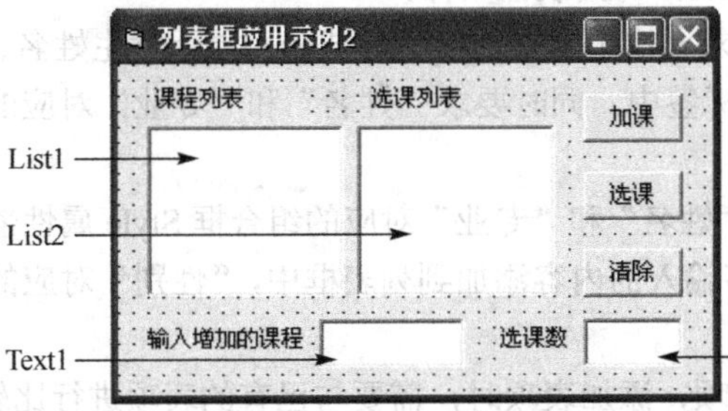

图 5.14 例 5.7 的界面设计

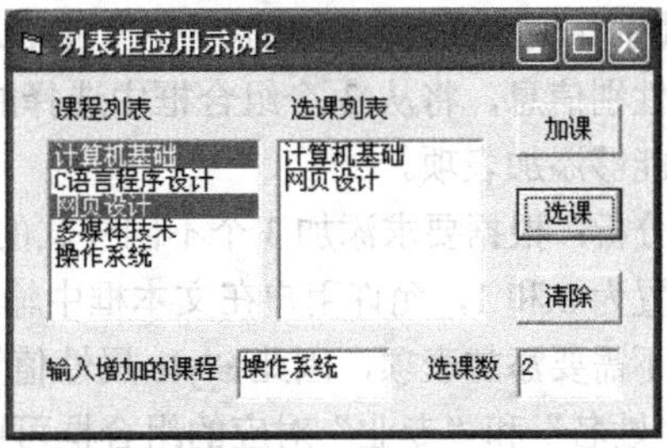

图 5.15 例 5.7 的运行结果

5.1.5 组合框

组合框（ComboBox）是将文本框和列表框相结合的控件。它既允许用户在文本框中输入内容，也允许在列表框中选择已提供的表项，且一次只能选择一个表项，选定的表项同时显示到文本框中。在窗体上添加的组合框的默认名称为 Combo1，Combo2，…。

组合框具有文本框和列表框的功能，包含文本框和列表框的一些属性、事件和方法。例如，组合框中的 List、ListIndex、ListCount 和 Selected 等属性与列表框相同，组合框中的 Text 属性与文本框相同。组合框还有一些特殊的属性，常用的特殊属性如表 5.12 所示。

表 5.12 组合框常用的特殊属性

属性名	属性值	说明
Text	字符串型文本文字	存放直接输入的文本内容或所选定的表项内容
Style	0：下拉式组合框（Dropdown Combo），默认值 1：简单组合框（Simple Combo） 2：下拉式列表框（Dropdown List）	设置组合框的样式

组合框的 3 种不同样式如图 5.16 所示，3 个组合框中的表项都是 A、B、C、D。

（1）下拉式组合框（Dropdown Combo）由一个文本框和一个下拉列表框组成。列表框是隐藏收起的，当单击右端向下箭头时，可下拉显示所有列表项目，用户可从中进行选择，选定的表项内容显示在文本框中，同时下拉列表框收起。也可直接在文本框中输入文本内容。

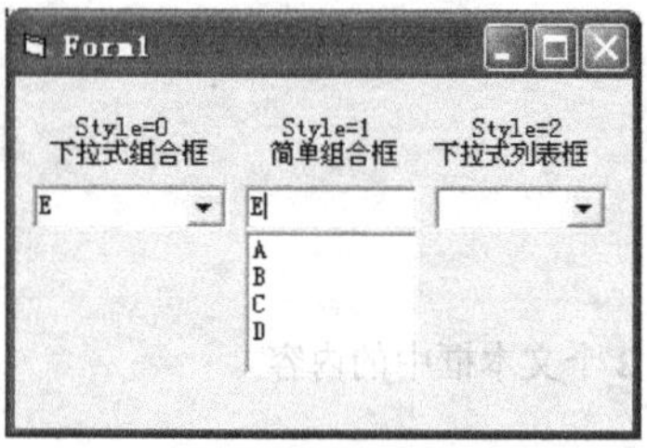

图 5.16 组合框的 3 种不同样式

（2）简单组合框（Simple Combo）由一个文本框和一个简单列表框组成，右端没有向下的箭头，列表框是始终可见的，不能被收起或拉下。当表项较多以至超出显示范围时，系统会自动加上垂直滚动条。该组合框也允许用户直接在文本框中输入文本内容。

（3）下拉式列表框（Dropdown List）与下拉式组合框相似，是由一个文本框和一个下拉的列表框组成的，列表框可下拉或收起。区别是下拉式列表框不允许用户在文本框中输入，只允许用户从列表框中选择，选择的表项显示到文本框中，同时列表框收起。

组合框通常响应 Click 事件，响应的其他事件取决于组合框的样式，不同样式的组合框响应的事件有所不同。下拉式组合框还响应 Change 事件和 Dropdown 事件，简单组合框还可响应 DblClick 和 Change 事件，下拉式列表框还响应 Dropdown 事件。当文本框有输入内容时，触发 Change 事件，当用户单击右侧向下箭头时，触发 Dropdown 事件。

组合框常用的方法有 AddItem、RemoveItem 和 Clear，与列表框一样。

【例 5.8】 编写一个显示学生专业信息的程序，要求利用组合框的 3 种样式分别显示学生姓名、专业和性别信息，将从 3 个组合框中选择的结果显示到标签中。同时要求“姓名”和“专业”对应的组合框能够添加表项。

分析：根据要求添加 3 个不同样式的组合框，将“姓名”和“专业”对应的组合框 Style 属性值分别设置为 0 和 1，允许用户在文本框中输入内容，并将输入的内容添加到列表框中，“性别”对应的组合框不需要添加表项，因此 Style 属性值设置为 2。

“姓名”和“专业”对应的组合框可以添加新的表项，添加表项时，需要与已有的表项进行比较，比较和添加的过程与例 5.7 中“加课”的过程相同，需要通过循环对组合框中的表项一一进行比较。

在窗体上添加 4 个标签、3 个组合框和 4 个命令按钮，窗体及控件的属性设置如表 5.13 所示，界面设计如图 5.17 所示。

表 5.13 属 性 设 置

对象名	属性名	属性值	说明
Form1	Caption	学生专业信息	
Label1	Caption	姓名	
Label2	Caption	专业	
Label3	Caption	性别	
Label4	Caption		初始内容为空，用于输出
	BorderStyle	1	凹陷单线边框
Combo1	Text		初始内容为空
	Style	0	下拉组合框
Combo2	Text		初始内容为空
	Style	1	简单组合框
Combo3	Style	2	下拉列表框

续表

对象名	属性名	属性值	说明
Command1	Caption	添加姓名	
Command2	Caption	添加专业	
Command3	Caption	显示信息	
Command4	Caption	退出	

程序代码如下：

```
Private Sub Form_Load()
  Combo1.AddItem "王丽"
  Combo1.AddItem "李文"
  Combo1.AddItem "赵刚"
  Combo2.AddItem "计算机技术"
  Combo2.AddItem "软件工程"
  Combo2.AddItem "电子工程"
  Combo3.AddItem "男"
  Combo3.AddItem "女"
End Sub
Private Sub Command1_Click()                ' 添加姓名表项
  Dim f As Boolean
  Dim i As Integer
  f = False
  For i = 0 To Combo1.ListCount - 1         ' 添加的表项与列表框中的表项相同则不添加
    If Combo1.List(i) = Combo1.Text Then
      f = True
      MsgBox "存在该姓名"
      Exit For
    End If
  Next i
  If Not f And Combo1.Text <> "" Then
    Combo1.AddItem Combo1.Text
    MsgBox "姓名添加成功!"
  End If
End Sub
Private Sub Command2_Click()                ' 添加专业表项
  Dim f As Boolean
  Dim i As Integer
  f = False
  For i = 0 To Combo2.ListCount - 1 ' 添加的表项与列表框中的表项相同则不添加
    If Combo2.List(i) = Combo2.Text Then
      f = True
      MsgBox "存在该专业"
      Exit For
    End If
  Next i
  If Not f And Combo2.Text <> "" Then
    Combo2.AddItem Combo2.Text
    MsgBox "专业添加成功!"
  End If
```

```
End Sub
Private Sub Command3_Click() ' 组合框显示的内容均不为空时在标签中显示学生信息
  If Combo1.Text <> "" And Combo2.Text <> "" And Combo3.Text <> "" Then
    Label4.Caption = "姓名：" + Combo1.Text + "   " + "专业：" + Combo2.Text + _
                     "   " + "性别：" + Combo3.Text
  End If
End Sub
Private Sub Command4_Click()
  End
End Sub
```

程序运行后，分别在 3 个组合框中选择姓名、专业和性别信息，单击“显示信息”命令按钮，将选定的结果显示在标签中。当在“姓名”或“专业”对应的组合框中输入姓名或专业信息后，分别单击“添加姓名”或“添加专业”命令按钮，可将输入内容分别添加到“姓名”和“专业”对应的组合框中，运行结果如图 5.18 所示。

图 5.17　例 5.8 的界面设计

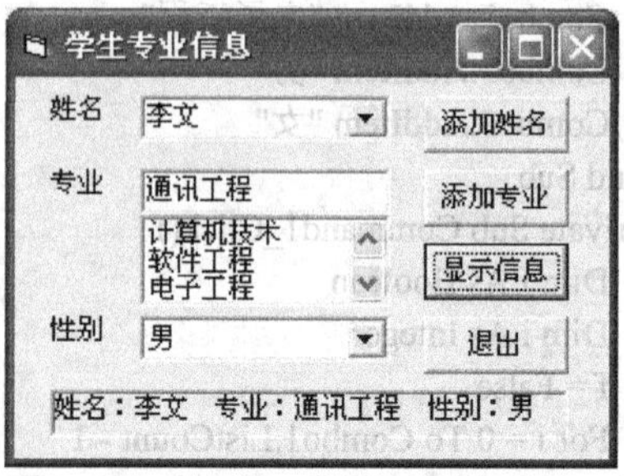

图 5.18　例 5.8 的运行结果

5.2　图 形 控 件

图形控件常用于图形设计、绘图及图像处理应用程序中。Visual Basic 包含 4 个图形控件，分别是图片框（PictureBox）、图像框（Image）、形状（Shape）和直线（Line）。

5.2.1　图片框

图片框（PictureBox）作为容器对象用于显示图形、绘制图形及显示文本或数据，还可在其中添加控件。图片框中显示的图形文件格式有.bmp、.ico、.jpg、.gif、.emf、.wmf 等。在窗体上添加的图片框的默认名称为 Picture1，Picture2，…。

图片框常用的属性如表 5.14 所示。

表 5.14　图片框的常用属性

属性名	属性值	说明
AutoSize	True：自动改变大小以显示完整图片 False：保持控件大小不变，默认值	设置图片框是否自动改变大小以显示完整图片
Picture	包含路径名的图片文件名	设置图片框中要显示的图片
CurrentX	以 Twip 为单位的整型数，只能在程序中设置或引用	设置图片框内光标的横坐标
CurrentY	以 Twip 为单位的整型数，只能在程序中设置或引用	设置图片框内光标的纵坐标

属性设置说明：

（1）AutoSize 属性值为 True 时自动改变图片框大小以适应完整图片的显示。当属性值为 False 时，图片框的大小固定，加载的图片若比图片框大，则超出的部分不显示。

（2）Picture 属性既可在属性窗口中设置，也可在程序中通过代码设置。在属性窗口中设置 Picture 属性，可直接打开对话框选择要显示的图片文件，属性值显示图片文件名（可包含路径）。在程序中，可使用 LoadPicture 函数载入图片，其一般格式为：

```
图片框对象名.Picture=LoadPicture("包含路径的图片文件名")
```

例如，在图片框 Picture1 中要加载 C 盘根目录下 VB 文件夹中名为 P1.jpg 的图片时，可编写代码：

```
Picture1.Picture = LoadPicture("C:\VB\P1.jpg")
```

当加载的图片文件与窗体文件、工程文件保存在同一文件夹中时，LoadPicture 函数中的图片文件路径可用 App.Path 代替，以这种方式获取文件路径更方便。

例如，如果图片 P1.jpg 与窗体文件和工程文件都在 C 盘根目录下的 VB 文件夹中，则在图片框 Picture1 中载入图片 P1.jpg 可编写如下代码：

```
Picture1.Picture = LoadPicture(App.Path + "\P1.jpg")
```

如果要清除图片框中显示的图片，则在 LoadPicture 函数中不需要给出路径和图片文件名。例如，要清除 Picture1 中加载的图片，可编写代码：

```
Picture1.Picture = LoadPicture("")或 Picture1.Picture = LoadPicture()
```

图片框常响应的事件有 Click、DblClick 和 Change，因为图片框常用于作为容器加载图片，所以通常很少编写事件过程代码。

图片框可使用的方法与窗体类似。

（1）Print 方法：用于在图片框控件中显示文本、数据等。

（2）Cls 方法：清除图片框中显示的文本、数据和用图形方法绘制的图形。

（3）Move 方法：改变图片框的位置和大小。

【例 5.9】 在窗体上通过命令按钮改变图片框的 AutoSize 属性值，观察图片的显示效果。

分析：在窗体上添加 1 个图片框，使用 LoadPicture 函数加载图片，单击命令按钮，改变 AutoSize 属性值。当图片尺寸大于图片框时，如果 AutoSize 值为 False，图片框只显示部分图片；如果 AutoSize 值为 True，图片框会自动调整大小以适应图片的实际尺寸。

在窗体上添加 1 个图片框和 4 个命令按钮。窗体及控件的属性设置如表 5.15 所示。

表 5.15 属 性 设 置

对象名	属性名	属性值	说明
Form1	Caption	图片框应用示例	
Picture1	Picture		属性值在程序中设置
Command1	Caption	AutoSize=True	
Command2	Caption	AutoSize=False	
Command3	Caption	清空	
Command4	Caption	退出	

程序代码如下：

```
Private Sub Command1_Click()
  Picture1.Width = 2000
  Picture1.Height = 2000
  Picture1.AutoSize = True          ' 图片框自动适应图片的大小
  Picture1.Picture = LoadPicture(App.Path + "\tp1.bmp")
End Sub
Private Sub Command2_Click()
  Picture1.Width = 2000
  Picture1.Height = 2000
  Picture1.AutoSize = False         ' 图片框大小不变
  Picture1.Picture = LoadPicture(App.Path + "\tp1.bmp")
End Sub
Private Sub Command3_Click()
  Picture1.Picture = LoadPicture("")
End Sub
Private Sub Command4_Click()
  End
End Sub
```

程序运行后，程序将图片框的高和宽都设置为 2000，通过 LoadPicture 函数加载图片。单击“AutoSize=True”命令按钮，运行结果如图 5.19 所示。单击“AutoSize=False”命令按钮，运行结果如图 5.20 所示。单击“清空”命令按钮，可清除图片框中的图片显示。单击“退出”命令按钮，则退出应用程序。

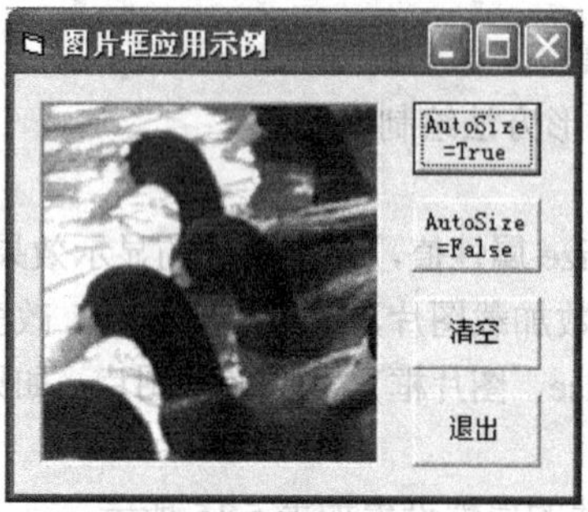

图 5.19　例 5.9 的运行结果 1

图 5.20　例 5.9 的运行结果 2

5.2.2 图像框

图像框（Image）与图片框类似，都是用来显示图片或图形的。图像框可以加载的图形文件类型与图片框相同，可通过 Picture 属性加载图片，该属性既可在属性窗口中设置，也可在程序中通过代码设置。在窗体上添加的图像框的默认名称为 Image1，Image2，…。

图像框与图片框也有一些区别。图片框是容器控件，可在其中放置其他控件，还可通过 Print 方法在图片框中显示文本和数据，而图像框不能作为容器控件，不可通过 Print 方法显示文本和数据；图像框占用的内存空间比图片框小，显示图形速度相对较快；图像框没有 AutoSize 属性。

图像框的常用属性如表 5.16 所示。

表 5.16 图像框的常用属性

属性名	属性值	说明
Stretch	True：自动放大或缩小图像框中的图片，以适应图像框的大小 False：图像框自动调整大小以适应图片，默认值	设置图片是否调整大小，以适应图像框的大小
Picture	包含路径名的图片文件名	设置图像框中要显示的图片

图像框常用的事件有 Click 和 DblClick 事件，与图片框不同，它没有 Change 事件，因此不会由于 Picture 属性改变而触发 Change 事件。

图像框的事件和方法通常很少使用，这里不作介绍。

【例 5.10】 编写一个图片缩放程序。要求在图像框中显示图片，复选框控制图像框的 Stretch 属性值，命令按钮控制图像框放大至原图的 1.1 倍和缩小至原图的 0.9 倍。

在窗体上添加 1 个图像框、1 个复选框和 3 个命令按钮。窗体及控件的属性设置如表 5.17 所示。

表 5.17 属 性 设 置

对象名	属性名	属性值	说明
Form1	Caption	图像框应用示例	
Image1	Picture		属性值在程序中设置
	Stretch	False	
	BorderStyle	1	凹陷单线边框
Check1	Caption	Stretch	用于设置图像框的 Stretch 属性值
Command1	Caption	放大	
Command2	Caption	缩小	
Command3	Caption	退出	

程序代码如下：

```
Private Sub Form_Load()
  Image1.Picture = LoadPicture(App.Path + "\p2.bmp")
End Sub
Private Sub Check1_Click()
  Image1.Stretch = Check1.Value
End Sub
Private Sub Command1_Click()                    ' 图像框放大至原图的 1.1 倍
  Image1.Height = Image1.Height * 1.1
  Image1.Width = Image1.Width * 1.1
  Image1.Picture = LoadPicture(App.Path + "\p2.bmp")
End Sub
Private Sub Command2_Click()                    ' 图像框缩小至原图的 0.9 倍
  Image1.Height = Image1.Height * 0.9
  Image1.Width = Image1.Width * 0.9
  Image1.Picture = LoadPicture(App.Path + "\p2.bmp")
End Sub
Private Sub Command3_Click()
  End
End Sub
```

程序运行后，使用 LoadPicture 函数加载图片，图像框的大小就是图片的大小，利用“放大”命令按钮和“缩小”命令按钮控制图像框的大小。没有选定复选框“Stretch”（图像框的 Stretch 属性值为 False）时，单击“放大”命令按钮或“缩小”命令按钮，图片不随图像框的大小而变化，运行结果如图 5.21 所示；选定复选框“Stretch”（图像框的 Stretch 属性值为 True），单击“放大”命令按钮或“缩小”命令按钮，图片将随图像框的大小而变化，运行结果如图 5.22 所示。

图 5.21　例 5.10 的运行结果 1

图 5.22　例 5.10 的运行结果 2

5.2.3　形状与直线

形状（Shape）和直线（Line）控件可用来在窗体、框架或图片框上画简单的图形，它们通常只用于表面的修饰，不响应任何事件。

1．形状

形状控件用于在窗体、框架或图片框中绘制常见的几何图形，包括矩形、正方形、椭圆、圆、圆角矩形及圆角正方形等。在窗体上添加的形状控件默认为矩形，可通过设置 Shape 属性得到不同的形状。在窗体上添加的形状控件的默认名称为 Shape1，Shape2，…。

形状控件的常用属性如表 5.18 所示。

表 5.18　形状控件的常用属性

属性名	属性值	说明
Shape	0：矩形，默认值；　1：正方形； 2：椭圆；　3：圆； 4：圆角矩形；　5：圆角正方形	设置形状控件显示的形状
FillColor	十六进制数颜色值	设置填充形状控件的颜色
FillStyle	0：实心；　1：透明，默认值； 2：水平直线；　3：垂直直线； 4：左上对角线；　5：右下对角线； 6：交叉线；　7：交叉对角线	设置填充形状控件的样式
BackColor	十六进制数颜色值	设置形状控件的背景色
BackStyle	0—Tansparent：背景样式透明，默认值 1—Opaque：背景为不透明	设置形状控件的背景样式

2．直线

直线控件用于在窗体、框架或图片框中绘制各种简单的线段，包括水平线、垂直线、对角线、实线或虚线等。用户可通过设置直线控件的位置、颜色、长度、宽度、线型等属性画出不同的线。在窗体上添加的直线控件的默认名称为 Line1，Line2，…。

直线控件常用的属性如表 5.19 所示。

表 5.19 直线控件的常用属性

属性名	属性值	说明
BorderStyle	0：透明； 1：实线，默认值； 2：虚线； 3：点线； 4：点画线； 5：双点画线； 6：内收实线	设置线条类型
BorderWidth	以像素为单位的整型值	设置线条宽度
BorderColor	十六进制数颜色值	设置线条颜色
X1,Y1，X2,Y2	整型值	设置线条两个端点的坐标位置

【例 5.11】 编写一个程序，利用形状控件和命令按钮，显示不同形状和不同填充样式的图形。要求显示内部水平线正方形、内部垂直线椭圆形和内部交叉线圆。

在窗体上添加 1 个形状控件和 4 个命令按钮，窗体及控件的属性设置如表 5.20 所示，界面设计如图 5.23 所示。

表 5.20 属 性 设 置

对象名	属性名	属性值	说明
Form1	Caption	形状控件应用示例	
Shape1	BorderStyle		属性值在程序中设置
Command1	Caption	内部水平线正方形	
Command2	Caption	内部垂直线椭圆	
Command3	Caption	内部交叉线圆	
Command4	Caption	退出	

程序代码如下：

```
Private Sub Command1_Click()
    Shape1.BorderWidth = 5          ' 边框宽度为 5
    Shape1.Shape = 1                ' 形状为正方形
    Shape1.FillStyle = 2            ' 内部为水平线
End Sub
Private Sub Command2_Click()
    Shape1.BorderWidth = 3          ' 边框宽度为 3
    Shape1.Shape = 2                ' 形状为椭圆
    Shape1.FillStyle = 3            ' 内部为垂直线
End Sub
Private Sub Command3_Click()
    Shape1.BorderWidth = 1          ' 边框宽度为 1，默认值
    Shape1.Shape = 3                ' 形状为圆
    Shape1.FillStyle = 6            ' 内部为交叉线
End Sub
Private Sub Command4_Click()
    End
End Sub
```

程序运行后，单击“内部水平线正方形”命令按钮，运行结果如图 5.24 所示；单击“内部垂直线椭圆”命令按钮，运行结果如图 5.25 所示；单击“内部交叉线圆”命令按钮，运行结果如图 5.26 所示。

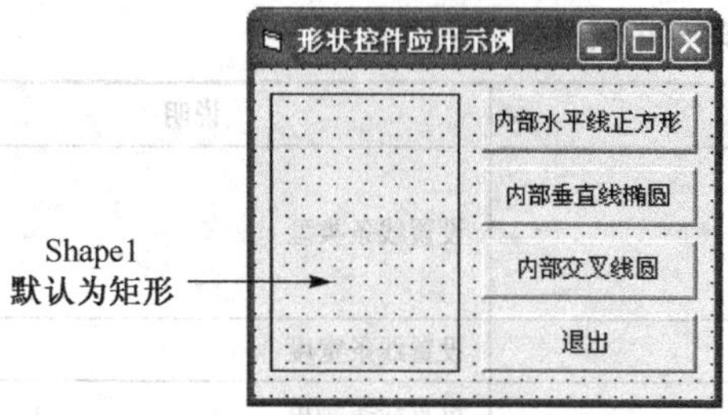

图 5.23 例 5.11 的界面设计

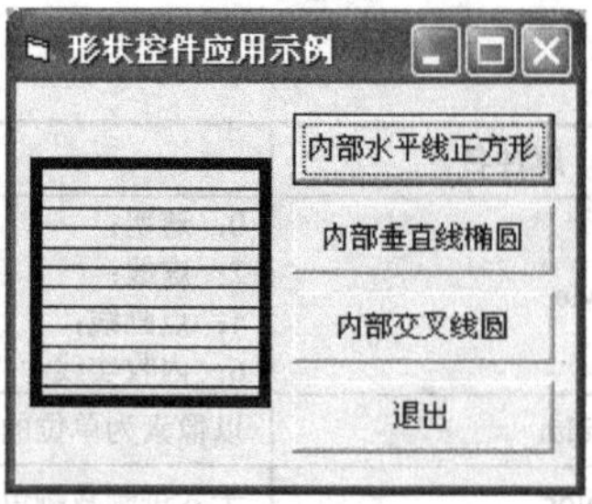

图 5.24 例 5.11 的运行结果 1

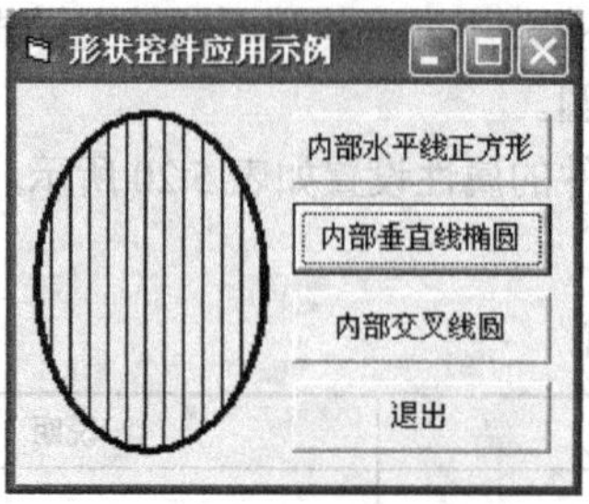

图 5.25 例 5.11 的运行结果 2

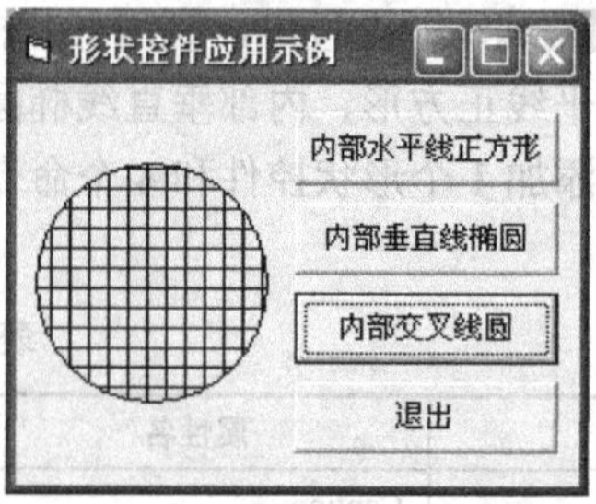

图 5.26 例 5.11 的运行结果 3

5.3 滚动条

为了辅助观察数据的变化、确定位置和为程序提供滚动功能，可以使用滚动条（ScrollBar）控件。

滚动条分为垂直滚动条（VScrollBar）和水平滚动条（HScrollBar）。滚动条两端各有一个向外的箭头，两个箭头之间有一个滚动块。水平滚动条中的滚动块的值从左向右依次递增，垂直滚动条中的滚动块的值从上向下依次递增，最小值和最大值分别在两个端点，取值范围是-32768～32767。在窗体上添加的垂直滚动条的默认名称为 VScroll1，VScroll2，…，在窗体上添加的水平滚动条的默认名称为 HScroll1，HScroll2，…。

滚动条的常用属性如表 5.21 所示。

表 5.21 滚动条的常用属性

属性名	属性值	说明
Max	其值为-32768～32767 的整数	滚动条所能表示的最大值
Min	其值为-32768～32767 的整数	滚动条所能表示的最小值
Value	其值为 Min～Max 的整数	返回滚动块当前的位置值
LargeChange	其值为 1～32767 的整数	设置鼠标单击滚动条上空白区域时 Value 属性值增加或减少的值
SmallChange	其值为 1～32767 的整数	设置鼠标单击滚动条两端箭头时 Value 属性值增加或减少的值

滚动条通常响应的事件是 Scroll 事件和 Change 事件。

（1）Scroll 事件：在鼠标拖动滚动块时触发该事件。单击滚动条的两端箭头或空白区域均不触发该事件。

（2）Change 事件：当 Value 属性值发生变化时触发该事件。单击滚动条两端箭头、单击滚动条的空白区域或拖动滚动块释放时，都会触发 Change 事件。一般可用该事件来获得滚动块移动后的位置值。

【例 5.12】 编写一个程序，利用滚动条改变文本框中文字的大小及颜色。

分析：滚动条中滚动块的位置对应一个整型值，该值可以赋给控件的数值型属性。文本框中文字的 FontSize 属性值是数值型，本例利用一个垂直滚动条来改变文本框中文字的大小，即将滚动块的位置值赋给 FontSize 属性。另外，用 3 个水平滚动条产生代表红、绿、蓝的 3 种颜色值，将这些值作为 RGB 函数中的参数组合成各种颜色，通过 ForeColor 属性值改变文本框中文字的颜色，即将组合成的颜色值赋给 ForeColor 属性。

在窗体上添加 1 个文本框、4 个标签、1 个垂直滚动条、3 个水平滚动条和 1 个命令按钮，窗体及控件的属性设置如表 5.22 所示，界面设计如图 5.27 所示。

表 5.22　属 性 设 置

对象名	属性名	属性值	说明
Form1	Caption	滚动条应用示例	
Text1	Text	VB 程序设计	
Label1	Caption	字体大小（10～80）	
Label2	Caption	红	
Label3	Caption	绿	
Label4	Caption	蓝	
VScroll1	Max	80	Value 属性值的最大值
	Min	10	Value 属性值的最小值
	LargeChange	10	单击滚动条空白区域的改变值
	SmallChange	2	单击滚动条两端箭头的改变值
	Value	10	滚动块的初始位置值
HScroll1～HScroll3	Max	255	Value 属性值的最大值
	Min	0	Value 属性值的最小值
	LargeChange	10	单击滚动条空白区域的改变值
	SmallChange	1	单击滚动条两端箭头的改变值
	Value	0	滚动块的初始位置值
Command1	Caption	退出	

程序代码如下：

```
Private Sub VScroll1_Change()                    ' 通过垂直滚动条改变字体大小
    Text1.FontSize = VScroll1.Value
End Sub
' 通过水平滚动条改变字体的颜色
Private Sub HScroll1_Change()
    Text1.ForeColor = RGB(HScroll1.Value, HScroll2.Value, HScroll3.Value)
End Sub
Private Sub HScroll2_Change()
    Text1.ForeColor = RGB(HScroll1.Value, HScroll2.Value, HScroll3.Value)
End Sub
Private Sub HScroll3_Change()
    Text1.ForeColor = RGB(HScroll1.Value, HScroll2.Value, HScroll3.Value)
End Sub
Private Sub Command1_Click()
    End
End Sub
```

程序运行后，单击垂直滚动条两端的箭头或空白区域，或拖动滚动块并释放时，将滚动条的 Value 值赋给文本框的 FontSize 属性，即可改变文本框中文字的大小。分别单击 3 个水平滚动条两端的箭头或空白区域，或拖动滚动块并释放时，将 3 个水平滚动条产生的介于 0～255 之间的 3 个整数值作为 RGB 函数的参数，组合成一种颜色值，赋给文本框的 ForeColor 属性来改变文本框中文字的颜色。程序的运行结果如图 5.28 所示。

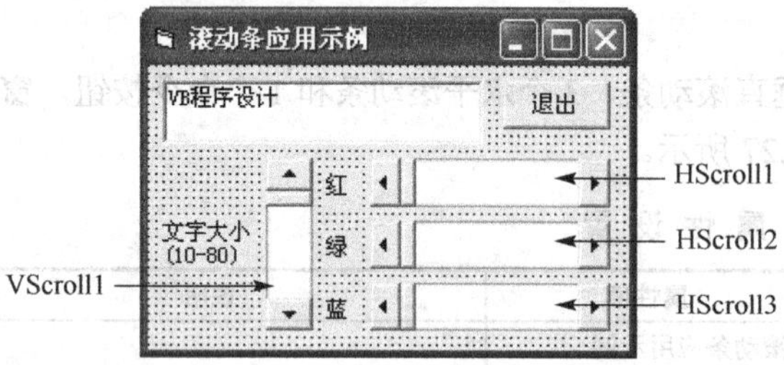

图 5.27 例 5.12 的界面设计

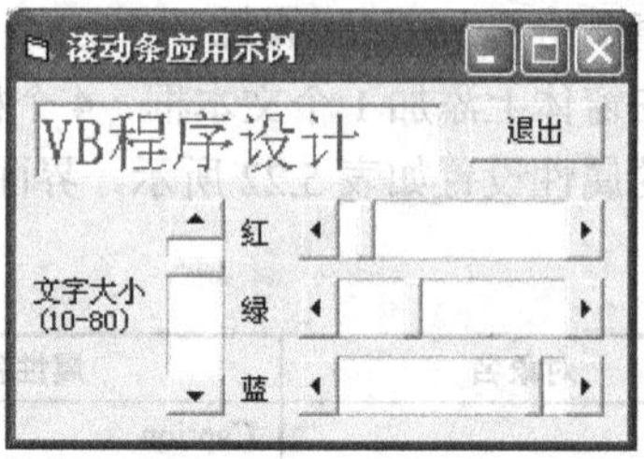

图 5.28 例 5.12 的运行结果

5.4 时 钟

时钟（Timer）控件也称为计时器控件。时钟控件有一个 Timer 事件，系统会每隔一定的时间就自动触发一次 Timer 事件，执行 Timer 事件过程。为此，可以将定时执行的操作通过 Timer 事件过程来完成。Timer 事件自动触发的时间间隔由时钟控件的 Interval 属性值决定。

添加到窗体上的时钟控件是一个小秒表图标。程序运行时，时钟控件被隐藏，不显示在窗体上。在窗体上添加的时钟控件的默认名称为 Timer1，Timer2，…。

时钟控件最常用的属性如表 5.23 所示。

注意：时间间隔以毫秒（ms）为单位，最大时间间隔为 65.535 秒，如果要设置时间间隔为 1 秒，则 Interval 属性值设置为 1000。程序运行时，系统会每隔 1 秒自动触发一次 Timer 事件。当 Interval 属性值为默认值 0 时，时钟控件无效。

表 5.23 时钟控件的常用属性

属性名	属性值	说明
Interval	其值为 0～65535 之间的整数，默认为 0	设置系统触发 Timer 事件的时间间隔
Enabled	True：有效，开始工作，按指定的时间间隔触发 Timer 事件 False：无效，停止工作，不再触发 Timer 事件	设置时钟控件是否有效

时钟控件唯一响应的事件是 Timer 事件。程序运行时，每隔由 Interval 属性值设置的时间，系统就会自动触发一次 Timer 事件，执行 Timer 事件过程。

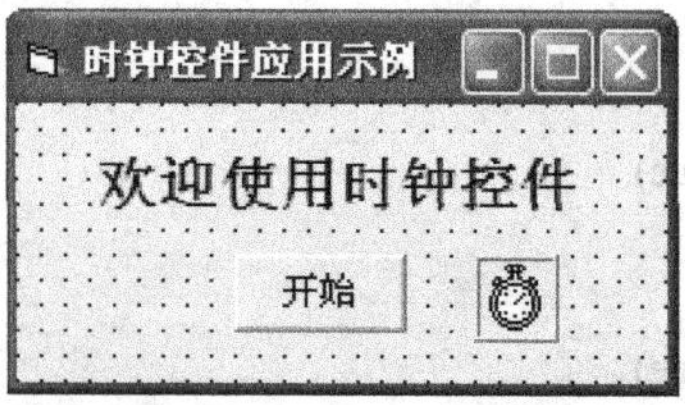

图 5.29 例 5.13 的界面设计

【例 5.13】 编写一个程序，利用时钟控件，每间隔 0.5 秒使标签中的文字（欢迎使用时钟控件）闪烁并使标签向左移动，当标签移出窗体左边框后，再从窗体右边框继续向左移动。标签中的文字为四号字，加粗，标签自动调整大小。用命令按钮来控制时钟控件的开启和关闭。

在窗体上添加 1 个标签、1 个时钟控件和 1 个命令按钮，窗体及控件的属性设置如表 5.24 所示，界面设计如图 5.29 所示。

表5.24 属性设置

对象名	属性名	属性值	说明
Form1	Caption	时钟控件应用示例	
Label1	Caption	欢迎使用时钟控件	
	AutoSize	True	
	FontSize	四号	
	FontBold	True	字体加粗
Timer1	Interval	500	时间间隔为0.5秒
	Enabled	False	初始时不可用
Command1	Caption	开始	

程序代码如下：

```
Private Sub Timer1_Timer()
  Label1.ForeColor = RGB(255 * Rnd, 255 * Rnd, 255 * Rnd)        ' 随机改变标签文字颜色
  If Label1.Left + Label1.Width > 0 Then
    Label1.Left = Label1.Left - 200
  Else
    Label1.Left = Form1.Width
  End If
End Sub
Private Sub Command1_Click()
  Timer1.Enabled = True                                           ' 时钟控件开启
  If Command1.Caption = "暂停" Then
    Timer1.Enabled = False                                        ' 时钟控件关闭
    Command1.Caption = "继续"
  Else
    Timer1.Enabled = True
    Command1.Caption = "暂停"
  End If
End Sub
```

程序运行后，单击“开始”命令按钮，其标题文字变为“暂停”，同时开启时钟控件，标签中的文字颜色随机变化，标签向左移动，运行结果如图5.30所示；单击“暂停”命令按钮后，标题文字变为“继续”，同时关闭时钟控件，标签停止移动，标签文字颜色停止变化，运行结果如图5.31所示；单击“继续”命令按钮后，标题文字又变为“暂停”，同时再次开启时钟控件。通过单击命令按钮，使其标题文字在“暂停”和“继续”之间交替变化，这样就用一个命令按钮实现了时钟控件的开、关功能。

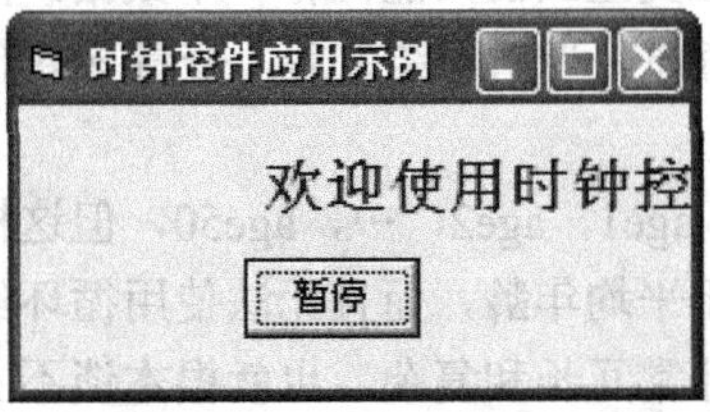

图5.30 例5.13的运行结果1

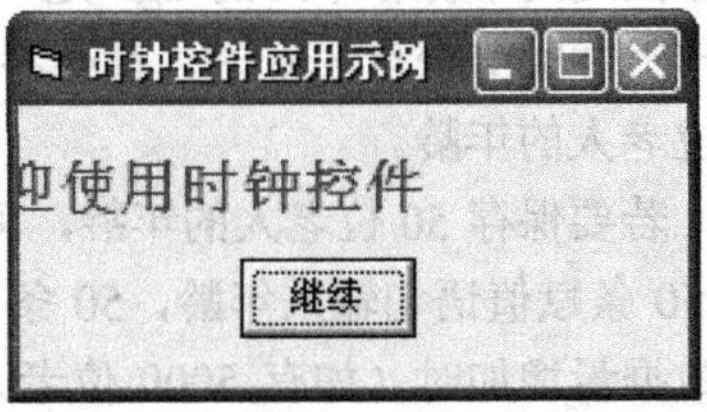

图5.31 例5.13的运行结果2

第 6 章 数　组

前面章节介绍的一些程序所处理的问题大都比较简单，所用的数据量不大，而且都属于基本数据类型，使用变量（即普通变量）就可以存取和处理。但当处理的问题比较复杂，所用数据量比较大时，仅仅使用普通变量会使程序变得复杂冗长，甚至无法处理。因此 Visual Basic 提供了一种由基本数据类型组成的复合数据类型，即数组。数组主要用于处理数据类型相同的批量数据，通过配合循环结构的使用，可使编程变得简洁、便利。

本章主要介绍数组的基本概念、声明和基本操作，控件数组的建立、使用，数组的常用算法。

6.1 数组的概念

下面首先通过一个例子，说明在解决实际问题时使用数组的必要性。

【例 6.1】 求某长寿村 50 位老人的平均年龄，统计高于平均年龄老人的人数和百岁以上老人的人数。

分析：这个问题并不复杂，利用前面所学的知识，完全可以编写出求平均年龄和统计百岁以上老人人数的程序。

程序代码如下：

```
Private Sub Form_Load()
  Show
  Dim age%, sum%, aveage!, i%, m%
  For i = 1 To 50
    age = Val(InputBox("请输入第" & i & "位老人的年龄", "输入数据"))
    If age >= 100 Then m = m + 1        ' 统计百岁以上老人的人数
    sum = sum + age
  Next i
  aveage = sum / 50
  Print "平均年龄为："; Format(aveage, "##.0")
  Print "百岁以上老人的人数为："; m
End Sub
```

程序中用普通变量 age 保存老人的年龄，通过配合 For 循环语句的使用，可以完成求平均年龄 aveage 和统计百岁以上老人的人数 m。但要统计高于平均年龄老人的人数（只输入一次年龄的情况下）则无法实现，原因是用于保存年龄的 age 是一个普通变量，而普通变量当前只能保存一个数据，因此，每输入一个年龄并赋给变量 age 时，都会将前面输入的数据覆盖掉。当循环结束后，变量 age 保存的只是最后一位老人的年龄。

当然，若要保存 50 位老人的年龄，可以声明 50 个变量：age1，age2，…，age50，但这样一来，就必须用 50 条赋值语句输入年龄，50 条 If 语句判断是否高于平均年龄，而且无法使用循环结构处理数据。当数据量增加时（如有 5000 位老人），将使程序变得非常冗长和复杂，也就根本谈不上程序设计了。

使用数组可使上面的问题迎刃而解，程序代码如下：

```
Private Sub Form_Load()
    Show
    Dim age%(50), sum%, aveage!, i%, m%, n%
    For i = 1 To 50
      age(i) = Val(InputBox("请输入第" & i & "位老人的年龄", "输入数据"))
      If age(i) >= 100 Then m = m + 1            ' 统计百岁以上老人的人数
      sum = sum + age(i)
    Next i
    aveage = sum / 50
    For i = 1 To 50
      If age(i) > aveage Then n = n + 1          ' 统计高于平均年龄老人的人数
    Next i
    Print "平均年龄为："; Format(aveage, "##.0")
    Print "百岁以上老人的人数为："; m
    Print "高于平均年龄老人的人数为："; n
End Sub
```

可以看出，使用数组及配合循环结构的使用，可以非常方便地处理类型相同的批量数据，而且编写的程序代码简洁、高效、通用性强。

6.1.1　数组和数组元素

数组（Array）是用一个统一名字表示的、顺序排列的一组变量。数组的名字用来标识数组，其命名规则与普通变量的命名规则相同。

数组中的变量称为数组元素（Element），为了区分数组中的每一个元素，需要用一个顺序号来标识它们，该顺序号称为下标，也称为索引号，因此数组元素也称为下标变量。

可以用数组名和下标唯一地表示一个数组元素，表示形式为：数组名(下标)。如有一个数组元素 s(6)，它表示数组名为 s，下标为 6 的数组元素。

6.1.2　数组元素的下标和数组的维数

下标用来指出某个数组元素在数组中的位置。通过下标可以确定引用的是哪一个数组元素。下标的最小值和最大值分别称为下标的下界（Lower Boundary）和上界（Upper Boundary）。下标的下界和上界用于确定数组中元素的个数，即数组的大小。

数组元素中下标的个数称为数组的维数。

例如，某班 35 名学生某门课的成绩可用 score(1)～score(35)来表示，该数组只有一个下标，称为一维数组。

如果某班有 35 名学生，每名学生学习 5 门课程，要表示每名学生 5 门课的成绩，使用一维数组就比较麻烦了。可以用有两个下标的二维数组来表示，其中一个下标表示学生，另一个下标表示课程。如第 i 个学生第 j 门课程的成绩可以用 score (i, j)表示。其中 i（i=1,2,…,35）是第 1 维的下标，表示学生号；j（j=1,2,…,5）是第 2 维的下标，表示课程号。

可以将二维数组看成一张二维表格，表格中的单元格表示数组元素。二维数组中数组元素之间的关系可以用表 6.1 表示。

从表 6.1 可以看到，二维数组 score 的第 1 维下标表示其数组元素所在的行号，通常也称为行下标；第 2 维下标表示其数组元素所在的列号，通常也称为列下标。只要确定了数组元素的行号和列号，也就确定了该数组元素在数组中的位置。例如，score(2, 4)表示 score 数组第 2 行、第 4 列的数组元素。

表 6.1 二维数组元素之间的关系

score (1, 1)	score (1, 2)	score (1, 3)	score (1, 4)	score (1, 5)
score (2, 1)	score (2, 2)	score (2, 3)	score (2, 4)	score (2, 5)
…	…	…	…	…
score (35, 1)	score (35, 2)	score (35, 3)	score (35, 4)	score (35, 5)

根据处理问题的需要，可能会用到具有 3 个下标的三维数组，具有 4 个下标的四维数组等，通常将具有两个以上下标的数组称为多维数组。随着数组维数的增加，数组所占的存储空间和程序的复杂度都会大幅度增加。

6.1.3 数组的数据类型

数组是一种由整型、实型、字符串型等基本数据类型组成的复合类型。一般情况下，数组的数据类型也就是数组元素的数据类型，数组元素可以是整型、实型、字符串型等基本数据类型，并且数组中的所有元素都应具有相同的数据类型。例如，一个数组为整型，则其所有的数组元素都是整型。

当一个数组被声明为变体类型（Variant）时，该数组的每个元素都可以是不同的数据类型，即可以是整型、实型、字符串型、逻辑型、日期型和变体型等，但这种情况在程序设计中并不常见，绝大多数情况下都是使用具有相同数据类型的数组元素所组成的数组。

6.1.4 数组的分类

在 Visual Basic 中，数组可以按以下几种方式分类：

（1）按数组的维数，可分为一维数组、二维数组、三维数组等。

（2）按数组元素的性质，可分为数据数组和控件数组。

（3）按声明数组时其大小是否可以改变，可分为静态数组（也称为固定大小数组）和动态数组（也称为可变大小数组或可调数组）。静态数组的数组元素的个数在程序运行期间固定不变，而动态数组的数组元素的个数在程序运行期间可以根据需要随时改变。

6.2 数组的声明和引用

数组同变量一样，也应遵循先声明后引用的原则。与变量不同的是，数组一般不能隐式声明（用 Array、Split 等函数给数组输入数据时例外），必须显式声明。声明一个数组就是说明数组名、类型、维数和数组的大小，目的是通知系统在内存中开辟相应的存储空间。数组的类别不同，声明的方式也不相同。

6.2.1 静态数组的声明和引用

1. 静态数组的声明

静态数组在声明时就要确定数组各维的大小，即在程序编译时（运行前）系统为数组分配存储空间，并且在程序中只能声明一次，从开始声明到程序结束的整个运行期间数组的大小都不能改变。

静态数组声明的一般格式为：

Public|Private|Static|Dim 数组名[类型符]([下界 1 To]上界 1[,[下界 2 To]上界 2…])[As 类型关键字],…

功能：确定数组的名称、维数、每一维的大小和数组元素的类型，并为数组分配存储空间。

说明：

（1）可以使用 4 个关键字 Public、Private、Static 和 Dim 之一声明数组。使用 Public 只能在标准模块的通用声明段声明一个全局级数组，该数组在整个程序中都可以引用；使用 Private 可以在标准模块或窗体模块的通用声明段声明一个模块级数组，该数组在声明的模块中可以引用；使用 Static 只能在过程内声明一个生存期为全局级、作用域为过程级的数组，该数组只能在过程内引用；使用 Dim 既可以在标准模块或窗体模块的通用声明段声明一个模块级数组，也可以在过程内声明一个过程级数组，模块级数组在声明的模块中可以引用，过程级数组只能在过程中引用。例如：

```
Public a(-1 To 9) As Integer      ' 声明全局级整型一维数组 a
Private b(10)                     ' 声明模块级变体型一维数组 b
Static c%(-5 To 5, 8)             ' 声明生存期为全局级、作用域为过程级的整型二维数组 c
Dim d(10, 20) As Single           ' 声明模块级或过程级单精度型二维数组 d
```

有关变量的作用域和生存期等问题将在第 7 章中详细介绍。

（2）数组名由用户命名，命名规则与普通变量相同。

（3）下标的下界和上界必须是数值型常量或由数值型常量构成的表达式，且下界必须小于或等于上界，取值范围为长整型的范围（−2147483648～2147483647）。如果下界或上界为实型常量，系统将自动按“对称舍入”原则取整。如 a(2.5)被看作是 a(2)，a(3.5) 被看作是 a(4)。

（4）下标的下界和关键字 To 可以省略，此时下界默认为 0。有时希望下界从 1 开始，可以用 Option Base 语句进行设置，该语句用来指定数组下标默认的下界值。其一般格式为：

```
Option Base {0|1}
```

Option Base 语句只能出现在窗体模块或标准模块的通用声明段，不能出现在过程内，而且必须在数组声明之前设置。如果声明的是多维数组，则使用该语句设置的默认下界值对每一维都有效。

（5）一旦确定了数组每一维下标的下界和上界，就可以知道数组的大小，即数组元素的个数，其计算方法是：

数组的大小=（第 1 维下标的上界 − 第 1 维下标的下界+1）×（第 2 维下标的上界 − 第 2 维下标的下界+1）×…×（第 n 维下标的上界 − 第 n 维下标的下界+1）

例如：

```
Dim a(10)As Integer          ' 一维数组 a 的大小为 10−0+1=11
Dim b(-5 To 20) As Single    ' 一维数组 b 的大小为 20−(−5)+1=26
Dim c(10, 20) As Double      ' 二维数组 c 的大小为(10−0+1)×(20−0+1)=231
```

（6）数组的数据类型既可以在 As 后面用基本数据类型关键字确定，也可以在数组名后用类型符确定，但两者不能同时使用。如果声明数组时两者都省略，则数组的数据类型默认为变体型，即 Variant 型。例如：

```
Dim a(10)As Integer          ' 声明数组 a 为整型
Dim a%(10)                   ' 声明数组 a 为整型，与上一条语句等价
Dim a%(10)As Integer         ' 产生编译错误。原因是类型关键字和类型符同时使用
Dim a(10)                    ' 声明数组 a 为变体型
```

（7）一条声明语句可以同时声明多个数组，此时，声明的数组用逗号分隔。每个声明的数组其数据类型必须单独用类型关键字或类型符进行声明，即使是声明多个类型相同的数组，也必须分别进行

声明，不能统一用一个类型关键字或类型符进行声明。例如：

```
Dim a%(10),b!(20),c$(30)              ' 声明数组 a、b、c 分别为整型、单精度和字符串型
Dim d(40),e(50),f(30) As Integer      ' 声明数组 f 为整型，数组 d、e 均为变体型
```

（8）声明完数组后，数组的每一个元素都将得到一个相同的、默认的初始值，该初始值根据数组的数据类型不同而异。例如，数值型数组默认的初始值为 0，字符串型数组默认的初始值为空串（""），变体型数组默认的初始值为空（Empty）。

（9）在同一过程内，数组名不能与变量名同名，否则会产生“当前范围内的声明重复”的编译错误。

（10）静态数组只能在程序中声明一次，如果重复声明将会产生“当前范围内的声明重复”的编译错误。

2．静态数组的引用

声明数组后，便可以引用（使用）数组了。数组的引用可以采用以下两种格式：

（1）数组名(下标表达式 1,下标表达式 2,…,下标表达式 *n*)

（2）数组名[()]

说明：

（1）第 1 种格式用于引用数组元素，数组元素中的下标表达式必须用圆括号括起来。下标表达式可以是整型或实型的常量、变量、函数或数值表达式，甚至还可以是数组元素。若为实型，系统将自动对称舍入为整型，如 a(6)、a(x)、a(Int(3.6))、a(x+3)、a(a(3))。

（2）数组元素的使用与普通变量相同，凡是普通变量能使用的地方都可以使用数组元素。

（3）下标表达式的值不能超出声明数组时所确定的下标下界和上界的范围，否则将会出现“下标越界”的运行错误。

（4）第 2 种格式用于整体引用数组，当把静态数组的所有元素整体赋值给动态数组或数组作为过程的参数时，可以整体引用数组。

（5）一维数组元素的引用通常配合单重 For、While 或 Do 循环语句的使用，二维数组元素的引用通常配合双重 For、While 或 Do 循环语句的使用，多维数组元素的引用通常配合多重 For、While 或 Do 循环语句的使用。

【例 6.2】 从键盘输入 10 名学生某门课的成绩，找出其中的最高分和最低分，并确定其分别属于哪两名学生（用序号代表学生）。

分析：可用一维数组 score 保存 10 名学生的成绩。本题实际上是求一维数组的最大值及其下标和最小值及其下标。

求最大值和最小值的常用算法是：先假定第 1 名学生的成绩既为最大值又为最小值，将其存入存放最大值的变量 max 和存放最小值的变量 min 中（同时将 1 存入存放最大值下标的变量 maxi 和存放最小值下标的变量 mini 中）。然后用其余 9 名学生的成绩依次与变量 max 和 min 进行比较，如果大于 max，则存入 max 中（同时将最大值数组元素的下标存入 maxi 中）；如果小于 min，则存入 min 中（同时将最小值数组元素的下标存入 mini 中）。最后输出变量 max、min、maxi 和 mini 的值。

为了简化程序设计，本例及以后的一些例题将程序代码写在事件过程 Form_Activate 中，并将结果输出在窗体上。Activate 事件是当对象成为活动对象时触发的事件，对于窗体来说，当窗体成为活动窗体时触发。

程序代码如下：

```
Private Sub Form_Activate ()
    Dim score(1 To 10) As Integer
    Dim max%, min%, maxi%, mini%, i%
    score(1) = Val(InputBox("请输入第 1 名学生的成绩", "输入成绩"))
    max = score(1)
    min = score(1)
    maxi = 1
    mini = 1
    For i = 2 To 10
        score(i) = Val(InputBox("请输入第" & i & "名学生的成绩", "输入成绩"))
        If score(i) > max Then max = score(i): maxi = i
        If score(i) < min Then min = score(i): mini = i
    Next i
    Print "第" & maxi & "名学生的成绩" & max & "分最高"
    Print "第" & mini & "名学生的成绩" & min & "分最低"
End Sub
```

程序运行后，从键盘分别输入 75、83、91、52、68、65、76、84、99、57，则运行结果如图 6.1 所示。

图 6.1　例 6.2 的运行结果

在本例中，数组 score 的数组元素除 score(1)外，其余 9 个都是通过 For 循环语句的循环变量 i 作为下标进行引用的。

注意：在数组声明语句 Dim a(10) As Integer 中的 a(10)与赋值语句 a(10)=5 中的数组元素 a(10)，虽然书写形式相同，但含义却不同。数组声明语句中的 a(10)表示数组名为 a，数组下标的下界为 0（默认），上界为 10，共 11 个数组元素；而赋值语句中的 a(10)表示数组 a 中下标为 10 的数组元素。

【例 6.3】 设有 5 名学生，他们的 4 门课程成绩如表 6.2 所示。求：（1）每名学生 4 门课程的总成绩和平均成绩；（2）每门课程 5 名学生的总成绩和平均成绩。

表 6.2　学生成绩表

课程 学生	大学计算机	大学语文	大学英语	高等数学
学生 1	70	85	78	72
学生 2	66	76	86	67
学生 3	77	95	92	90
学生 4	82	83	93	87
学生 5	57	69	64	61

分析：本例由于涉及 5 名学生的多门课程，因此需要用一个二维数组 score 保存 5 名学生 4 门课程的成绩。从表 6.2 可以看出，二维数组的行下标为学生，列下标为课程，可以参照表 6.1 中数组元素之间的关系，利用双重循环结构实现本例的设计要求。

本例需要输入的数据比较多（共 20 个），如果采用键盘输入的方式，则每运行一次程序都要重复输入这些数据，显得不太方便。在这种情况下，可以使用赋值语句，将确定的数据赋给相应的数组元素。为了对照表 6.2 的学生成绩表及各元素之间的关系，本例采用赋值语句直接输入这些确定的数据。

程序代码如下：

```
Private Sub Form_Activate()
    Dim score(5, 4) As Integer
    Dim i%, j%, sum1%, sum2%, ave1!, ave2!
    Form1.Caption = "求总成绩和平均成绩"
    score(1, 1) = 70: score(1, 2) = 85: score(1, 3) = 78: score(1, 4) = 72
    score(2, 1) = 66: score(2, 2) = 76: score(2, 3) = 86: score(2, 4) = 67
    score(3, 1) = 77: score(3, 2) = 95: score(3, 3) = 92: score(3, 4) = 90
    score(4, 1) = 82: score(4, 2) = 83: score(4, 3) = 93: score(4, 4) = 87
    score(5, 1) = 57: score(5, 2) = 69: score(5, 3) = 64: score(5, 4) = 61
    Print "5 名学生 4 门课程的总成绩和平均成绩"
    Print "学生", "总成绩", "平均成绩"
    For i = 1 To 5
        sum1 = 0
        For j = 1 To 4
            sum1 = sum1 + score(i, j)
        Next j
        ave1 = sum1 / 4
        Print i, sum1, Format(ave1, "    ##.0")    ' 平均成绩保留小数点后 1 位
    Next i
    Print
    Print "4 门课程 5 名学生的总成绩和平均成绩"
    Print "课程", "总成绩", "平均成绩"
    For j = 1 To 4
        sum2 = 0
        For i = 1 To 5
            sum2 = sum2 + score(i, j)
        Next i
        ave2 = sum2 / 5
        Print j, sum2, Format(ave2, "    ##.0")
    Next j
End Sub
```

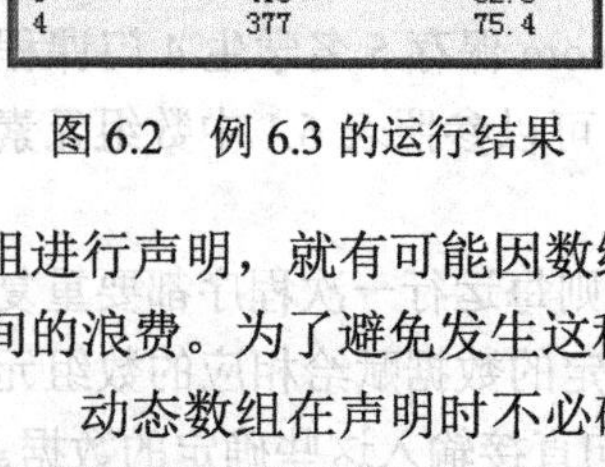

图 6.2 例 6.3 的运行结果

程序运行后的输出结果如图 6.2 所示。

在本例中，二维数组 score 的各个数组元素都是通过双重 For 循环语句的循环变量 i 和 j 作为下标进行引用的。

从例 6.2 和例 6.3 可以看出，通过循环语句正确地引用数组元素是求解问题的关键。

6.2.2 动态数组的声明和引用

在处理实际问题时，有时在程序设计阶段并不能确定所需的数组的大小，或者在程序运行阶段要使数组的大小发生变化。如果采用静态数组进行声明，就有可能因数组声明过小而无法满足实际问题的需要，或因数组声明过大而造成存储空间的浪费。为了避免发生这种情况，可以使用动态数组。

动态数组在声明时不必确定维数和大小，其维数和大小要在程序的运行阶段来确定。动态数组在程序运行的过程中可以多次重复声明，即可以随时改变其维数和大小，这样就可以根据实际问题的需

要，在程序运行的不同阶段，声明不同维数和不同大小的数组。

1．动态数组的声明

声明动态数组一般分为以下两个步骤：

（1）在模块的通用声明段或过程内声明一个没有下标的数组，其声明的一般格式为：

Public|Private|Static|Dim 数组名[类型符]()[As 类型关键字],…

功能：声明的数组为动态数组，并确定其名称、数组元素的类型以及作用范围。

（2）在过程内用 ReDim 语句重新声明数组，其声明的一般格式为：

ReDim [Preserve] 数组名[类型符]([下界 1 To]上界 1[,[下界 2 To]上界 2…])[As 类型关键字],…

功能：确定动态数组的维数和实际大小。

说明：

（1）声明动态数组的第 1 步除了没有确定数组的维数和大小外，其他各项的含义与声明静态数组时的含义相同。

（2）第 1 步的数组声明只是说明声明的数组为动态数组，系统并不为其分配存储空间，因此该数组不能引用。使用第 2 步的 ReDim 语句重新声明数组后，才确定了数组的维数和大小，此时才为数组分配存储空间，该数组才能引用。例如：

```
Dim a%()            ' 声明 a 为整型动态数组，还未分配存储空间，不能引用
ReDim a(5)          ' 重新确定数组 a 的维数和大小，已分配存储空间，可以引用
```

（3）使用 ReDim 语句重新声明数组时，数组每一维的下界或上界可以是变量或表达式，但其中的变量或表达式必须有确定的值。例如：

```
Dim a() As Integer, n%
⋮
n = 10
ReDim a(n + 1)
```

重新声明的一维数组 a 的下标上界含有变量 n，其值为 10，因此可以确定一维数组 a 的大小为 12。

（4）可以用 ReDim 语句反复多次改变动态数组的维数和大小，以满足实际问题中对同一数组的不同需要。例如：

```
Dim a() As Integer                  ' 声明 a 为整型动态数组
ReDim a(5)As Integer                ' 重新确定数组 a 的维数和大小
⋮
ReDim a(6 To 16) As Integer         ' 重新确定数组 a 的下标的上下界
⋮
ReDim a(10, 15) As Integer          ' 重新确定数组 a 的维数和每一维下标的上下界
```

（5）对于同一个数组，第 1 步声明中确定的数据类型，应该与第 2 步声明中确定的数据类型保持一致，或者在第 2 步声明中省略数据类型，但不能在第 2 步声明中改变在第 1 步声明中确定的数据类型，否则将会产生“不能改变数组元素的数据类型”的编译错误。例如：

```
Dim a() As Integer                  ' 声明 a 为整型动态数组
ReDim a(5)                          ' 类型说明可以省略
ReDim a(9)As Single                 ' 产生编译错误。原因是与第 1 步声明的类型不符
```

（6）在用 ReDim 语句重新声明数组时，如果省略关键字 Preserve，则当前存储在数组中的数据会

全部丢失，Visual Basic 会根据数据类型取其默认的初始值；如果有关键字 Preserve，则会保留数组中原有的数据。但对于多维数组而言，有关键字 Preserve 的 ReDim 语句只能改变多维数组中最后一维下标的上界，并且不能改变数组的维数，否则将会产生“下标越界”的运行错误。例如：

```
Dim a() As Integer                ' 声明 a 为整型动态数组
ReDim a(5, 10)                    ' 重新确定数组 a 的维数和每一维下标的上下界
a(1, 3) = 8                       ' 将 8 赋给数组元素 a(1, 3)
ReDim a(5, 15)                    ' 重新声明数组 a，省略关键字 Preserve，数组 a 的数据丢失
Print a(1, 3)                     ' 输出结果为 0
a(1, 3) = 8                       ' 重新将 8 赋给数组元素 a(1, 3)
ReDim Preserve a(5, 20)           ' 重新声明数组 a，有关键字 Preserve，数组 a 的数据保留
Print a(1, 3)                     ' 输出结果为 8
ReDim Preserve a(6, 20)           ' 产生运行错误。原因是改变了数组 a 的第 1 维下标的上界
```

如果将最后一条 ReDim 语句修改为：ReDim Preserve a(1 To 5, 20)（改变了第 1 维下标的下界）或 ReDim Preserve a(5, 1 To 20)（改变了第 2 维下标的下界）或 ReDim Preserve a(5, 20, 15)（改变了数组的维数），都将会产生“下标越界”的运行错误。

（7）如果只在过程内声明并引用动态数组，则可以省略第 1 步，直接用 ReDim 语句进行多次声明。但对于同一数组而言，只能改变数组的大小，不能改变数组的维数。

2. 动态数组的引用

动态数组只有执行 ReDim 语句，即确定了数组的维数和大小后才能引用。动态数组的引用格式和要求与静态数组相同。

【例 6.4】 随机产生 50 个两位整数，找出其中的奇数，并求奇数的平均值及小于该平均值奇数的个数。

分析：首先用一个一维数组 a 保存 50 个随机产生的两位整数，然后再用另一个一维数组 b 保存其中的奇数。由于奇数的个数事先并不知道，因此该数组应声明为动态数组。

在窗体上添加 2 个标签、4 个图片框和 3 个命令按钮，属性设置如表 6.3 所示。

表 6.3 属 性 设 置

对象名	属性名	属性值	说明
Form1	Caption	找奇数并求奇数的平均值及小于该平均值奇数的个数	
Label1	Caption	50 个随机整数	
Label2	Caption	其中的奇数	
Picture1			输出 50 个随机整数
Picture2			输出奇数
Picture3			输出奇数的平均值
Picture4			输出小于平均值奇数的个数
Command1	Caption	产生随机整数	
Command2	Caption	找出其中的奇数	
Command3	Caption	求奇数的平均值和小于平均值的奇数个数	

程序代码如下：

```
Dim a%(50), b%(), n%, i%                  ' 数组 b 为存放奇数的动态数组
Private Sub Command1_Click()               ' 产生 50 个两位随机整数并输出
  For i = 1 To 50
    a(i) = Int(Rnd * 90 + 10)
    Picture1.Print a(i);
    If i Mod 10 = 0 Then Picture1.Print
  Next i
End Sub
Private Sub Command2_Click()               ' 找出奇数并输出
  For i = 1 To 50
    If a(i) Mod 2 = 1 Then
      n = n + 1                            ' n 为奇数的个数
      ReDim Preserve b(n)                  ' 重新声明数组 b，并保存其值
      b(n) = a(i)
    End If
  Next i
  For i = 1 To n
    Picture2.Print b(i);
    If i Mod 10 = 0 Then Picture2.Print
  Next i
End Sub
Private Sub Command3_Click()               ' 求奇数的平均值和小于该平均值的奇数个数并输出
  Dim sum%, ave!, m%
  For i = 1 To n
    sum = sum + b(i)
  Next i
  ave = sum / n
  For i = 1 To n
    If b(i) < ave Then m = m + 1           ' m 为小于奇数平均值的奇数个数
  Next i
  Picture3.Print "奇数的平均值："; Format(ave, " ##.00")
  Picture4.Print "小于平均值奇数个数："; m
End Sub
```

程序运行后，分别单击“产生随机整数”、“找出其中的奇数”、“求奇数的平均值和小于平均值的奇数个数”命令按钮，运行结果如图 6.3 所示。

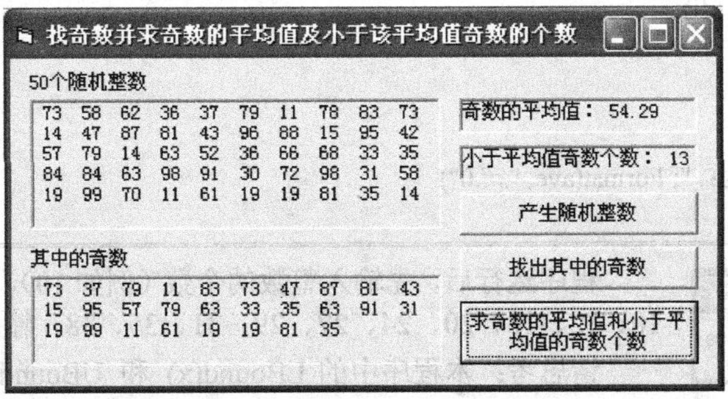

图 6.3　例 6.4 的运行结果

需要说明的是，程序中第 1 行数组和变量的声明语句“Dim a%(100), b%(), n%, i%”位于通用声明段，目的是在 3 个事件过程中都能使用，即它们是模块级的数组和变量。详细内容参见 7.4.3 节“变量的作用域”。

3. LBound 和 UBound 函数

在执行程序的过程中，有时需要取得数组下标的下界和上界，可用 Visual Basic 提供的内部函数 LBound 和 UBound 来实现。

这两个函数的一般格式为：

```
LBound(数组名[,维])
UBound(数组名[,维])
```

功能：LBound 函数返回指定数组中指定维的下标下界；UBound 函数返回指定数组中指定维的下标上界。

说明：

（1）数组名必须是已声明的数组。

（2）维是可选项。如果是一维数组，该参数可以省略；如果是多维数组，则该参数必须指定，不能省略。参数“维”是一个整型数，其含义是指定返回哪一维的下标下界（对 LBound 函数而言）或上界（对 UBound 函数而言）。1 表示第 1 维，2 表示第 2 维，以此类推。如果省略该参数，默认为 1。例如：

```
Dim a(1 To 5, 3 To 10) As Integer
Print LBound(a, 1), UBound(a, 1)        ' 输出数组 a 第 1 维下标的下界 1 和上界 5
Print LBound(a, 2), UBound(a, 2)        ' 输出数组 a 第 2 维下标的下界 3 和上界 10
```

【例 6.5】 从键盘任意输入若干个整数，求这些数的平均值。

分析：用一维数组 x 保存整数。由于整数的个数不确定，因此可以使用动态数组。

程序代码如下：

```
Private Sub Form_Activate()
  Dim x%(), sum%, ave!, n%, i%
  n = InputBox("请输入整数的个数")
  ReDim x(n)
  Caption = "求整数的平均值"
  Print "输入的整数"
  For i = LBound(x) To UBound(x) - 1
    x(i) = InputBox("请输入整数")
    Print x(i);
    sum = sum + x(i)
  Next i
  ave = sum / n
  Print
  Print "平均值为："; Format(ave, "##.0")
End Sub
```

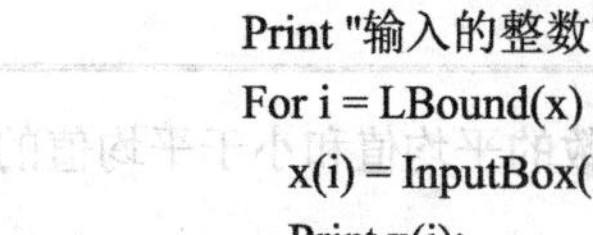

图 6.4 例 6.5 的运行结果

程序运行后，先输入整数的个数（例如 10），然后任意输入 10 个数：10、12、16、20、24、27、29、31、35、38，输出结果如图 6.4 所示。

请思考：本程序中的 LBound(x) 和 UBound(x)两个函数的函数值分别是多少？

6.3 数组的基本操作

上一节已经介绍了数组的声明和引用方法，利用这些知识可以解决一些简单的问题。在处理各种应用问题时，数组的应用非常广泛而且灵活多样，掌握数组的基本操作是利用数组解决复杂问题的基础。数组的基本操作主要包括数组的输入、输出、复制、清除等。

6.3.1 数组的输入

数组的输入就是在程序运行后，通过各种手段给数组的指定元素赋予程序所需的数据。通常可以采用以下几种方法。

1. 利用赋值语句直接输入

当输入的数据比较少时，可以使用多个赋值语句分别给数组元素赋值，例 6.3 中 5 名学生 4 门课的成绩就是通过这种方法输入的。但当输入的数据量大时会使代码变得冗长，给输入数据带来不便。

如果输入的数据都是相同的或者是有规律的，可以利用循环语句来完成。例如：

```
Dim a%(10), b%(10), c%(2, 3) , i%, j%
For i = 1 To 10
   a(i) = 5
   b(i) = 2 * i - 1
Next i
For i = 1 To 2
   For j = 1 To 3
      c(i, j) = i + j - 1
   Next j
Next i
```

上面的程序段执行后，一维数组 a 的 10 个元素都获得了整数 5，一维数组 b 的 10 个元素获得了奇数 1、3、5、7、…、19，二维数组 c 的 6 个元素获得了整数 1、2、3、2、3、4。

2. 利用 InputBox 函数输入

根据程序的需要，有时在每次运行程序时可能会更改数组中的数据。使用上面介绍的方法必然要修改程序，显得不够方便。利用 InputBox 函数可以做到无须修改程序，达到为数组任意输入所需数据的目的。例如：

```
Dim age(10) As Integer, i%
For i = 1 To 10
   age(i) = Val(InputBox("请输入第" & i & "名学生的年龄", "输入年龄"))
Next i
```

上面的程序段将 10 名学生的年龄赋给了数组 age 的 10 个元素，下次运行程序后，可以输入另外 10 名学生的年龄而无须修改程序。

再如，例 6.3 中的学生成绩是通过赋值语句直接输入的，这样的赋值方法不能适应学生成绩的变化。下面利用双重循环结合 InputBox 函数为二维数组输入学生成绩。程序代码如下：

```
Dim score(5, 4) As Integer, i%, j%
For i = 1 To 5
  For j = 1 To 4
    score(i, j) = Val(InputBox("请输入第" & i & "名学生第" & j & "门课程的成绩"))
  Next j
Next i
```

3．利用随机函数 Rnd 输入

为了便于调试程序，提高输入数据的效率，可以利用随机函数 Rnd 产生一批实验数据输入到数组中，用这批数据来模拟程序所需的真实数据。利用随机函数 Rnd 可以产生任意指定区间范围的整数（配合 Int 函数）或实数。在例 6.3 中，使用赋值语句逐个将成绩赋值给数组元素，如果只是为了调试程序的功能而不需要输入确定的成绩，就可以利用随机函数 Rnd 和取整函数 Int 来模拟产生学生成绩并输入到数组 score 中。例如：

```
Dim score(5, 4) As Integer, i%, j%
For i = 1 To 5
  For j = 1 To 4
    score(i, j) = Int(Rnd * 101)
  Next j
Next i
```

上面的程序段是用表达式 Int(Rnd * 101)模拟产生区间为[0, 100]的 20 个学生成绩，并将其赋给数组 score 的 20 个数组元素。

4．利用文本框控件输入

在窗体界面上可以利用文本框直观地输入数据。这种方法实际上是将文本框的 Text 属性值赋给数组的元素。

【例 6.6】 在文本框中输入 10 个数据，将其存入一维数组并显示在另一个文本框中。

分析：利用文本框输入数据的方法有多种，下面介绍两种方法。

在窗体上添加 2 个标签、2 个文本框和 1 个命令按钮，属性设置如表 6.4 所示。

表 6.4　属 性 设 置

对象名	属性名	属性值	说明
Form1	Caption	利用文本框输入	
Label1	Caption	输入数据	
Label2	Caption	输出数据	
Text1	Text		初始内容为空，用于输入数据
Text2	Text		初始内容为空，用于输出数据
Command1	Caption	确定	
	Default	True	按回车键相当于单击命令按钮

解法 1：一次输入一个数据。

程序代码如下：

```
Dim i%                                          ' 变量 i 在通用声明段声明
Private Sub Command1_Click()                     ' 每单击一次或按回车键输入一个数据
  Dim a%(10)
  i = i + 1
  If i <= 10 Then
    a(i) = Val(Text1.Text)                       ' 在文本框中输入数据并存入数组 a 中
    Text2.Text = Text2.Text & " " & a(i)         ' 在另一文本框中显示数组 a 的数据
    Text1.Text = ""
    Text1.SetFocus
  Else
    MsgBox "输入完毕"
  End If
End Sub
```

程序运行后，在文本框中每输入一个数据后单击“确定”命令按钮或按回车键，在存入数组 a 的同时将数据显示在另一个文本框中。运行结果如图 6.5(a)所示。

解法 2：一次输入全部数据。

程序代码如下：

```
Private Sub Command1_Click()
  Dim a As Variant, i%                    ' 声明一个变体型变量 a 或字符串型动态数组 a()
  a = Split(Text1.Text, ",")              ' 分离文本框中输入的数据并存入数组 a
  For i = LBound(a) To UBound(a)          ' 在另一文本框中显示数组 a 的数据
    Text2.Text = Text2.Text & " " & a(i)
  Next i
End Sub
```

程序运行后，在文本框中输入全部数据（数据之间用逗号分隔）后，单击“确定”命令按钮或按回车键，利用 Split 函数将输入的数据分离后存入一维数组 a，并将其显示在另一个文本框中。运行结果如图 6.5(b)所示。

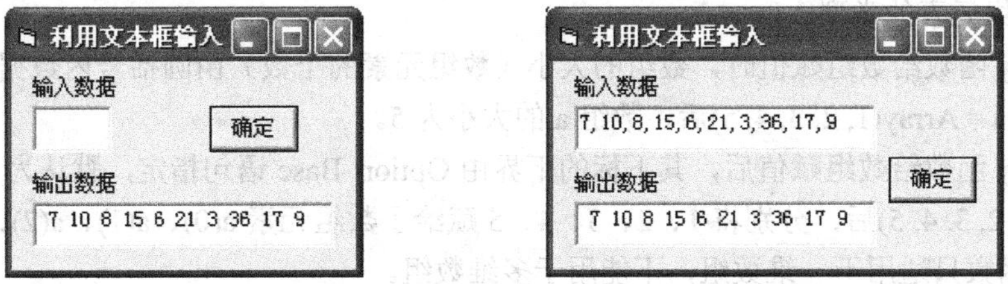

(a) 解法 1 的运行结果　　　(b) 解法 2 的运行结果

图 6.5　例 6.6 的运行结果

Split 函数的一般格式为：

Split(字符串表达式[,分隔符])

功能：从指定的字符串中，以指定的符号作为分隔符，分离出若干个子字符串，创建一个下标从零开始的字符串型一维数组。如果省略分隔符，则使用空格字符（" "）作为分隔符。如果分隔符是一个空串（""），则创建的数组只包含一个元素，其元素值为字符串。

利用该函数可以将任意一个字符串分离并存入一维数组。对于数字字符串，可以根据需要，将其转换为数值型数据后再进行处理。

5. 利用 Array 函数输入

早期版本的 BASIC 语言专门提供了数据输入语句（READ-DATA 语句），该语句为变量或数组元素的赋值提供了方便。Visual Basic 提供了 Array 函数来替代 READ-DATA 语句，用于数组元素的赋值。利用该函数可以在编译阶段为数组赋值，因此无须占用运行时间，可以提高程序执行的效率。

Array 函数的一般格式为：

变量或动态数组=Array(数据列表)

功能：将圆括号中的数据按顺序分别赋给指定数组中的各个元素。

说明：

（1）变量或动态数组必须是变体类型，不能是其他数据类型。若为变量，可以用 Dim 语句显式声明，也可以隐式声明（在没有 Option Explicit 语句的情况下）；若为动态数组，则必须显式声明，但不能声明为变量。

例如，若将数据 1、2、3、4、5 赋给数组 a，可以使用下面几种形式的语句：

```
① a = Array(1, 2, 3, 4, 5)        ' 变量 a 没有声明，即隐式声明为变体类型
② Dim a As Variant                ' 变量 a 显式声明为变体类型
   a = Array(1, 2, 3, 4, 5)
③ Dim a() As Variant              ' 声明变体型动态数组 a
   a = Array(1, 2, 3, 4, 5)        ' a 可写成变量形式
④ Dim a() As Variant              ' 声明变体型动态数组 a
   a() = Array(1, 2, 3, 4, 5)      ' a 写成动态数组形式
```

但不能写成以下形式：

```
① a() = Array(1, 2, 3, 4, 5)      ' 产生编译错误。原因是 a()没有显式声明
② Dim a As Variant                ' 产生运行错误。原因是此处的 a 没有写成动态数组形式
   a() = Array(1, 2, 3, 4, 5)
```

（2）数据列表可以是任意基本类型的常量、变量和表达式，数据之间用逗号分隔。数据列表的数据类型决定了数组元素的类型。

（3）用 Array 函数给数组赋值时，数组的大小（数组元素的个数）由圆括号内数据的个数来确定。例如，执行语句 a = Array(1, 2, 3, 4, 5)后，数组 a 的大小为 5。

（4）用 Array 函数给数组赋值后，其下标的下界由 Option Base 语句指定，默认为 0。例如，执行语句 a = Array(1, 2, 3, 4, 5)后，分别将 1、2、3、4、5 赋给了数组元素 a(0)、a(1)、a(2)、a(3)和 a(4)。

（5）Array 函数只适用于一维数组，不能用于多维数组。

【例 6.7】 将 10 个数据 12、15、10、17、16、19、11、13、18、14 输入到一维数组中，然后按逆序重新存放并输出。

分析：由于 10 个数据已经确定，因此，可以利用 Array 函数将其存入一维数组 x 中。

按逆序存放可以使用对调的方法，即第 1 个数据和第 10 个数据对调，第 2 个数据和第 9 个数据对调……第 5 个数据和第 6 个数据对调。如果对调的数据个数为奇数，则中间的数据无须对调。

可以用变量 i 和 j 分别代表要对调的两个数组元素的下标，i 的初始值为第一个数组元素的下标，j 的初始值为最后一个数组元素的下标。当 i 小于 j 时，将下标为 i、j 的数组元素的值对调，然后 i 加 1 指向后一个数组元素，j 减 1 指向前一个数组元素，重复操作直到 i 大于或等于 j 时为止。

程序代码如下：

```
Private Sub Form_Activate()
    Form1.Caption = "利用 Array 函数输入"
    Dim x, i%, j%, temp%
    x = Array(12, 15, 10, 17, 16, 19, 11, 13, 18, 14)
    Print "原始数据"
    For i = LBound(x) To UBound(x)
        Print x(i);
    Next i
    Print
    i = LBound(x)        'i 的初始值为第一个数组元素的下标
    j = UBound(x)        'j 的初始值为最后一个数组元素的下标
    Do While i < j       ' 对调数据
        temp = x(i)
        x(i) = x(j)
        x(j) = temp
        i = i + 1
        j = j - 1
    Loop
    Print "逆序存放后的数据"
    For i = LBound(x) To UBound(x)
        Print x(i);
    Next i
    Print
End Sub
```

程序运行后的输出结果如图 6.6 所示。

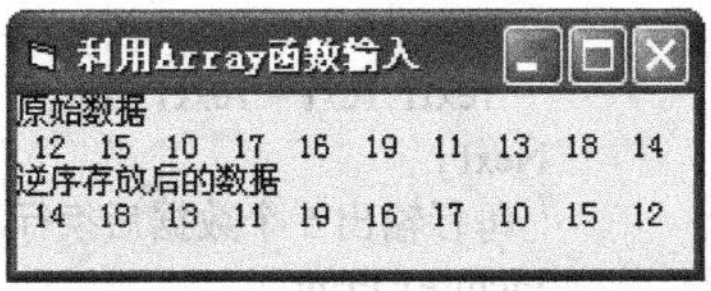

图 6.6　例 6.7 的运行结果

6.3.2　数组的输出

数组的输出就是将保存在数组元素中的数据，在窗体、图片框、文本框、标签、列表框、组合框、立即窗口等对象上显示出来。也可以将数组元素中的数据直接在打印机上输出，还可以利用 MsgBox 语句（或 MsgBox 函数）输出。

数组元素的输出通常要配合循环语句的使用。一维数组的输出通常要配合单重循环语句的使用，可以输出在一行或一列上；二维数组的输出通常要配合双重循环语句的使用，并且多以矩阵的形式输出，此时外层循环语句通常用于控制行下标的变化，内层循环语句控制列下标的变化，在内外层循环语句之间应有换行输出的语句。当一维数组的数据量较大时，也要在循环语句的循环体内增加换行输出的语句。

【例 6.8】 随机产生 20 个两位整数给一维数组 a 输入数据，并分别在窗体和标签上以每行 10 个数输出；用表达式产生 20 个数据给二维数组 b（4 行×5 列）输入数据，并分别在图片框和文本框中以矩阵形式输出。

分析：在窗体上或图片框中输出数据需要用 Print 方法，在标签上输出数据就是给 Caption 属性赋值，在文本框中输出数据就是给 Text 属性赋值。在窗体上或图片框中输出数据换行时，只需调用没有输出项的 Print 方法即可；而在标签上或文本框中输出数据换行时，则要用到回车换行符 vbCrLf（或 Chr(13)+Chr(10)）。

在窗体上添加 1 个标签 Label1（BorderStyle 属性为 1）、1 个图片框 Picture1 和 1 个文本框 Text1（MultiLine 属性为 True），如图 6.7 所示。

程序代码如下：

```
Private Sub Form_Activate()
Dim a(20) As Integer, b(4, 5) As Integer, i%, j%
Caption = "数组的输入与输出"
Print " 在窗体和标签上输出一维数组 a"
For i = 1 To 20
   a(i) = Int(Rnd * 90 + 10)
   Print a(i);
   Label1.Caption = Label1.Caption & a(i) & " "
   If i Mod 10 = 0 Then    ' 每输出 10 个数据后换行
      Print
      Label1.Caption = Label1.Caption & vbCrLf
   End If
Next i
For i = 1 To 4
   For j = 1 To 5
      b(i, j) = (i + 10) * j
   Next j
Next i
CurrentX = 120
CurrentY = 1320
Print "在图片框和文本框中输出二维数组 b"
   For i = 1 To 4
      For j = 1 To 5
         Picture1.Print Str(b(i, j));
         Text1.Text = Text1.Text & b(i, j) & " "
      Next j
      ' 每行输出 5 个数据后换行
      Picture1.Print
      Text1.Text = Text1.Text & vbCrLf
   Next i
End Sub
```

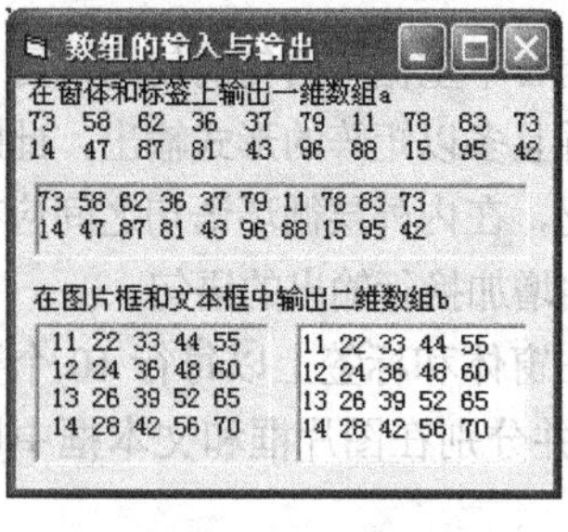

图 6.7 例 6.8 的运行结果

程序运行后的输出结果如图 6.7 所示。

6.3.3 数组的复制

数组的复制就是将一个数组的各数组元素中的数据赋给另一个数组的各数组元素。可以采用以下两种方法。

1. 用数组元素分别赋值

利用循环语句，将一个数组的各数组元素中的数据依次赋给另一个数组的各数组元素。例如：

```
Dim a%(10), b%(10), i%
For i = 1 To 10
   a(i) = 2 * i + 1
   b(i) = a(i)
Next i
```

上面的程序段执行后，数组 a 的 10 个元素值依次赋给了数组 b 的 10 个元素。

2. 用数组名整体赋值

Visual Basic 允许用数组名的方式整体给另一个数组赋值，但要求被赋值的数组必须是动态数组，而赋值的数组既可以是动态数组，也可以是静态数组，且两者的数据类型必须相同。例如：

```
Dim a%(10), b%(), i%
For i = 1 To 10
   a(i) = 2 * i + 1
Next i
b = a
```

上面的程序段执行后，数组 a 的所有数组元素值整体赋给了数组 b。

6.3.4 数组的清除

在执行程序的过程中，有时需要清除数组中不再使用的数据，或者为了节省内存空间，需要释放数组所占用的存储空间，这可以用 Erase 语句来实现，其一般格式为：

```
Erase 数组名 1[,数组名 2] …
```

功能：重新为静态数组的各个数组元素赋初值（也称为初始化），或者释放动态数组所占用的存储空间。

说明：

（1）数组名 1，数组名 2，……是程序中已经声明过的静态数组名或动态数组名，可以带一对圆括号，但不能有下标。

（2）对于静态数组，该语句将清除所有数组元素中的数据并重新初始化。例如，将数值型数组元素赋初值为 0，将字符串型数组元素赋初值为空串等。对于动态数组，将删除整个数组并释放其所占用的存储空间。也就是说，执行 Erase 语句后，动态数组不复存在，而静态数组仍然存在，只是其值被初始化了。

（3）用 Erase 语句释放动态数组所占用的存储空间后，在下次引用该动态数组之前，必须使用 ReDim 语句重新声明该数组。

例如：

```
Dim a%(10), b%(), i%
For i = 1 To 10
   a(i) = 2 * i
Next i
b = a
Erase a, b
For i = 1 To 10
   Print a(i)
Next i
```

上面的程序段执行后，输出静态数组 a 的 10 个元素值均为 0。如果将程序段中的 Print a(i)语句改为 Print b(i)，即输出动态数组 b 的 10 个元素值，则会产生“下标越界”的运行错误，因为动态数组 b 经 Erase 语句释放后已经不复存在。

6.3.5 For Each…Next 语句

For Each…Next 语句与第 4 章介绍的 For…Next 语句类似，都是用来执行具有确定次数的循环操作。但 For Each…Next 语句专门用于处理数组或集合（有关集合的内容本书不做介绍），其一般格式为：

```
For Each 变量 In 数组名
  语句序列
  [Exit For]
Next [变量]
```

功能：用于指定数组中的数组元素个数作为循环次数，重复执行循环体中的语句。

说明：

（1）语句中的变量是循环控制变量，在语句中重复使用，实际代表的是数组中的各个数组元素。Next 语句中的变量与 For Each 语句中的变量是同一个变量，可以省略不写。该变量必须是变体类型。

（2）数组名是已经声明过的一维数组或多维数组名，其后可以带一对圆括号，但不能带下标。

（3）语句的执行过程是：首先从指定的数组中按顺序依次取出一个数组元素值赋给变量，然后执行循环体，直到数组中的数组元素值取完为止。

（4）如果循环体中包含 Exit For 语句，则执行该语句后退出循环，接着执行 Next 后面的语句。

【例 6.9】 将 2，4，6，…，20 共 10 个偶数存入数组，使用 For Each…Next 语句输出数组中的偶数。

程序代码如下：

```
Private Sub Form_Activate()
  Dim a%(10), i%, x As Variant
  For i = 1 To 10
    a(i) = 2 * i
  Next i
  For Each x In a      ' 依次输出数组元素的值
    Print x;
  Next x
End Sub
```

程序的运行结果为：

```
0  2  4  6  8  10  12  14  16  18  20
```

在本例中，声明数组 a 有 11 个数组元素，但程序中只给数组元素 a(1)～a(10)赋了偶数值，并没有给 a(0)赋值，a(0)保持初值 0。数组的输出采用了 For Each…Next 语句，该语句的执行是输出数组的所有元素，所以数组元素 a(0)的值也被输出。为了避免输出 0，可以在通用声明段增加一条 Option Base 1 语句，或将数组声明语句中的 a%(10)改为 a%(1 To 10)。

从上面程序可以看出，For Each…Next 语句与 For…Next 语句相比，其优点是不必根据初值、终值和步长值来确定循环次数，而是根据数组中元素的个数确定循环次数，当要按顺序依次处理数组的全部元素时则比较方便。其缺点是难以处理数组中的部分元素，也难以控制数组元素的处理次序。

6.4 控 件 数 组

前面介绍的数组都是由基本数据类型数据组成的数组。在 Visual Basic 中，还允许使用由一些控件组成的控件数组。

6.4.1 控件数组的概念

控件数组由一批类型相同的控件组成，即数组中的元素是控件。例如，窗体上有 5 个单选按钮，可以将它们设置成控件数组。

控件数组具有以下特点：

（1）控件数组中的所有元素都必须是相同类型的控件。

（2）控件数组中的控件具有一个相同的控件名称，该名称由控件的名称（Name）属性来确定，实际上就是控件数组名。

（3）控件数组中的控件除名称属性值外，其他属性值可以互不相同。

（4）控件数组中的各个元素是通过控件的 Index 属性进行区分的，即控件数组元素的下标由 Index 属性值来决定。Index 的取值范围为 0～32767，即控件数组元素的下标下界最小为 0，也是默认值，上界最大为 32767。控件数组元素的下标可以不连续。

（5）控件数组中的所有控件共用相同的事件过程。与多个单独控件不同的是，控件数组的事件过程名后的一对圆括号内有一个 Index 参数，该参数用来确定是哪一个控件发生了该事件。

6.4.2 控件数组的建立

由于控件数组的元素是控件，因此其建立方法与由基本数据类型数据组成的数组的声明有很大的不同。控件数组的建立有两种方法：一种是在设计阶段通过操作建立；另一种是在运行阶段通过程序建立。

1. 在设计阶段建立

在设计阶段可采用以下 3 种方法建立（以建立元素为命令按钮的控件数组为例）。

方法 1：通过复制、粘贴的方式。

操作步骤如下：

（1）先在窗体上建立第 1 个控件，即命令按钮 Command1。

（2）选择“编辑”菜单下的“复制”命令，或单击工具栏中的“复制”按钮，然后选择“编辑”菜单下的“粘贴”命令，或单击工具栏中的“粘贴”按钮，此时将弹出如图 6.8 所示的对话框，提示是否创建一个控件数组。

图 6.8 提示创建控件数组

（3）单击“是”按钮，则在窗体左上角添加了第 2 个命令按钮，该按钮的名称属性与第 1 个命令按钮的名称属性相同（Caption 属性也相同），都是 Command1。此时可根据界面设计要求，将第 2 个命令按钮移动到适当的位置。

（4）继续单击工具栏中的“粘贴”按钮，则会建立第 3 个，第 4 个，…，第 *n* 个命令按钮。

注意：当建立第 1 个命令按钮时，其 Index 属性值为空；建立第 2 个命令按钮后，第 1 个命令按钮的 Index 属性值为 0（默认值），而第 2 个命令按钮的 Index 属性值为 1。随着后面命令按钮的建立，其 Index 属性值按步长 1 增加。

方法 2：给多个控件取相同的名称。

操作步骤如下：

（1）在窗体上建立程序所需要的所有的命令按钮，如 Command1、Command2 和 Command3。

（2）确定第一个命令按钮的名称属性值作为控件数组名（也可以确定其他命令按钮的名称属性值作为控件数组名），如 Command1。然后将第 2 个命令按钮的名称属性值改为同一名称，此时同样会弹出如图 6.8 所示的对话框。

（3）单击“是”按钮，则第 1 个命令按钮和第 2 个命令按钮成为控件数组的元素，同时第 1 个命令按钮的 Index 属性值为 0，第 2 个命令按钮的 Index 属性值为 1。

（4）再将第 3 个命令按钮的名称属性值改为控件数组名，完成控件数组的建立。

用这种方法建立的控件数组，其元素只有名称属性相同，除 Index 属性取不同值外，其他属性保持不变。

方法 3：给控件设置一个 Index 属性值。

操作步骤如下：

（1）先在窗体上建立第 1 个命令按钮 Command1。

（2）在属性窗口输入一个 Index 属性值，范围为 0～32767。

（3）用方法 1 或方法 2 建立控件数组中的其他命令按钮，此时，新建立的第 1 个命令按钮的 Index 属性值为 0，并且不会出现如图 6.8 所示的对话框。

用这种方法建立的控件数组，其元素的 Index 属性值可以不连续。

2．在运行阶段建立

程序运行时，可以使用 Load 语句向已有的控件数组中添加新的控件数组元素，也可以使用 UnLoad 语句删除控件数组中的元素。其一般格式为：

```
Load 控件数组名(下标)
UnLoad 控件数组名(下标)
```

功能：Load 语句向已有的控件数组中添加一个指定下标的控件；UnLoad 语句从已有的控件数组中删除一个指定下标的控件。

说明：

（1）控件数组名就是控件的名称，如 Command1。

（2）下标就是 Index 属性值，不能与控件数组中其他元素的下标相同。

（3）在使用 Load 语句之前，控件数组必须在设计模式下用前述方法建立。

（4）使用 Load 语句添加的新控件是不可见的，即其 Visible 属性值为 False。可以在添加之后，将 Visible 属性值设置为 True 使其显示出来。

（5）使用 UnLoad 语句只能删除用 Load 语句添加的控件，不能删除在设计模式下建立的控件。

在运行阶段通过程序建立控件数组的操作步骤如下：

（1）在窗体上先建立第 1 个控件数组元素，如 Command1，将其 Index 属性值设置为 0。

（2）在程序中使用 Load 语句添加其余的各个控件数组元素，其 Index 属性值按步长 1 增值。也可以根据程序的需要，用 UnLoad 语句删除其中的某些元素。

（3）根据程序的需要，可以将新添加的控件数组元素的 Visible 属性值设置为 True，使其显示出来。

（4）根据界面设计要求，设置新添加控件数组元素的 Left 和 Top 属性值，以确定这些控件在窗体上的具体位置。

6.4.3 控件数组的应用

在实际应用中，界面上可能会出现一些功能和操作都很相似的控件，使用控件数组处理这类问题，可使程序代码简洁、清晰，可读性好。

【例 6.10】 在窗体上添加 1 个文本框和 3 个命令按钮，将文本框的 Text 属性值设置为空，分别将 3 个命令按钮的 Caption 属性值设置为“黑体”、“宋体”和“楷体”。程序运行后，分别单击“黑体”、“宋体”和“楷体”命令按钮，则文本框中的字体变为相应的黑体、宋体和楷体。要求添加的 3 个命令按钮为控件数组。

分析：本例中的 3 个命令按钮如果不是控件数组，则需要编写 3 个单击命令按钮的事件过程。建立为控件数组后，由于控件数组中的所有控件共用相同的事件过程，因此只需要 1 个单击命令按钮的事件过程即可。该事件过程通过 Index 参数得到一个控件数组元素的下标值，以确定当前单击的是哪一个命令按钮。根据 Index 参数值，可以编写出相应的程序代码。

本例的 3 个命令按钮既可以在设计阶段建立控件数组，也可以在运行阶段建立。下面分别编写程序。

解法 1：在设计阶段建立控件数组。

用上述在设计阶段建立控件数组的 3 种方法之一建立命令按钮控件数组。建立控件数组后的 3 个命令按钮的默认名称分别为 Command1(0)（“黑体”命令按钮）、Command1(1)（“宋体”命令按钮）和 Command1(2)（“楷体”命令按钮）。

程序代码如下：

```
Private Sub Form_Activate()
  Form1.Caption = "控件数组的应用"
  Text1.Text = "高级语言程序设计 VB"
  Text1.FontSize = 14
End Sub
Private Sub Command1_Click(Index As Integer)
  Select Case Index
    Case 0
      Text1.FontName = "黑体"
    Case 1
      Text1.FontName = "宋体"
    Case 2
      Text1.FontName = "楷体_GB2312"
  End Select
End Sub
```

程序运行后，单击“黑体”命令按钮，运行结果如图 6.9(a)所示。

解法 2：在运行阶段建立控件数组。

在窗体上先添加第 1 个命令按钮，即“黑体”命令按钮，并将其 Index 属性值设置为 0，如图 6.9(b)所示。此时该命令按钮的默认名称为 Command1(0)。程序运行后，使用 Load 语句自动添加“宋体”和“楷体”命令按钮。程序的运行结果与解法 1 相同。

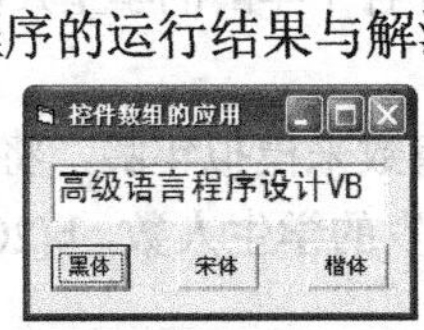

(a) 例 6.10 解法 1 的运行结果

(b) 例 6.10 解法 2 的界面设计

图 6.9　解法 1 的运行结果和解法 2 的界面设计

程序代码如下：

```
Private Sub Form_Activate()
  Form1.Caption = "控件数组的应用"
  Text1.Text = "高级语言程序设计 VB"
  Text1.FontSize = 14
  Command1(0).Caption = "黑体"          ' 设置第 1 个命令按钮的 Caption 属性值为“黑体”
  Dim i As Integer
  For i = 1 To 2
    Load Command1(i)                    ' 添加另外两个命令按钮
    Command1(i).Visible = True          ' 让命令按钮显示出来
    Command1(i).Left = Command1(i - 1).Left + 1080
    Command1(i).Top = Command1(0).Top   ' 与上一条语句一同确定另外两个按钮的位置
    If i = 1 Then
      Command1(i).Caption = "宋体"      ' 设置第 2 个命令按钮的 Caption 属性值为“宋体”
    Else
      Command1(i).Caption = "楷体"      ' 设置第 3 个命令按钮的 Caption 属性值为“楷体”
    End If
  Next i
End Sub
Private Sub Command1_Click(Index As Integer)
  Select Case Index
    Case 0
      Text1.FontName = "黑体"
    Case 1
      Text1.FontName = "宋体"
    Case 2
      Text1.FontName = "楷体_GB2312"
  End Select
End Sub
```

6.5 应用程序举例

数组是在程序设计中经常使用的数据结构，在处理性质相同的批量数据时，通过配合循环的使用，可以解决许多较复杂的问题，而且可以简化编写程序的工作量。

使用数组可以实现许多算法，下面通过介绍几个常用算法来进一步学习数组的基本应用方法。

【例 6.11】 某班有学生 40 人，年龄在 19～23 岁之间，统计各个年龄的学生人数，即 19 岁的学生有多少人，20 岁的学生有多少人，…，23 岁的学生有多少人。

分析：可以利用随机函数产生 40 个 19～23 之间的随机整数来模拟年龄，将其存入数组 a 中。再声明一个数组 b 用来存放各个年龄的人数，即用 b(19)存放 19 岁的学生人数，b(20)存放 20 岁的学生人数，…，b(23)存放 23 岁的学生人数。

在窗体上添加 2 个标签、1 个图片框、1 个列表框和 1 个命令按钮，属性设置如表 6.5 所示。

表 6.5　属 性 设 置

对象名	属性名	属性值	说明
Form1	Caption	统计各个年龄学生的人数	
Label1	Caption	学生的年龄	
Label2	Caption	各个年龄学生的人数	
Picture1			用于输出学生的年龄
List1	List		初始内容为空，用于输出各个年龄学生的人数
Command1	Caption	统计	

程序代码如下：

```
Private Sub Command1_Click()
  Dim a%(1 To 40), b%(19 To 23), i%
  For i = 1 To 40
    a(i) = Int(5 * Rnd + 19)
    Picture1.Print a(i);
    If i Mod 10 = 0 Then Picture1.Print
    b(a(i)) = b(a(i)) + 1        ' 统计各个年龄的学生人数
  Next i
  For i = 19 To 23
    List1.AddItem i & "岁的学生人数为：" & b(i)
  Next i
End Sub
```

程序运行后，单击“统计”命令按钮，输出结果如图 6.10 所示。

在本例中，也可以使用普通变量来存放各个年龄的学生人数，但需声明 5 个变量，这样编写出的程序不够简洁。

【例 6.12】　随机产生 n 个两位整数，用选择法对其按升序排序。

分析：为了简化问题，下面用 5 个数进行选择法排序的介绍。在排序之前，先将 5 个数存入数组 a 中（第 1 个数存入 a(1)，第 2 个数存入 a(2)，…，第 5 个数存入 a(5)）。

选择法排序算法的思想是：从 a(1)～a(5)这 5 个数组元素中找出最小值，通过交换将其存入 a(1)中，此时 a(1)存放的是 5 个数中最小的数。再从剩余的 4 个数组元素中找出最小值，通过交换将其存入 a(2)中，此时 a(2)存放的是 5 个数中第 2 个小的数。按此方法类推，最后 a(5)存放的是 5 个数中的最大数。

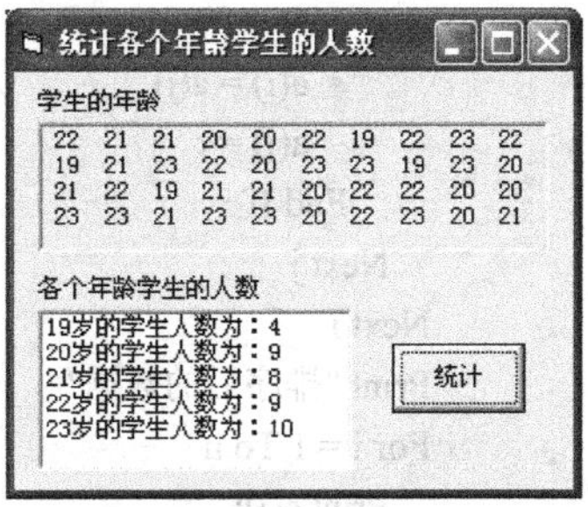

图 6.10　例 6.11 的运行结果

实现算法的具体步骤如下：

（1）先将 a(1)与 a(2)进行比较，如果 a(1)>a(2)，则将 a(1)与 a(2)进行交换（如果 a(1)<a(2)不交换），此时 a(1)存放的是两个数中的最小的数。

（2）再将 a(1)与 a(3)进行比较，如果 a(1)>a(3)，则将 a(1)与 a(3)进行交换（如果 a(1)<a(3)不交换），此时 a(1)存放的是 a(1)、a(2)和 a(3)中的最小数。

（3）再依次将 a(1)与 a(4)、a(5)进行比较，每次都按前面介绍的方法进行比较和交换。需要注意的是：每次比较交换后，a(1)的值是动态变化的，并不是把 a(1)的初始值依次与 a(2)～a(5)进行比较。

（4）经过第 1 趟的比较交换后，找出了 5 个数中的最小数 a(1)，剩余 4 个数还未排好序，接着再进行第 2 趟的比较交换。

（5）将 a(2)与 a(3)、a(4)、a(5)依次进行比较，处理方法同前。经过第 2 趟的比较交换，剩余 4 个数的最小数已存入 a(2)中，余下的 3 个数 a(3)、a(4)、a(5)还未排序。再按上述方法进行第 3 趟、第 4 趟的处理，最后 a(5)存放的就是最大数。

由此可见，对 5 个数排序要进行 4 趟比较交换，每一趟比较的次数是不同的。第 1 趟比较 4 次（a(1)与后面 4 个数比较），第 2 趟比较 3 次（a(2)与后面 3 个数比较），…，第 4 趟比较 1 次（a(4)与 a(5)比较）。也就是说，随着趟数的增加，比较的次数递减。根据这样的规律，可以用双重 For 循环语句来实现排序算法：外层循环用来控制趟数，循环 4 次；内层循环控制每趟比较的次数，循环次数与趟数有关，在设计循环次数时，内层循环的初值应与外层循环变量有关。

为了使程序具有通用性，可以适应对任意 *n* 个数进行排序，程序中将数组声明为动态数组。在程序运行后，任意输入 *n* 的值，即可完成 *n* 个数的排序。如果输入 *n* 的值为 5，则就对 5 个数进行排序。

程序代码如下：

```
Private Sub Form_Activate()
  Form1.Caption = "选择法排序"
  Dim a() As Integer, i%, j%, n%, t%
  n = Val(InputBox("请输入 n 的值"))             ' 输入数据个数 n
  ReDim a(n) As Integer
  Print "原始数据"
  For i = 1 To n                                 ' 产生 n 个原始数据并输出
    a(i) = Int(90 * Rnd + 10)
    Print a(i);
    If i Mod 10 = 0 Then Print
  Next i
  For i = 1 To n – 1                             ' 排序
    For j = i + 1 To n
      If a(i) > a(j) Then
        t = a(i)
        a(i) = a(j)
        a(j) = t
      End If
    Next j
  Next i
  Print "排序后的数据"
  For i = 1 To n                                 ' 输出排序后的数据
    Print a(i);
    If i Mod 10 = 0 Then Print
  Next i
End Sub
```

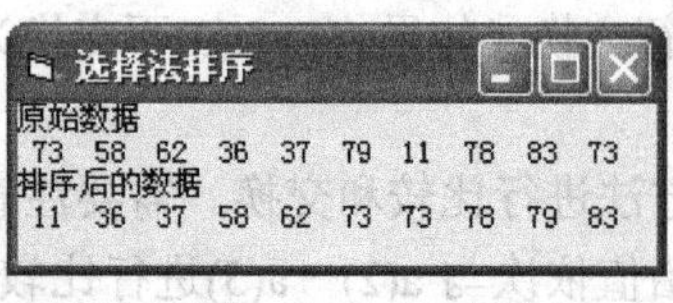

图 6.11　例 6.12 的运行结果

程序运行后，在输入对话框中输入数据个数 n 为 10，运行结果如图 6.11 所示。

在上述排序算法中，只要 a(i)>a(j)就要交换一次，因此交换次数较多，效率较低。可以对该算法进行优化。优化的算法是：在每一趟的比较中，当 a(i)>a(j)时不交换，而是在 a(i)与 a(i+1)～a(5)都比较完后，将 a(i)与 a(i+1)～a(5)中数值最小的那个元素进行交换即可。

实现优化算法的具体步骤如下：

（1）在比较之前，先假设 a(1)是 5 个数中的最小数，并将下标 1 存入变量 k 中。将 a(k)与 a(2)进行比较，如果 a(k)>a(2)，则将 a(2)的下标 2 存入变量 k 中，否则 k 中的值保持不变。

（2）再将 a(k)与 a(3)进行比较，如果 a(k)>a(3)，则将 a(3)的下标 3 存入变量 k 中，否则 k 中值保持不变。

（3）用上述同样的方法，每次都用 a(k)与数组中的下一个数进行比较，直到所有的数都与 a(k)比较完为止。最后，a(k)中的数就是 5 个数中的最小数。

（4）经过第 1 趟的比较后，将 a(1)与 a(k)进行交换（如果 k=1 则不必交换，因为最小的数已经在 a(1)中了），其余 3 个数保持不变。

（5）接着进行第 2 趟的比较。先将 a(2)的下标 2 存入变量 k 中，然后将 a(k)与 a(3)进行比较，如果 a(k)>a(3)，将 a(3)的下标 3 存入变量 k 中，…，如此反复，直至比较完第 2 趟，此时 a(k)是剩余 4 个数中的最小数，将 a(2)与 a(k)进行交换（如果 k=2 则不必交换）。以后都按此方法比较，直到比较完 4 趟为止。

根据上述算法，可以写出优化排序算法的程序段：

```
For i = 1 To 4
  k = i
  For j = i + 1 To 5
    If a(k) > a(j) Then k = j
  Next j
  If k <> i Then
    t = a(i)
    a(i) = a(k)
    a(k) = t
  End If
Next i
```

优化后的算法每趟最多交换一次，交换次数减少了很多，因此排序效率较高。

【例 6.13】 随机产生 *n* 个两位整数，用冒泡法对其按升序排序。

分析：冒泡法排序算法的思想是（仍以 5 个数为例）：将相邻两个数依次进行比较，即 a(1)和 a(2)比较，a(2)和 a(3)比较，…，a(4)和 a(5)比较。每次比较都将两数中的大数放到后面。第 1 趟比较完后，5 个数中的最大数存入 a(5)中。再将剩余的 4 个数 a(1)～a(4)用上述方法两两进行比较，将第 2 个大的数存入 a(4)中。以此类推，最后 a(1)中存放的是 5 个数中的最小数。

实现算法的具体步骤如下：

（1）先将 a(1)与 a(2)进行比较，如果 a(1)>a(2)，则将 a(1)与 a(2)进行交换，否则不交换，此时 a(2)存放的是两个数中的大数。

（2）再将 a(2)与 a(3)进行比较（此时 a(2)的值有可能已经发生改变），如果 a(2)>a(3)，则将 a(2)与 a(3)进行交换，否则不交换，此时 a(3)存放的是 a(1)、a(2)和 a(3)中的最大数。

（3）将 a(3)与 a(4)，a(4)与 a(5)进行比较，每次都按前面方法进行比较和交换。

（4）经过第 1 趟比较和交换之后，找出了 5 个数中的最大数并存入 a(5)中，剩余 4 个数还未排好序，接着再进行第 2 趟的比较和交换。

（5）将 a(1)与 a(2)，a(2)与 a(3)，a(3)与 a(4)两两依次进行比较，处理方法同前。经过第 2 趟的比较和交换之后，剩余 4 个数的最大数存入 a(4)中，其余的 3 个数 a(1)、a(2)、a(3)还未排序。再按上述方法进行第 3 趟、第 4 趟的处理，最后 a(1)存放的就是最小数。

与选择法类似，对 5 个数用冒泡法排序也要进行 4 趟比较交换，每一趟比较的次数也是随着趟数的增加而递减。同样用双重 For 循环语句来实现冒泡排序算法：外层循环用来控制趟数，循环 4 次；内层循环控制每趟比较的次数，循环次数与趟数有关，在设计循环次数时，根据冒泡法的算法特点，内层循环的终值应与外层循环变量有关。

为了使程序具有通用性，可以适应对任意 *n* 个数进行排序，程序中处理方法同例 6.12。

程序代码如下：

```
Private Sub Form_Activate()
    Form1.Caption = "冒泡法排序"
    Dim a() As Integer, i%, j%, n%, t%
    n = Val(InputBox("请输入 n 的值"))              ' 输入数据个数 n
    ReDim a(n) As Integer
    Print "原始数据"
    For i = 1 To n                                 ' 产生 n 个原始数据并输出
        a(i) = Int(90 * Rnd + 10)
        Print a(i);
        If i Mod 10 = 0 Then Print
    Next i
    For i = 1 To n – 1                             ' 排序
        For j = 1 To n - i
            If a(j) > a(j + 1) Then
                t = a(j)
                a(j) = a(j + 1)
                a(j + 1) = t
            End If
        Next j
    Next i
    Print "排序后的数据"
    For i = 1 To n                                 ' 输出排序后的数据
        Print a(i);
        If i Mod 10 = 0 Then Print
    Next i
End Sub
```

程序运行后，在输入对话框中输入数据个数 n 为 10，运行结果与例 6.12 相同。

若要降序排序，只需将程序中的大于号“>”改为小于号“<”即可。

【例 6.14】 随机产生 10 个区间为[1, 100]的整数。从键盘输入一个查找关键值，在这 10 个整数中顺序查找与其值相同的数据。如果找到，输出该数据的位置；如果没有找到，则输出“没有此数”的信息。

分析：将 10 个随机整数存入数组 a 中。用 InputBox 函数输入查找关键值 key。顺序查找算法的思想是：从数组 a 的第 1 个元素开始，按顺序依次与 key 进行比较，如果其中的某个元素值与 key 相同，即 a(i)=key，则结束查找并输出该元素在数组中的位置 i。如果数组中的所有元素都与 key 不相同，则说明数组中没有这个数，输出“没有此数”的信息。

在窗体上添加 2 个命令按钮，Caption 属性分别为“产生随机整数”和“查找”。

程序代码如下：

```
Dim a%(1 To 10), i%
Private Sub Command1_Click()
  Form1.Caption = "顺序查找"
  Print "产生的随机整数"
  For i = 1 To 10
    a(i) = Int(100 * Rnd + 1)
    Print a(i);
  Next i
  Print
End Sub
Private Sub Command2_Click()
  Dim key%, m%
  key = Val(InputBox("请输入要查找的数据"))
  For i = 1 To 10
    If  key = a(i) Then                ' 如果找到，则保存此数的位置
      m = i
      Exit For
    End If
  Next i
  If i <= 10 Then
    Print "所查找的数"; key; "在数组中的位置是："; m
  Else
    MsgBox "没有此数"
  End If
End Sub
```

程序运行后，单击"产生随机整数"命令按钮，产生 10 个随机整数并输出在窗体上；单击"查找"命令按钮，在对话框中输入查找关键值 31，程序的运行结果如图 6.12 所示。

图 6.12 例 6.14 的运行结果

顺序查找法算法简单，容易理解，但效率不高。如果要查找的数据正好是数组中的第一个元素，只需一次就可以找到；如果它是最后一个元素，则需要查找 n 次（n 为数据的个数，本例 n=10），平均查找次数为$(n+1)/2$。

【例 6.15】 在 10 个有序数 11、14、17、21、23、26、29、32、35、37 中，用折半查找法查找指定的数据。如果找到，则输出该数据的位置；如果没有找到，则输出"没有此数"的信息。

分析：将 10 个数据利用 Array 函数存入数组 a 中。用 InputBox 函数输入查找关键值 key。折半查找算法的思想是：将要查找的关键值 key 与数组的中间位置元素进行比较，若相同，则输出其位置；否则，判断关键值 key 是在数组中间位置的左半部分还是右半部分。如果在左半部分，则再在左半部分继续进行折半查找；如果在右半部分，则在右半部分继续进行折半查找。如此反复查找，不断缩小查找范围，直到找到或没找到为止。

实现算法的具体步骤如下：

（1）先将有序数组 a 的下标下界和上界分别存入变量 left 和 right 中，中间位置数组元素的下标存入变量 mid 中，mid=Int((left+right)/2)。

（2）将查找关键值 key 与 a(mid)进行比较，如果 key=a(mid)，说明已找到，输出其位置 mid；如果 key<a(mid)，说明 key 在左半部分，将 right 改为 mid-1，left 保持不变；如果 key>a(mid)，说明 key 在右半部分，将 left 改为 mid+1，right 保持不变。

（3）重复步骤（2），直到找到或没找到为止。

在窗体上添加 1 个命令按钮，其 Caption 属性为“查找”。

程序代码如下：

```
Option Base 1
Private Sub Command1_Click()
  Dim a, i%, key%, m%, left%, right%, mid%
  Form1.Caption = "折半查找"
  Print "有序数列"
  a = Array(11, 14, 17, 21, 23, 26, 29, 32, 35, 37)
  For i = LBound(a) To UBound(a)
    Print a(i);
  Next i
  Print
  left = LBound(a)
  right = UBound(a)
  key = Val(InputBox("请输入要查找的数据"))
  Do While left <= right
    mid = Int((left + right) / 2)
    If key = a(mid) Then         ' 如果找到，则保存此数的位置
      m = mid
      Exit Do
    ElseIf key < a(mid) Then
      right = mid - 1
    ElseIf key > a(mid) Then
      left = mid + 1
    End If
  Loop
  If m <> 0 Then
    Print "所查找的数"; key; "在数组中的位置是："; m
  Else
    MsgBox "没有此数"
  End If
End Sub
```

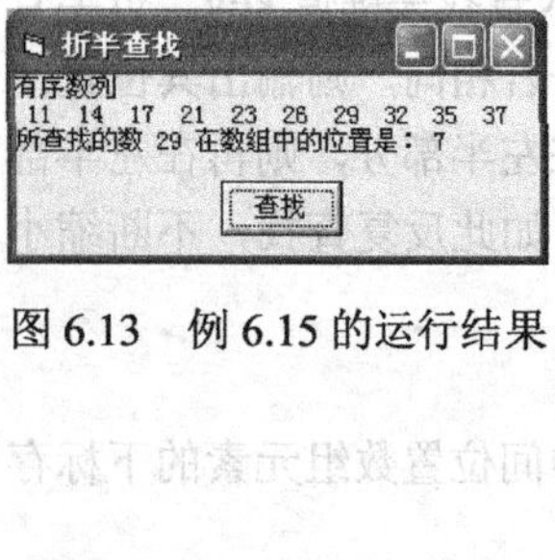

图 6.13 例 6.15 的运行结果

程序运行后，单击“查找”命令按钮，在对话框中输入查找关键值 29，程序的运行结果如图 6.13 所示。

用折半法查找数据时，要查找的数据必须已经排好序（升序或降序均可），如果要查找的数据正好是数组中间的元素，只需一次就可找到，最多需要查找 $\log_2 n+1$ 次（n 为数据的个数，本例 n=10）。

第 7 章　过　　程

通过前面章节的学习，可以利用 Visual Basic 提供的内部函数和事件过程编写一些简单的程序。但在实际应用中，会遇到大量复杂的问题，仅用有限的内部函数和事件过程是不能满足编程需要的。为此，Visual Basic 允许用户自己定义过程，以实现复杂的程序功能。

本章主要介绍用户自定义过程中的 Sub（子程序）过程和 Function（函数）过程的定义、调用、参数传递、变量和过程的作用域以及变量的生存期。

7.1　过 程 概 述

7.1.1　过程的概念

在处理规模较大的问题时，人们通常采用“分而治之”的策略，即将一个大而复杂的问题划分成若干小而简单的问题，这些小问题可以看成是一个个模块。

结构化程序设计的基本思想是将程序“模块化”，即将一个大的程序按照功能分解成若干个模块，每个模块完成一个独立的功能，这些模块可以用函数（Function）或子程序（Subroutine）来描述。由于它们是通过执行一段程序代码来完成一个特定功能的操作过程，因此将它们称为“过程”（Procedure）。

由此可见，过程就是完成某种特定功能的一段程序代码，是构成程序的基本单元。Visual Basic 的应用程序就是由不同种类的若干过程组成的。

到目前为止，程序设计的大部分工作是编写事件过程。事件过程是在某个对象（如窗体、命令按钮）上触发了某些事件（如 Load、Click）后所执行的一段程序代码，它是 Visual Basic 程序设计的主体和核心。

在处理实际问题时，事件过程中常常会出现许多重复的程序段，或者多个不同的事件过程要用到相同的程序段，使得程序不够简洁。为了避免程序代码的重复出现，可以将这些程序段分离出来作为一个公共程序段，并将其定义为过程，这样的过程称为“通用过程”。显然，使用通用过程可使程序简洁、清晰。通用过程可以在窗体模块中定义，也可以在标准模块中定义，供事件过程或其他通用过程调用。

7.1.2　过程的优点

下面通过一个例子说明通用过程的优点。

【例 7.1】 求表达式 3!+5!+8!的值。

分析：根据以前所学知识，使用 For 循环语句可以写出求 1 个数阶乘的代码，重复这样的代码 3 次就可求出 3 个数的阶乘，然后将其相加。

程序代码如下：

```
Private Sub Form_Activate()
    Dim f3&, f5&, f8&, sum&, i%
    f3 = 1
    For i = 1 To 3          ' 求 3 的阶乘
```

```
    f3 = f3 * i
  Next i
  f5 = 1
  For i = 1 To 5          ' 求 5 的阶乘
    f5 = f5 * i
  Next i
  f8 = 1
  For i = 1 To 8          ' 求 8 的阶乘
    f8 = f8 * i
  Next i
  sum = f3 + f5 + f8
  Print "3!+5!+8!="; sum
End Sub
```

程序运行后的输出结果为：

```
3!+5!+8!=40446
```

从上面的程序可以看出，求阶乘的程序段重复了 3 次，这 3 段代码的功能和结构都相同，只是循环次数和存放阶乘的变量名不同。如果要计算更多数的阶乘之和，则程序代码将变得冗长。

可以使用通用过程实现求阶乘的功能，然后在事件过程中调用其 3 次。修改后的程序代码如下：

```
Private Sub Form_Activate()
  Dim sum&, i%
  sum = fact(3)+ fact(5)+ fact(8)         ' 调用 fact 函数求阶乘的和
  Print "3!+5!+8!="; sum
End Sub
Public Function fact(n%) As Long
  Dim i%
  fact = 1
  For i = 1 To n                          ' 求 n 的阶乘
    fact = fact * i
  Next i
End Function
```

程序运行后的输出结果为：

```
3!+5!+8!=40446
```

从修改后的程序可以看出，使用通用过程设计程序主要有以下优点：

（1）简化程序，避免重复。将多次重复的程序段定义为通用过程后即可避免重复，从而使程序变得简洁、清晰。需要实现通用过程所完成的功能时，可在其他过程中进行调用，定义一次可以调用多次。在本例中，将重复 3 次的求阶乘的程序段定义为 Function 过程后，在事件过程中通过赋值语句 sum = fact(3)+ fact(5)+ fact(8)调用了 3 次，完成了求 3 个数阶乘之和。

（2）提高代码的重用性。通用过程具有通用性，通用过程定义后，不仅可以被当前的程序所使用，而且可以被其他程序所使用。例如本例定义的求 n 的阶乘的 Function 过程，除本例程序使用外，其他任何程序中凡是需要计算 1 个数的阶乘时，都可以通过过程名 fact 调用它。因此，可以将一些常用的算法编写为过程并建成过程库，供自己或其他人使用，这样可大大提高代码的重用性。

（3）易于调试和维护。将一个复杂的大程序分解为若干个相对独立的过程，可降低求解问题的复杂度，由于每个过程所处理的问题都相对简单，所以程序变得易于调试。如果需要修改或扩充程序功能，只需修改相关的过程或添加新的过程即可，便于程序的维护。

7.1.3　过程的分类

在 Visual Basic 中，过程可分为两大类。

（1）系统提供的过程。包括内部函数和事件过程。内部函数所实现的功能完全由 Visual Basic 系统提供，使用时只需写出内部函数名和参数即可，不需要用户编写程序代码。事件过程由系统提供对象和在对象上发生的事件，而事件过程所实现的功能则需要由用户通过编写程序代码来实现，它的执行依赖于在某个对象上触发某个事件。

（2）用户自定义过程。即通用过程，包括以下 4 种。

① Sub 过程：主要用于完成一个指定的操作，不能通过过程名返回一个值。

② Function 过程：主要用于完成一个指定的运算，可通过函数名返回一个值。

③ Property 过程：用户自定义的属性过程（本书不作介绍）。

④ Event 过程：用户自定义的事件过程（本书不作介绍）。

通用过程不同于事件过程，它与对象没有关系，它的程序代码不是通过触发对象的某一事件来执行的，而是通过其他过程中的过程调用语句调用后执行。

本章介绍通用过程中的 Sub 过程和 Function 过程。

7.2　过程的定义与调用

使用通用过程进行程序设计时，必须先定义过程，然后再调用该过程。

1．过程定义

过程定义就是按照程序设计要求和相应的语法规则确定过程的名称和参数，并根据该过程所完成的功能，编写出相应的程序代码。

2．过程调用

过程调用就是在事件过程或其他通用过程中，使用过程调用语句，执行相应的通用过程。通常将调用语句所在的事件过程或其他通用过程称为调用过程，将用户自定义的通用过程称为被调过程。通用过程的调用流程是：

（1）首先执行调用过程中的语句，当执行到过程调用语句时，将其提供的参数传递给被调过程。如果定义过程时没有参数，则不进行参数的传递。

（2）程序的流程转到被调过程，执行被调过程中的语句。此时调用过程被暂时中断。

（3）在执行被调过程时，如果遇到退出过程的语句或被调过程执行结束，则程序的流程又返回到调用过程，继续执行过程调用语句后续的语句。调用的流程如图 7.1 所示。

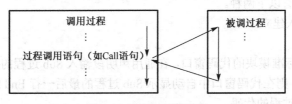

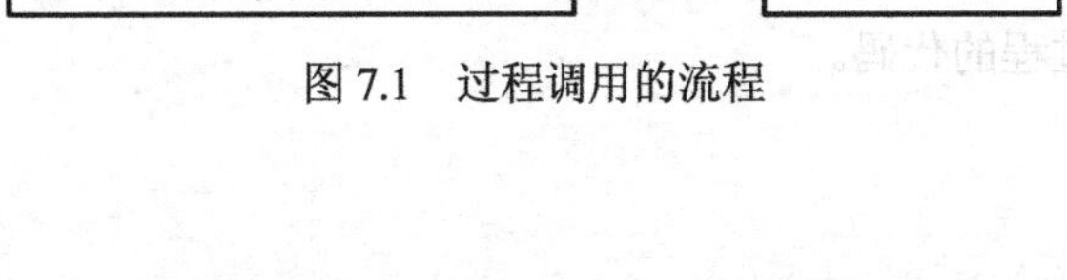

图 7.1　过程调用的流程

7.2.1　Sub 过程的定义与调用

1．Sub 过程的定义

Sub 过程定义的一般格式为：

```
[Public|Private]|[Static]|Sub 子程序过程名([形参列表])
    语句序列
    [Exit Sub]
End Sub
```

说明：

（1）Sub 过程以关键字 Sub 开始，以 End Sub 结束，中间是用来完成指定功能的语句序列，通常称为子程序过程体。

（2）关键字 Sub 前面可以使用 3 个关键字 Public、Private 和 Static 加以限定，它们都是可选项。其中的 Public 和 Private 用来指定过程的作用域。关键字 Static 表示过程中所有过程级变量均为静态变量。有关过程的作用域和静态变量等详细内容将在 7.4 节介绍。

（3）子程序过程名由用户命名，命名规则与变量相同。

（4）形参列表用来确定参数个数和类型。形参列表是可选项，即过程可以没有参数，也可以有多个参数，多个参数之间用逗号分隔。形参列表的一般格式为：

```
[ByVal]|[ByRef] 形参名 1[类型符] [( )][As 类型关键字],形参名 2[类型符] [( )][As 类型关键字],…
```

其中的 ByVal 表示参数按值传递，ByRef 表示参数按地址传递。它们都是可选项，如果都省略，则默认为 ByRef。有关参数的详细内容将在 7.3 节介绍。

（5）语句序列可由一条或多条语句组成，其中可以有一条或多条 Exit Sub 语句，其功能是退出子程序过程，重新返回到调用过程中调用它的地方。

（6）Sub 过程不能嵌套定义，即在 Sub 过程内不能再定义 Sub 过程或 Function 过程。但 Sub 过程可以嵌套调用。

2．Sub 过程的建立

Sub 过程既可以建立在窗体模块中，也可以建立在标准模块中。标准模块是与界面对象无关的独立模块，其中包含程序所需的通用过程（不能包含事件过程）。若要将 Sub 过程建立在标准模块中，首先应将标准模块添加到 Visual Basic 工程中，添加的步骤如下：

（1）选择“工程”菜单下的“添加模块”命令，打开如图 7.2 所示的“添加模块”对话框。

（2）在对话框中单击“新建”选项卡下的“模块”图标，然后单击“打开”按钮（或双击该图标），此时在当前工程中添加了一个默认名称为 Module1 的标准模块，该模块显示在工程资源管理器中。也可以选择“现存”选项卡下已有的标准模块，将其添加到当前工程中。

此后便可以在标准模块的代码窗口中建立通用过程。

建立 Sub 过程的方法有以下两种。

方法 1：通过手工输入建立。

操作步骤如下：

（1）打开窗体模块或标准模块的代码窗口，在通用声明段输入 Sub 过程的第一行，例如，输入 Sub fact(n%)，然后按回车键，则在代码窗口中自动显示 Sub 过程的最后一行 End Sub。

（2）在两行之间输入过程的代码。

方法 2：通过菜单命令建立。

操作步骤如下：

（1）打开窗体模块或标准模块的代码窗口，选择“工具”菜单下的“添加过程”命令，打开如图 7.3 所示的“添加过程”对话框。

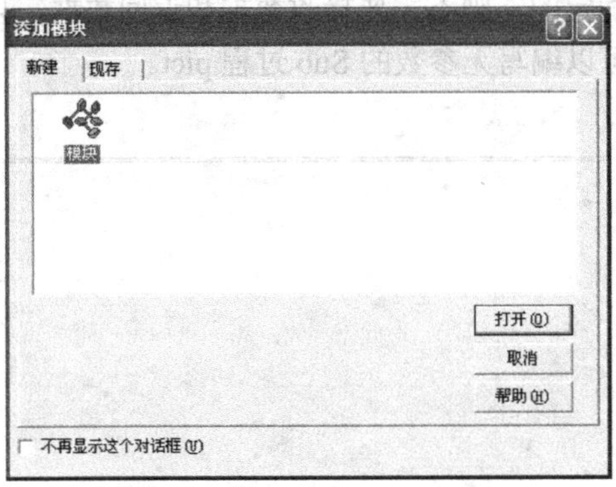

图 7.2 “添加模块”对话框

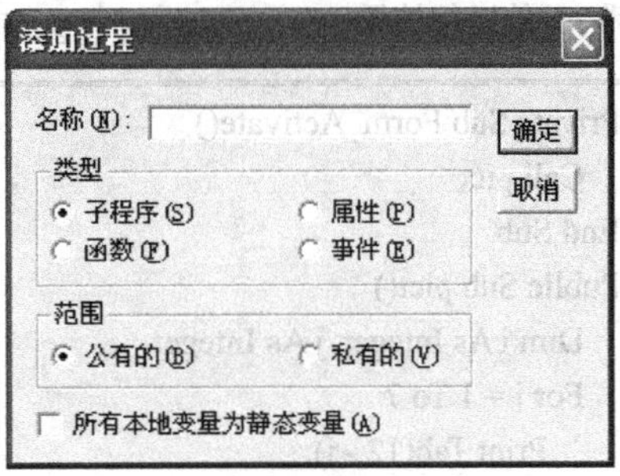

图 7.3 “添加过程”对话框

（2）在对话框中的“名称”框内输入要建立的过程名，如 fact。

注意：过程名后不能输入圆括号及参数。

（3）在“类型”栏内选择要建立过程的类型，此时应选择“子程序”。

（4）在“范围”栏内选择过程的作用域。如果选择“公有的”，则所建立的过程可以被同一程序的所有模块中的过程调用，相当于在定义 Sub 过程时选用 Public 关键字；如果选择“私有的”，则所建立的过程只能被本模块中的其他过程调用，相当于在定义过程时选用 Private 关键字。

（5）若选中“所有本地变量为静态变量”复选框，则表示过程中所有过程级变量均为静态变量，相当于在定义过程时选用 Static 关键字。

（6）单击“确定”按钮，在代码窗口中自动生成 Sub 过程的第一行和最后一行，光标在两行之间闪烁，此时便可以输入过程的代码了。

3．Sub 过程的调用

Sub 过程可以用以下两种格式调用。

（1）使用 Call 语句调用：Call 子程序过程名([实参列表])。

（2）使用过程名调用：子程序过程名 [实参列表]。

说明：

（1）子程序过程名就是要调用的 Sub 过程的名字。

（2）若定义 Sub 过程时有形参，则调用时必须提供相应的实参。实参列表应与形参列表在参数个数、类型和顺序上保持一致。若定义 Sub 过程时没有形参，则调用时也没有实参，并且第 1 种格式实参两边的圆括号可以省略。

（3）使用第 2 种格式调用过程时，实参两边没有圆括号。但当只有一个实参时也允许加圆括号，此时实参被看作为表达式。

（4）使用这两种格式还可以调用 Function 过程，甚至可以调用事件过程。例如，程序中有一个命令按钮（Command1）的单击（Click）事件过程，可以用 Call Command1_Click 语句或 Command1_Click 语句调用该事件过程。由此可见，事件过程有两种调用方法：一是通过触发某对象的某个事件后由系统调用；二是通过程序的其他过程来调用。

【例 7.2】 用 Sub 过程编写程序，在窗体上输出如图 7.4 所示的图形。

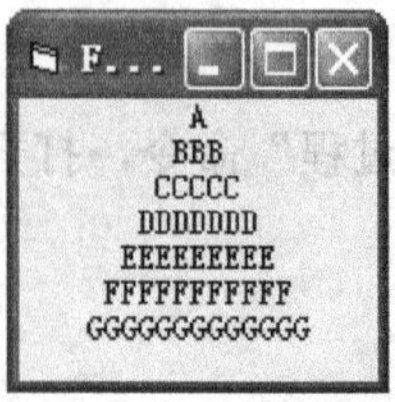

图 7.4 例 7.2 的运行结果

分析：该图形由若干行字母组成，每行字母及其个数存在有规律的递增关系，因此可用双重 For 循环语句处理。

解法 1：无参数的 Sub 过程。

如果图形的行数是确定的，则不需要接收数据和返回数据，只是完成输出图形的操作，因此可以编写无参数的 Sub 过程 pict。

程序代码如下：

```
Private Sub Form_Activate()
  Call pict
End Sub
Public Sub pict()
  Dim i As Integer, j As Integer
  For i = 1 To 7
    Print Tab(12 - i);
    For j = 1 To 2 * i - 1
      Print Chr(65 + i - 1);
    Next j
    Print
  Next i
End Sub
```

解法 2：有参数的 Sub 过程。

为使图形行数可变，可以在调用过程中输入一个行数 n（1≤n≤26），然后执行 pict 过程，由 pict 过程输出 n 行字母组成的图形，因此需将 pict 过程定义为有参数的过程。

程序代码如下：

```
Private Sub Form_Activate()
  Dim n As Integer
  n = Val(InputBox("请输入图形的行数（1～26）"))
  Call pict(n)
End Sub
Public Sub pict(n As Integer)
  Dim i As Integer, j As Integer
  For i = 1 To n
    Print Tab(30 - i);
    For j = 1 To 2 * i - 1
      Print Chr(65 + i - 1);
    Next j
    Print
  Next i
End Sub
```

【例 7.3】 输入一个字符串，将其中的字符按逆序重新存放并输出。

分析：将字符串中的字符按逆序重新存放，就是将第 1 个字符与第 n（n 为字符串长度）个字符对调，第 2 个字符与第 n–1 个字符对调，…。将对调两个字符的操作定义为 Sub 过程，过程名为 swapchar。

该过程应该带有两个形参i和j，用来接收从调用过程传递过来的对调字符所在的位置。

程序代码如下：

```
Dim str As String, n%
Private Sub Form_Activate()
  Dim i%
  str = InputBox("请输入一个字符串")
  n = Len(str)
  For i = 1 To n \ 2
    Call swapchar(i, n - i + 1)
  Next i
  Print str
End Sub
' 定义 Sub 过程 swapchar，用于对调两个字符
Sub swapchar(i As Integer, j As Integer)
  Dim t As String
  t = mid(str, i, 1)
  Mid(str, i, 1) = mid(str, j, 1)
  Mid(str, j, 1) = t
End Sub
```

程序运行后，在输入对话框中输入字符串basic，输出结果为：

cisab

7.2.2 Function 过程的定义与调用

1. Function 过程的定义

Function 过程定义的一般格式为：

```
[Public|Private]|[Static]| Function 函数过程名([形参列表])[As 类型关键字]
  语句序列
  [函数过程名=表达式]
  [Exit Function]
End Function
```

说明：

（1）Function过程以关键字Function开始，以End Function结束，中间是用来完成指定功能的语句序列，通常称为函数过程体。

（2）关键字Function前面的关键字Public、Private和Static的作用、函数过程名的命名规则、形参列表的格式及其含义都与定义Sub过程时相同。

（3）As 类型关键字用来说明Function过程返回值的数据类型，它是可选项，省略时返回值的类型默认为变体类型。

（4）函数过程体可由一条或多条语句组成，其中可以有一条或多条Exit Function语句，其功能是退出函数过程，重新返回到调用过程中调用它的地方。

（5）在函数过程体中应至少包含一条给函数过程名赋值的语句，即：函数过程名=表达式（注意，函数过程名后不能带有圆括号及其参数），Function过程通过函数过程名将函数值返回到调用过程中。

函数过程名相当于变量，其值就是函数值。如果函数过程体中没有给函数过程名赋值的语句，则返回值为函数过程名默认的初始值，它与定义 Function 过程时的函数类型有关。当函数类型为数值型时，返回值为 0；当函数类型为字符串型时，返回值为空串；等等。

（6）与 Sub 过程一样，Function 过程也不能嵌套定义，但可以嵌套调用。

2．Function 过程的建立

Function 过程的建立方法与 Sub 过程的建立方法类似，只需在方法 1（通过手工输入建立）中，将在窗体模块或标准模块的代码窗口中输入的关键字 Sub 改为 Function，在方法 2（通过菜单命令建立）中，将“添加过程”对话框中选择“子程序”类型改为“函数”类型即可。

3．Function 过程的调用

Function 过程的调用方法与 Visual Basic 内部函数的调用方法完全相同，即只需写出函数过程名和相应的参数即可，其调用的一般格式为：

函数过程名([实参列表])

说明：

（1）函数过程名就是要调用的 Function 过程的名字。

（2）实参列表的含义与调用 Sub 过程相同。

（3）由于函数过程名代表函数的返回值，因此凡是数值可以出现的地方，都可以出现函数过程的调用。通常函数过程的调用出现在表达式中。如例 7.1 中 fact 函数过程的调用：sum = fact(3)+ fact(5)+ fact(8)，也可以写成 Print fact(3)+ fact(5)+ fact(8)。

（4）Function 过程的调用也可以使用 Sub 过程的调用方法，用这种方法调用 Function 过程时，不能使用通过函数过程名返回的数据，只能使用通过参数传递返回的数据。

【例 7.4】 求 3 个整数的最大公约数。

分析：可以用“辗转相除”法求两个整数的最大公约数。将求任意两个整数的最大公约数定义为 Function 过程，过程名为 gcd。该过程应该带有两个形参 m 和 n，用来接收从调用过程传递过来的数据。在调用过程 Form_Activate 中调用其两次，即可求出 3 个整数的最大公约数。

在窗体上添加 4 个标签、4 个文本框和 1 个命令按钮，属性设置如表 7.1 所示。

表 7.1 属 性 设 置

对象名	属性名	属性值	说明
Form1	Caption	求最大公约数	
Label1	Caption	第 1 个数	
Label2	Caption	第 2 个数	
Label3	Caption	第 3 个数	
Label4	Caption	最大公约数	
Text1～Text3	Text		初始内容为空，用于输入
Text4	Text		初始内容为空，用于输出
Command1	Caption	计算	

程序代码如下：

```
Private Sub Command1_Click()
    Dim a%, b%, c%, x%
```

```
    a = Val(Text1.Text)
    b = Val(Text2.Text)
    c = Val(Text3.Text)
    x = gcd(a, b)              ' 求 a、b 的最大公约数
    x = gcd(x, c)              ' 求 a、b、c 的最大公约数
    Text4.Text = x
End Sub
' 定义 Function 过程 gcd，用于求任意两个整数的最大公约数
Function gcd(m%, n%) As Integer
    Dim r%
    r = m Mod n
    Do While r <> 0
      m = n
      n = r
      r = m Mod n
    Loop
    gcd = n                    ' 通过函数名 gcd 返回两个数的最大公约数
End Function
```

程序运行后，分别在“第 1 个数”、“第 2 个数”和“第 3 个数”对应的文本框中输入 15、35、60，单击“计算”命令按钮，运行结果如图 7.5 所示。

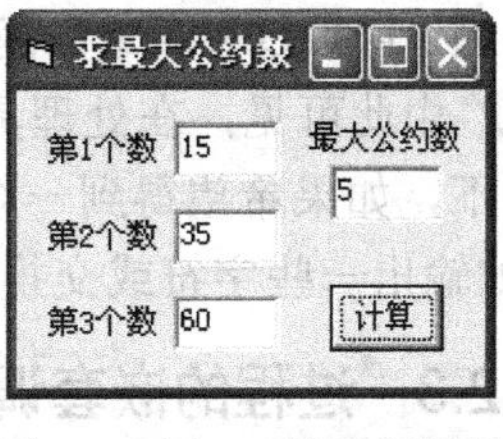

图 7.5 例 7.4 的运行结果

【例 7.5】 随机产生 500 个区间为[10, 200]的整数，从中找出既能被 3 整除也能被 7 整除的整数并输出。

分析：本例的问题可用多种方法求解。现将判断一个整数是否能同时被 3 和 7 整除定义为 Function 过程，过程名为 ed，该过程被定义为逻辑型并带有一个参数 y。如果从调用过程 Form_Activate 传过来的整数能同时被 3 和 7 整除，则 Function 过程的返回值为 True，否则为 False，调用过程据此决定是否输出该随机整数。

程序代码如下：

```
Private Sub Form_Activate()
    Randomize
    Dim x%, n%, i%
    Caption = "找能同时被 3 和 7 整除的随机整数"
    Print "能同时被 3 和 7 整除的随机整数"
    For i = 1 To 500
      x = Int(191 * Rnd + 10)
      If ed(x) Then              ' 调用 Function 过程 ed 判断 x 是否能同时被 3 和 7 整除
        n = n + 1
        Print Tab(9 * (n - 1)); x;
        If n Mod 6 = 0 Then n = 0: Print
      End If
    Next i
End Sub
' 定义 Function 过程 ed，用于判断 y 是否能同时被 3 和 7 整除
Function ed(y%) As Boolean
    ed = False
```

```
  If y Mod 3 = 0 And y Mod 7 = 0 Then
    ed = True                      ' 通过函数过程名 ed 返回判断结果
  End If
End Function
```

图 7.6 例 7.5 的运行结果

程序运行后的输出结果如图 7.6 所示。

4．Function 过程与 Sub 过程的异同

通过前面的介绍可以看出，Function 过程和 Sub 过程都是用户自定义的通用过程，用来完成一个指定的功能，都能实现参数传递，一般情况下，两者可以互相代替。

它们的主要区别如下。

（1）过程名的作用不同。函数过程名除了标识一个 Function 过程外，还相当于变量名，它有值，有类型，在函数过程体中应至少被赋值一次，并通过它返回一个函数值，供调用过程使用；而子程序过程名仅起标识一个 Sub 过程的作用，它无值，无类型，在子程序过程体内不能被赋值，不能通过它带回数据。

（2）调用的方式不同。Sub 过程通过一条独立的 Call 语句（或省略 Call 的语句）调用；而 Function 过程作为表达式的操作数进行调用，虽然也能用调用 Sub 过程的方法调用 Function 过程，但此时则不能通过函数过程名返回函数值，而只能通过参数传递的方式返回数据。

由此可见，在处理具体问题时，用 Function 过程还是用 Sub 过程并没有严格的规定。通常情况下，如果希望得到一个结果值，用 Function 过程比较方便；如果只是完成一个或一系列的操作（如输出一些字符或交换数据等），或者需要返回多个数据，则用 Sub 过程比较合适。

7.2.3 过程的嵌套调用

过程的嵌套调用是指在一个 Sub 过程或 Function 过程的执行过程中又调用另一个 Sub 过程或 Function 过程。也就是说，如果过程 1 调用了过程 2，而过程 2 又调用了过程 3，就形成了过程调用的嵌套。在这种情况下，过程 1 是过程 2 的调用过程，过程 3 是过程 2 的被调过程，而过程 2 既是过程 3 的调用过程，又是过程 1 的被调过程。

在 Visual Basic 中，每个过程（包括通用过程和事件过程）都是一个相对独立的模块，它们之间是平行的关系，没有主次之分，每个过程既可以是调用过程，也可以是被调过程。

【例 7.6】 用过程嵌套的方法求 1!+2!+3!+…+n!。

分析：通过一个过程求某数的阶乘，用另外一个过程求各数阶乘的和。

程序代码如下：

```
Private Sub Form_Activate()
  Dim sum As Long, n As Integer
  n = Val(InputBox("请输入 n 的值"))
  sum = factsum(n)                  ' 调用 Function 过程 factsum 求 1～n 阶乘的和
  Print sum
End Sub
' 定义 Function 过程 factsum，用于求 1～n 阶乘的和
Function factsum(n As Integer) As Long
  Dim s As Long, i As Integer
  s = 0
```

```
    For i = 1 To n
      s = s + fact(i)                    ' 调用 Function 过程 fact 求 i 的阶乘
    Next i
    factsum = s
  End Function
  ' 定义 Function 过程 fact，用于求 n 的阶乘
  Function fact(n As Integer) As Long
    Dim f As Long, i As Integer
    f = 1
    For i = 1 To n
      f = f * i
    Next i
    fact = f
  End Function
```

程序运行后，在输入对话框中输入 n 的值为 5，输出结果为 153。

从上面程序可以看出，本例程序由 3 个过程组成，即事件过程 Form_Activate、函数过程 factsum 和 fact，它们之间存在嵌套调用关系：在事件过程 Form_Activate 中调用了函数过程 factsum，在函数过程 factsum 中又调用了函数过程 fact。

7.3 参数传递

Visual Basic 程序是由各种过程组成的，虽然这些过程都是相对独立的程序单元，但不是孤立的，它们不仅需要完成各自的功能，而且还要互相协调配合，共同完成复杂的程序功能。协调配合的主要方法就是过程之间的相互调用，在相互调用的过程中，往往会根据程序的需要，在过程之间产生数据传递。

在 Visual Basic 中，过程之间的数据传递有两种方式：

（1）通过模块级变量或全局变量在过程之间共享数据。即在有效的作用域内，各个过程共同使用相同的变量，从而达到数据传递的目的。

（2）通过过程提供的参数进行数据传递。即调用过程将数据传递给被调过程进行处理，被调过程再将处理的结果返回给调用过程。这种数据传递方式称为参数传递。

有关模块级变量和全局变量的详细内容将在 7.4 节介绍，本节主要介绍参数传递的方式。

7.3.1 形式参数和实际参数

1. 形式参数

形式参数（简称形参）是指在 Sub 过程和 Function 过程定义的第一行中出现的参数。形参的主要作用是接收实参传递过来的数据（也可以向实参传回数据）。形参只能是变量或数组，不能是常量、表达式或数组元素。形参在被调过程中可以被引用。

在过程被调用之前，内存中并未给形参分配存储单元，只是形式上说明其名称和类型，实际上是有名无实的变量。当过程被调用时，系统才给形参分配存储单元，此时形参可以在被调过程中引用；当过程调用结束后，释放形参所占据的存储单元，形参则不能被引用了。

2．实际参数

实际参数（简称实参）是指出现在调用语句中的参数，实参的主要作用是向形参提供数据（也可以接收形参传回的数据）。实参可以是常量、变量、表达式、函数、数组和数组元素。如果实参是变量或数组，需要在调用语句之前进行类型声明。

在 Visual Basic 中，通常是按位置进行参数传递的，即实参的排列顺序与形参的排列顺序一一对应。实参与形参之间的对应关系如图 7.7 所示。

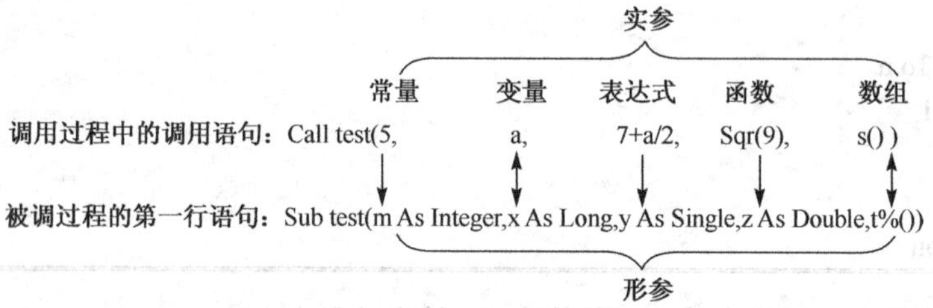

图 7.7 实参与形参之间的对应关系

图 7.7 中的单向箭头表示只能进行单向传递，即只能将实参的值传递给形参，不能将形参的值传回给实参。双向箭头表示可进行双向传递，也就是说，既可以将实参的值传递给形参，也可以将形参的值传回给实参。

在传递参数时，实参中的变量名或数组名可以与形参中的变量名或数组名相同，也可以不相同，但实参的个数必须与形参的个数相同，实参的数据类型也必须与对应形参的类型相同或赋值相容。

7.3.2 按值传递和按地址传递

在 Visual Basic 中，参数传递的方式有两种：按值传递和按地址传递。

1．按值传递

按值传递（By Value）就是调用一个过程时，系统将实参的值传递给对应的形参，此后实参便与形参没有任何联系了。按值传递只能从调用过程向被调过程传递数据，不能从被调过程传回数据，即数据传递是单向的。

按值传递参数时，Visual Basic 给形参分配临时的存储单元，然后将实参的值复制到该存储单元中。此时，调用过程中的实参与被调过程中的形参各自占用自己的存储单元，即使实参与形参是同名的变量或数组，它们也互不相干。当被调过程执行结束时，形参所占用的存储单元也同时被释放。因此在被调过程中对形参的任何改变都不会影响到实参。

如果调用语句中的实参是常量、函数或表达式，或者定义过程时形参前面加上 ByVal 关键字，就是按值传递。

按值传递时，不要求实参的类型必须与形参的类型完全相同，只要两者的类型赋值相容即可。

【例 7.7】 通过下面的程序示例，说明按值传递参数的特点。

```
Private Sub Form_Activate()
    Dim a%, b%, m%, n!
    Caption = "按值传递"
    a = 6
    b = 9
    Print "调用过程前 a、b 的值分别是："; a; b
```

```
    Call testval(2.5, Sqr(b), a, (b))
    Print "调用过程后 a、b 的值分别是："; a; b
    Print "调用过程后 m、n 的值分别是："; m; n
End Sub
Sub testval(m As Integer, n As Single, ByVal a As Long, b As Double)
    m = m * 4
    n = n * 3.2
    a = a + 1
    b = b + 2
    Print "调用过程中 a、b 的值分别是："; a; b
    Print "调用过程中 m、n 的值分别是："; m; n
End Sub
```

从上面的程序可以看出，调用语句中的 4 个实参分别为常量 2.5、内部函数 Sqr(b)、变量 a 和加了圆括号的变量 b（作为表达式），与实参 a 对应的形参 a 前加有关键字 ByVal，显然，参数传递方式都是按值传递。虽然实参与相应的形参类型不同，但它们是赋值相容的，不会出错。

程序运行后，分别给变量 a、b 赋值 6 和 9，然后输出其值。执行到 Call 语句时，程序的流程转到子程序过程 testval，系统为 4 个形参开辟临时的存储单元并进行参数传递。第 1 个实参 2.5 传给相应的形参 m 后，按“对称舍入”原则转换为整数 2，执行语句 m = m * 4 后 m 的值为 8。第 2 个实参 Sqr(b)（其值为 3）传给相应的形参 n 后转换为单精度型，执行语句 n = n * 3.2 后 n 的值为 9.6。第 3 个实参 a（其值为 6）传给相应的形参 a 后转换为长整型，执行语句 a = a + 1 后 a 的值为 7。第 4 个实参 b（其值为 9）传给相应的形参 b 后转换为双精度型，执行语句 b = b + 2 后 b 的值为 11。

虽然形参 m、n、a、b 的值在执行 testval 过程时发生了变化，但由于是按值传递，不会影响到调用过程中相应的实参，因此在调用 testval 过程结束后，调用过程 Form_Activate 中的变量 a、b 的值仍为 6 和 9。调用过程 Form_Activate 中的变量 m、n 与被调过程 testval 中的形参 m、n 是各自过程中独立的变量，互不影响。调用过程 Form_Activate 中的变量 m、n 由于声明后并未对其赋值，因此仍然保留它们的初始值 0。

程序运行后的输出结果如图 7.8 所示。

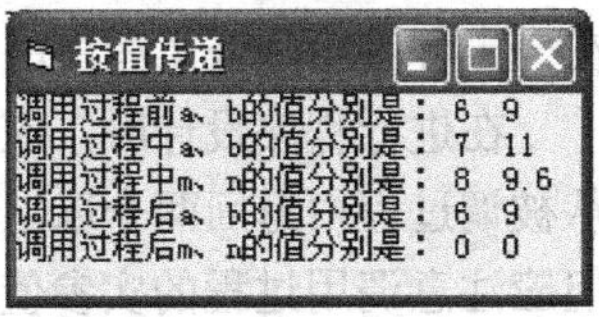

图 7.8　例 7.7 的运行结果

【例 7.8】 调用例 7.4 求两个整数最大公约数的 Function 过程 gcd，利用下面的公式求两个整数 *m* 和 *n* 的最小公倍数。

$$\text{最小公倍数} = \frac{m \times n}{\text{最大公约数}}$$

分析：在调用过程 Form_Activate 中，只需输入两个整数 m、n 并作为实参传递给被调过程 gcd，即可利用上面公式求出最小公倍数。需要注意的是，由于在执行被调过程 gcd 中形参的值已经发生变化，过程 gcd 执行结束后的 m、n 已经不是最初开始调用 gcd 时的值，因此必须采用按值传递的方式传递数据。可以在实参变量两边加一对圆括号，也可以在形参前面加上关键字 ByVal。

程序代码如下：

```
Private Sub Form_Activate()
    Dim m As Integer, n As Integer
    m = Val(InputBox("请输入第 1 个整数"))
    n = Val(InputBox("请输入第 2 个整数"))
    Print m * n / gcd((m), (n))              ' 求最小公倍数并输出
End Sub
```

```
Function gcd(m%, n%) As Integer
    Dim r%
    r = m Mod n
    Do While r <> 0
        m = n
        n = r
        r = m Mod n
    Loop
    gcd = n                                   ' 通过函数过程名 gcd 返回两数的最大公约数
End Function
```

程序运行后，在输入对话框中依次输入 12 和 30，输出的结果为：60

2．按地址传递

按地址传递（By Reference）（也称为引用）就是调用一个过程时，系统将实参的地址传递给对应的形参，使实参与形参具有相同的地址。按地址传递既能从调用过程向被调过程传递数据，也能从被调过程传回数据，即数据传递是双向的。利用这一特点，可以向调用过程返回一个或多个数据。

按地址传递参数时，调用过程中的实参与被调过程中的形参占用相同的存储单元，即使实参变量或数组与形参变量或数组不同名，它们也相当于一个变量或数组。因此在被调过程中对形参的任何操作都变成了对相应实参的操作，如果形参值发生变化则会影响到实参。

如果调用语句中的实参是变量或数组，或者定义过程时形参前面加上关键字 ByRef，就是按地址传递。如果形参前面既没有 ByVal，也没有 ByRef，系统默认按地址传递。但当实参是常量、函数或表达式时，即使形参前面加上关键字 ByRef 也是按值传递。

按地址传递时，要求实参的类型必须与形参的类型完全相同，否则会出现“ByRef 参数类型不符”的编译错误。

相比较而言，按地址传递比按值传递更节省内存空间，因为系统不必为形参另外开辟存储单元。但按地址传递增加了过程之间的联系，减弱了过程的相对独立性，有时可能会带来意想不到的结果，在一定程度上降低了程序的可靠性。

在进行程序设计时，应根据实际问题的需要，正确地选用参数传递的方式。一般情况下，当需要从被调过程中返回两个以上数据（返回一个数据可调用 Function 过程）时，应选用按地址传递方式，但应注意调用过程的实参值将被修改；当不希望通过被调过程修改调用过程的实参值，或者不需要从被调过程中返回两个以上的数据时，应选用按值传递方式，该方式可增加程序的可靠性，给调试程序带来一定的方便。

【例 7.9】 通过下面的程序示例，说明按地址传递参数的特点。

```
Private Sub Form_Activate()
    Dim a%, b%
    Caption = "按地址传递"
    a = 6
    b = 9
    Print "调用过程前 a、b 的值分别是：";  a; b
    Call testref1(a)
    Print "表达式 b + testref2(b) 的值是：";  b + testref2(b)
    Print "调用过程后 a、b 的值分别是：";  a; b
End Sub
```

```
Sub testref1(x As Integer)
  x = x + 1
  Print "调用过程中 x 的值是："; x
End Sub
Function testref2(ByRef y As Integer)
  y = y + 2
  testref2 = y
  Print "调用过程中 y 的值是："; y
End Function
```

本例程序有一个 Sub 过程 testref1 和一个 Function 过程 testref2，两个过程的参数都是按地址传递的。

程序运行后，分别给变量 a、b 赋值 6 和 9，然后输出其值。执行到 Call 语句时，程序的流程转到子程序过程 testref1，并将实参 a 的地址传递给形参 x，它们共享同一存储单元。在过程 testref1 中执行赋值语句 x = x + 1 后，形参 x 的值变为 7。过程 testref1 执行结束后，这个变化被带回到调用过程中，实参 a 的值也变为 7。

接着执行“Print "表达式 b + testref2(b) 的值是："; b + testref2(b)”语句，在计算表达式“b + testref2(b)”时开始调用 Function 过程 testref2，将实参 b 的地址传递给形参 y，它们同样共享同一存储单元。在过程 testref2 中执行赋值语句 y = y + 2 后，形参 y 的值变为 11。过程 testref2 执行结束后，这个变化被带回到调用过程中，实参 b 的值也变为 11，与函数过程 testref2 的返回值 11 相加后，表达式“b + testref2(b)”的值为 22（注意不是 20）。

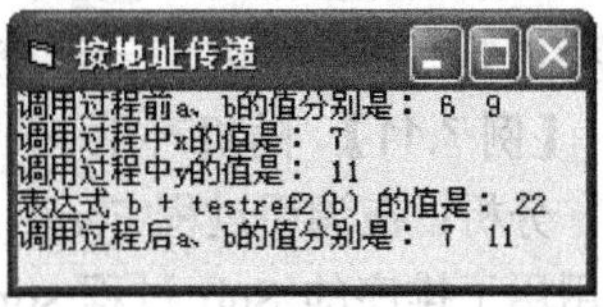

图 7.9　例 7.9 的运行结果

程序运行后的输出结果如图 7.9 所示。

【例 7.10】 用 Sub 过程实现例 7.1 的程序功能。

分析：由于 Sub 过程不能通过过程名返回数据，因此在定义 Sub 过程时，应该增加一个形参来返回阶乘的计算结果。显然，该参数必须采用按地址传递方式传递数据。

程序代码如下：

```
Private Sub Form_Activate()
  Dim sum&, a&, b&, c&              'a、b、c 用来接收返回阶乘的计算结果
  Call fact(3, a)                   ' 调用 fact 子程序过程求阶乘
  Call fact(5, b)
  Call fact(8, c)
  sum = a + b + c
  Print "3!+5!+8!="; sum
End Sub
Public Sub fact(n%, f&)
  Dim i%
  f = 1
  For i = 1 To n                    ' 求 n 的阶乘
    f = f * i
  Next i
End Sub
```

程序运行后的输出结果与例 7.1 相同。

7.3.3 数组作为参数传递

在前面介绍的参数传递中，形参是普通变量，实参是常量、变量和表达式，此时传递的只是一个数据。当需要传递批量数据时，可以使用数组作为实参或形参。

数组作为参数传递有两种情况，一是传递数组元素，二是传递整个数组。

1. 用数组元素作为实参

用数组元素作实参时，与其对应的形参只能是相同类型的变量，不能是数组或数组元素。此时参数按地址方式传递，相当于实参为普通变量的参数传递情况。如果形参前面加上关键字 ByVal，则变为按值传递。

2. 用数组名作为实参或形参

用数组作实参时，与其对应的形参只能是相同类型的数组，不能是变量或数组元素。此时参数按地址方式传递，实参数组的首地址传递给对应的形参数组，即实参数组和形参数组共同占用一片连续的存储单元。数组作参数时必须按地址方式传递，不能因在形参前面加上关键字 ByVal 而变为按值传递。

用数组作参数时，实参只需写出数组名，也可以加上一对空的圆括号，但括号里面不能有下标；形参需要写出数组名和一对空的圆括号（不能省略）。

【例 7.11】 随机产生 10 个两位整数，调用 Sub 过程将其按降序排序。

分析：在调用过程 Form_Activate 中产生随机整数，保存到数组 a 中并输出。然后用该数组作参数调用用于排序的 Sub 过程 sort。调用结束后，将排好序的结果通过按地址传递参数方式返回到调用过程并输出。

程序代码如下：

```
Private Sub Form_Activate()
    Dim a%(10), i%
    Caption = "数组作为参数传递"
    Print "排序前的数据"
    For i = 1 To 10
        a(i) = Int(90 * Rnd + 10)
        Print a(i);
    Next i
    Call sort(a, 10)                          ' 调用排序子程序过程 sort
    Print
    Print "排序后的数据"
    For i = 1 To 10
        Print a(i);
    Next i
End Sub
Sub sort(b() As Integer, n As Integer)
    Dim i%, j%, t%
    For i = 1 To n - 1
        For j = i + 1 To n
            If b(i) < b(j) Then
                t = b(i)
```

```
                b(i) = b(j)
                b(j) = t
            End If
        Next j
    Next i
End Sub
```

图 7.10　例 7.11 的运行结果

程序运行后的输出结果如图 7.10 所示。

7.4　变量和过程的作用域

Visual Basic 的应用程序是由大大小小的模块组成的，最小的模块就是过程，包括事件过程和通用过程在内的各种过程，而这些过程又可以组织到不同种类的、更大一级的模块（即文件）中。例如，事件过程和通用过程可以组织到窗体模块文件中，通用过程也可以组织到标准模块文件中。

同一个模块文件中的过程之间是可以相互调用的，而不同模块文件中的过程之间是否可以相互调用呢？每个过程都可以包含多个变量，变量可以在声明它的过程中使用，又能否在其他过程中使用呢？这些都会涉及作用域问题。

7.4.1　Visual Basic 应用程序的结构

Visual Basic 应用程序的结构如图 7.11 所示。

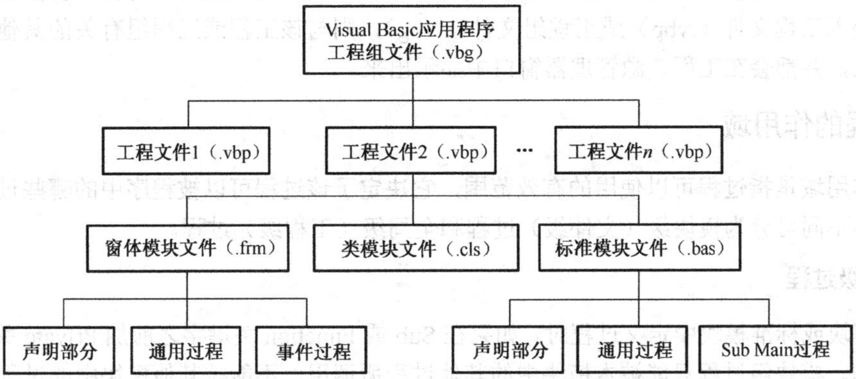

图 7.11　Visual Basic 应用程序的结构

一个 Visual Basic 应用程序可以由一个或多个工程组成，每个工程对应一个扩展名为.vbp 的工程文件，而多个工程可以组成一个工程组，保存时生成一个扩展名为.vbg 的工程组文件。每个工程又可以由 3 种模块组成，即窗体模块（Form）、标准模块（Module）和类模块（Class），它们分别保存在窗体模块文件（扩展名为.frm）、标准模块文件（扩展名为.bas）和类模块文件（扩展名为.cls）中。

在一个工程中，至少应有一个窗体模块，也可以有多个。根据程序需要可以有一个或多个标准模块或类模块。

1. 窗体模块

窗体模块是 3 种模块中最重要的一种，是构成 Visual Basic 应用程序的基础。一个窗体模块包含了界面和程序代码两部分内容，其中界面部分包含窗体及其控件的属性设置信息，代码部分包含常量和变量的声明以及事件过程和通用过程的程序代码。

一个工程可以包含一个或多个窗体模块，默认情况下只有一个，其默认的窗体模块名（简称窗体名）为 Form1，默认的窗体模块文件名为 Form1.frm。如果需要多个窗体模块，可以通过选择“工程”菜单下的“添加窗体”命令来添加，每个新添加的窗体都以扩展名为.frm 的窗体模块文件保存。

2．标准模块

在多窗体模块的程序设计过程中，有些通用过程可能需要在多个不同的窗体中共用，为了避免在每个需要该通用过程的窗体中重复输入代码，应该将这些公用的通用过程代码存入一个与任何窗体都无关的模块中，这就是标准模块。

标准模块可以包含常量和变量的声明以及通用过程和 Sub Main 过程（有关 Sub Main 过程的详细内容见第 8 章），但不能包含事件过程。

在默认情况下，Visual Basic 的工程中并不包含标准模块，但可以通过选择“工程”菜单下的“添加模块”命令来添加一个或多个标准模块，每个标准模块都保存在扩展名为.bas 的标准模块文件中。默认的第一个标准模块名为 Module1，与其对应的标准模块文件名为 Module1.bas。

标准模块的程序代码不仅可以被当前应用程序使用，也可以被其他应用程序使用。

3．类模块

Visual Basic 支持面向对象的程序设计方法，允许用户自己定义类及其对象。类模块主要用来存放用户自定义的类和对象，建立自定义的属性、事件和方法。有关类模块的内容本书不做介绍。

一个完整的 Visual Basic 应用程序包含多种文件，如工程文件（.vbp）、工程组文件（.vbg）、窗体模块文件（.frm）、标准模块文件（.bas）、类模块文件（.cls）等。这些文件在存盘时分别保存，但在装入时，只要装入工程文件（.vbp）或工程组文件（.vbg），则与该工程或工程组有关的其他所有文件也都被同时装入，并都会在工程资源管理器窗口中显示出来。

7.4.2 过程的作用域

过程的作用域是指过程可以使用的有效范围，它决定了该过程可以被程序中的哪些过程调用。过程按作用域的不同可分为模块级（文件级）过程和全局级（工程级）过程。

1．模块级过程

在窗体模块或标准模块中定义过程时，如果在 Sub 或 Function 关键字之前加 Private 关键字，则称为模块级过程。模块级过程只能被本模块中的其他过程所调用，不能被其他模块中的过程调用。也就是说，模块级过程的作用域仅限于其所在的模块中，在其他模块中无效。

2．全局级过程

在窗体模块或标准模块中定义过程时，如果在 Sub 或 Function 关键字之前加 Public 关键字，或者 Public 和 Private 关键字都不加，则称为全局级过程。全局级过程可以被本工程内的所有窗体模块或标准模块中的过程所调用。也就是说，全局级过程的作用域是整个工程的所有模块。

在调用全局级过程时应注意以下两点：

（1）如果全局级过程定义在窗体模块中，其他模块中的调用过程在调用该过程时，必须在被调过程名前加上其所在的窗体名（不是窗体模块文件名）。

例如，有一个全局级 Sub 过程 pro 定义在名称为 Form2 的窗体模块中，而调用过程在名称为 Form1 的窗体模块中，则调用语句应写成：

```
Call Form2.pro()
```

（2）如果全局级过程定义在标准模块中，其他模块中的调用过程在调用该过程时，在被调过程名前可以加上其所在的标准模块名（不是标准模块文件名），也可以不加。如果不加标准模块名，则要求被调过程不能重名。

例如，有一个全局级 Sub 过程 pro 定义在名称为 Module1 的标准模块中，而调用过程在名称为 Form1 的窗体模块中，则调用语句应写成：

```
Call Module1.pro() 或 Call pro()
```

如果全局级 Sub 过程 pro 也定义在名称为 Module2 的标准模块中，则调用语句必须写成：

```
Call Module1.pro()  ' 调用 Module1 中的 pro
Call Module2.pro()  ' 调用 Module2 中的 pro
```

【例 7.12】 通过下面的程序示例，说明过程的作用域。

本例程序有 2 个窗体模块（窗体名为 Form1 和 Form2）和 1 个标准模块（标准模块名为 Module1）。建立在窗体模块 Form1 中的调用过程为事件过程 Form_Activate，被调过程分别是建立在窗体模块 Form1 中的 Sub 过程 pro1、建立在窗体模块 Form2 中的 Sub 过程 pro2 和建立在标准模块 Module1 中的 Sub 过程 pro3。

建立在窗体模块 Form1 中的事件过程 Form_Activate 和过程 pro1 的程序代码为：

```
Private Sub Form_Activate()
  Caption = "过程的作用域"
  Print
  Call pro1(7)              ' 调用本窗体过程 pro1
  Call Form2.pro2(8)        ' 调用窗体 Form2 的过程 pro2 时必须加窗体名 Form2
  Call Module1.pro3(9)      ' 调用标准模块 Module1 中的过程时可不加标准模块名 Module1
End Sub
Private Sub pro1(n)         ' 模块级过程
  Dim i As Integer
  For i = 1 To n
    Print "@";              ' 在本窗体输出@字符时，Print 前的窗体名 Form1 可以省略
  Next i
End Sub
```

建立在窗体模块 Form2 中的过程 pro2 的程序代码为：

```
Public Sub pro2(n)          ' 全局级过程
  Dim i As Integer
  For i = 1 To n
    Form1.Print "*";        ' 在窗体 Form1 输出*字符时，Print 前的窗体名 Form1 不能省略
  Next i
End Sub
```

建立在标准模块 Module1 中的过程 pro3 的程序代码为：

```
Public Sub pro3(n)          ' 全局级过程
  Dim i As Integer
  For i = 1 To n
    Form1.Print "#";        ' 在窗体 Form1 输出#字符时，Print 前的窗体名 Form1 不能省略
```

```
    Next i
End Sub
```

图 7.12　例 7.12 的运行结果

程序运行后的输出结果如图 7.12 所示。

从上面的程序可以看出，过程 pro1 为模块级过程，只能被本窗体模块 Form1 中的过程调用。

过程 pro2 和 pro3 定义在窗体模块 Form1 以外的两个不同的模块中，由于都是全局级过程，因此可以被窗体模块 Form1 中的过程调用。如果将其中一个过程（如 pro2）变为模块级过程，即将 Sub 前的关键字 Public 改为 Private，则会产生“未找到方法和数据成员”的编译错误。

在调用语句“Call Form2.pro2(8)”中，如果省略过程名 pro2 前的窗体名 Form2，则会产生“子程序或函数未定义”的编译错误，原因是全局过程 pro2 定义在了窗体模块 Form2 中。

在调用语句“Call Module1.pro3(9)”中，由于过程 pro3 定义在了标准模块 Module1 中，因此过程名 pro3 前的标准模块名 Module1 可以省略。

7.4.3　变量的作用域

变量的作用域是指变量可以使用的有效范围，它决定了该变量可以被程序中的哪些过程引用。变量按作用域的不同可分为局部变量（过程级变量）、模块级（文件级）变量和全局变量（工程级变量）。

1．局部变量

在事件过程和通用过程内，用关键字 Dim 或 Static 或隐式声明的变量称为局部变量。定义过程时的形参也看作是该过程的局部变量。局部变量只能在本过程中使用，不能被其他过程引用。也就是说，局部变量的作用域仅限于其所在的过程中，在其他过程中无效。因此，不同过程中所声明的局部变量可以同名，它们之间因作用域不同而互不影响。

2．模块级变量

在窗体模块或标准模块中的通用声明段，用关键字 Dim 或 Private 声明的变量称为模块级变量。模块级变量可以被本模块内的所有过程引用。也就是说，模块级变量的作用域是声明该变量所在的模块，在其他模块内无效。因此，不同模块中所声明的模块级变量也可以同名，它们之间也因作用域不同而互不影响。

如果模块级变量与同一窗体模块或标准模块过程中声明的局部变量同名，则在声明该局部变量的过程中优先引用局部变量。

3．全局变量

在窗体模块或标准模块中的通用声明段，用关键字 Public 声明的变量称为全局变量。全局变量可以被本工程内的所有过程引用。也就是说，全局变量的作用域是声明该变量所在工程的所有过程。如果全局变量声明在了标准模块中，则可在任何过程中直接通过变量名引用；如果全局变量声明在了窗体模块中，则在其他窗体模块或标准模块中可用如下形式引用该变量：

声明该变量的窗体名.变量名

不同模块中所声明的全局变量也可以同名，但在引用时应在变量名前加上声明该变量的窗体名或标准模块名。

如果全局变量与局部变量同名，则在声明该局部变量的过程中优先引用局部变量。如果要引用同名的全局变量，应在全局变量名前加上全局变量所在的窗体模块或标准模块名。

通过模块级变量或全局变量可以实现过程之间的数据传递，这给程序设计带来了一定的便利。但这种传递方式是通过在不同过程之间共享变量数据来实现的，如果在某个过程中改变了变量的值，会直接影响到其他过程使用该变量的值，这样的程序就有一定的风险，可能会产生一些意想不到的后果。因此，在进行程序设计时，应尽量使用作用域小的局部变量，以增加过程的独立性。如果需要传递数据，最好使用参数传递的方式。

【例 7.13】 通过下面的程序示例，说明变量的作用域。

本例程序有 2 个窗体模块（窗体名为 Form1 和 Form2），建立在窗体模块 Form1 中的调用过程为事件过程 Form_Activate，被调过程分别是建立在窗体模块 Form1 中的 Sub 过程 var1 和建立在窗体模块 Form2 中的 var2。

建立在窗体模块 Form1 中的事件过程 Form_Activate 和过程 var1 的程序代码为：

```
Option Explicit
Public x As Integer             ' 在窗体模块 Form1 中声明全局变量 x
Private y As Integer            ' 在窗体模块 Form1 中声明模块级变量 y
Private Sub Form_Activate()
  Caption = "变量的作用域"
  Dim x%, y%                    ' 声明局部变量 x、y，与全局变量 x 和模块级变量 y 同名
  x = 5
  y = 2
  Form1.x = 1                   ' 引用全局变量 x，变量名前加全局变量所在的窗体名 Form1
  Print "调用过程前 x、y、Form1.x 的值分别是："; x; y; Form1.x
  Call var1                     ' 调用本窗体模块中的过程 var1
  Call Form2.var2               ' 调用窗体模块 Form2 中的过程 var2
  Print "调用过程后 x、y、Form1.x 的值分别是："; x; y; Form1.x
End Sub
Private Sub var1()
  Dim y%                        ' 声明局部变量 y，与模块级变量 y 同名
  x = x + 10                    'x 是 Form1 中声明的全局变量
  y = y + 3
  Print "过程 var1 中 x、y 的值分别是："; x; y
End Sub
```

建立在窗体模块 Form2 中的过程 var2 的程序代码为：

```
Option Explicit
' 在窗体模块 Form2 中声明模块级变量 y，与在 Form1 中声明的模块级变量 y 同名
Private y As Integer
Public Sub var2()
  Form1.x = Form1.x + 20
  y = y + 4
  Form1.Print "过程 var2 中 Form1.x、y 的值分别是："; Form1.x; y
End Sub
```

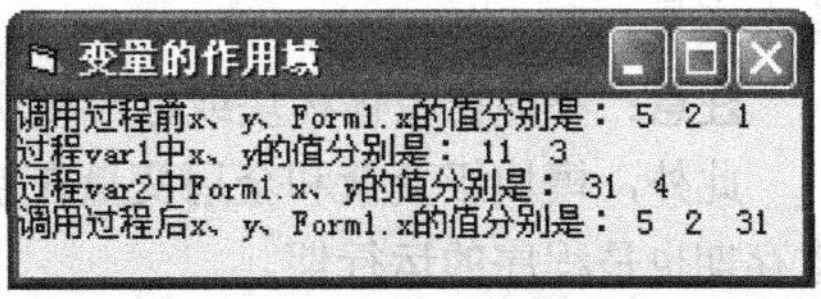

图 7.13　例 7.13 的运行结果

程序运行后的输出结果如图 7.13 所示。

从上面的程序可以看出，在窗体模块 Form1 中声明的变量 x 和 y 分别是全局变量和模块级变量，

在事件过程 Form_Activate 中声明的变量 x 和 y 是与全局变量和模块级变量同名的局部变量。

在事件过程 Form_Activate 中出现的 Form1.x 是全局变量 x 的引用。由于在事件过程中声明了同名的局部变量 x，而局部变量优先引用，因此引用全局变量时，变量名 x 前应加上声明全局变量的窗体模块名 Form1。

在被调过程 var1 中，赋值语句“x = x + 10”中的变量 x 是 Form1 中声明的全局变量，因其已在事件过程 Form_Activate 中被赋值为 1，因此执行该赋值语句后，x 的值为 11。赋值语句“y = y + 3” 中的变量 y 是局部变量，其初始值为 0，虽然与模块级变量 y 和事件过程 Form_Activate 中声明的局部变量 y 同名，但它们之间没有任何关系，互不影响，因此执行该赋值语句后，y 的值为 3。

在被调过程 var2 中，赋值语句“Form1.x = Form1.x + 20”中的变量 x 是在 Form1 中声明的全局变量，因其已在过程 var1 中被改为 11，因此执行该赋值语句后，x 的值为 31。由于全局变量 x 是在窗体模块 Form1 中声明的，所以在窗体模块 Form2 中引用时，在全局变量 x 前必须加窗体名 Form1。赋值语句“y = y + 4”中的变量 y 是在窗体模块 Form2 中声明的模块级变量，虽然它与窗体模块 Form1 中声明的模块级变量 y 同名，但它们之间没有任何关系，互不影响，因此执行该赋值语句后，y 的值为 4。

7.4.4 变量的生存期

变量除作用域外，还有生存期问题。变量的生存期是指变量在内存中存在的时间，它决定了该变量可以在哪个时间范围内被引用。变量按生存期的不同可分为动态变量和静态变量。

1. 动态变量

动态变量是在过程中用 Dim 关键字声明（或隐式声明）的局部变量。

程序运行后，系统才为过程中的动态变量分配存储空间并进行初始化，此时该变量才能被引用。当过程执行结束后，动态变量占用的存储空间被自动释放，此时该变量已不存在，所以也就不能使用了。当再次执行此过程时，变量重新声明，系统重新为其分配存储单元并重新进行初始化。显然，动态变量的生存期就是过程的执行期。

2. 静态变量

静态变量是在过程中用 Static 关键字声明的局部变量。

程序运行后，当开始执行静态变量所在的过程时，系统为变量分配存储空间并进行初始化，此时该变量可以使用。当过程执行结束后，静态变量占用的存储空间并不释放，该变量仍然存在，其值仍然保留。当再次执行此过程时，静态变量的值仍是上次执行过程结束时的值，该值可以继续使用，直到程序运行结束，所占的存储空间才被释放。显然，静态变量的生存期就是程序的运行期。

虽然静态变量在整个程序运行期间始终存在，但它是局部变量，只能在本过程内使用。

在定义过程时，如果在 Sub 或 Function 之前加上 Static 关键字，则在过程内使用的所有变量均为静态变量。

注意：不能在窗体模块或标准模块中的通用声明段，用 Static 关键字声明静态变量。

此外，模块级变量和全局变量在整个程序运行期间都可以被其作用域内的过程引用，因此它们的生存期也是程序的运行期。

【例 7.14】 通过下面的程序示例，说明变量的生存期。

程序代码如下：

```
Private Sub Form_Activate()
    Caption = "变量的生存期"
```

```
    Dim i As Integer
    For i = 1 To 5
      Call live(i)
    Next i
End Sub
Private Sub live(n As Integer)
    Static a As Integer          ' 声明 a 为静态变量
    Dim b As Integer             ' 声明 b 为动态变量
    a = a + 1
    b = b + 1
    Print "第"; n; "次调用过程时 a、b 的值分别是："; a; b
End Sub
```

本例在被调过程 live 中声明 2 个变量，变量 a 声明为静态变量，变量 b 声明为动态变量。调用过程 Form_Activate 通过循环语句调用了 5 次 live 过程，在每次 live 过程执行结束后，静态变量 a 并不释放其存储单元，其值仍然保留，并作为下一次 live 过程执行的初始值。因此，每次执行赋值语句“a = a + 1”后，就会得到累加值。

动态变量 b 在 live 过程每次执行结束后，都会释放其存储单元，变量的值不保留。每次执行 live 过程都会重新初始化变量 b，因此，每次执行赋值语句“b = b + 1”时，b 的初始值都为 0，加 1 后，b 的值都为 1。

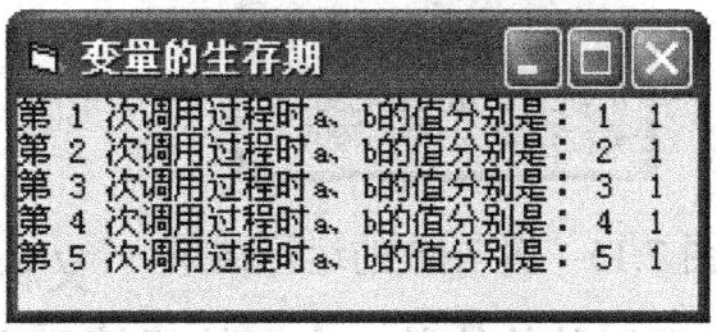

图 7.14　例 7.14 的运行结果

程序运行后的输出结果如图 7.14 所示。

如果将 live 过程中的变量 a 声明为模块级变量，同样可以起到保留其值的作用。

7.5　应用程序举例

使用通用过程可以实现一个特定功能的算法。第 6 章介绍的算法都可以定义在通用过程中，供其他程序调用。下面再介绍几个常用算法。

【例 7.15】 利用下面的公式计算自然常数 e 的近似值。分别使用 Function 过程和 Sub 过程的调用实现。

$$e \approx 1+\frac{1}{1!}+\frac{1}{2!}+\frac{1}{3!}+\frac{1}{4!}+\cdots+\frac{1}{100!}$$

分析：这是一个利用级数求特殊数的值的问题，类似的问题还有求圆周率 π 等。通常的做法是找出后一项与前一项的关系，通过前一项得到后一项，然后进行累加（或连乘）。

在本例中，分别编写求 e 的 Function 过程和 Sub 过程，然后在事件过程中调用。调用函数过程时，可通过函数名返回 e 的值；调用子程序过程时，可通过参数传递的方式返回 e 的值。

程序代码如下：

```
Dim e As Double, fact As Double, i%
Private Sub Form_Activate()
    Print " e ="; fune(100)
    Call sube(100, e)
    Print " e ="; e
```

```
End Sub
Function fune(n As Integer) As Double
   fact = 1
   fune = 1
   For i = 1 To n
      fact = fact * i
      fune = fune + 1 / fact
   Next i
End Function
Sub sube(n As Integer, e As Double)
   fact = 1
   e = 1
   For i = 1 To n
      fact = fact * i
      e = e + 1 / fact
   Next i
End Sub
```

图 7.15 例 7.15 的运行结果

程序运行后的输出结果如图 7.15 所示。

请思考：Sub 过程中的两个参数是按值传递还是按地址传递？

【例 7.16】 求 10000 以内的完全数。所谓完全数（Perfect Number），又称完美数或完备数，是一些特殊的自然数。它所有的真因子（即除了自身以外的约数）之和恰好等于它本身。例如 6=1+2+3，所以 6 是一个完全数。

分析：判断一个数 n 是否是完全数的算法是将 n 依次除以 1～n\2，能整除的数就是 n 的一个因子，然后进行累加，直到循环结束。若 n 与累加因子的和相等，则 n 就是完全数。

可以编写一个 Function 过程 pnum(n%,str$)用来判断 n 是否为完全数，该过程返回值的类型是逻辑型，如果判断的结果是完全数则返回 True，否则返回 False。

在事件过程中进行调用，调用时用到两个参数，第一个参数用来传递需要判断的整数，第二个参数用来返回所有因子连接成的求和式子，并在事件过程中输出。

程序代码如下：

```
Private Sub Form_Activate()
   Dim str$, i%
   Print " 10000 以内的完全数"
   For i = 1 To 10000
      ' 若 i 是完全数，去掉求和式子中最后一个“+”号，并输出
      If pnum(i, str) = True Then
         Print " " & i & "=" & Left(str, Len(str) - 1)
      End If
   Next i
End Sub
Private Function pnum(n%, str$) As Boolean
   Dim sum%, i%
   str = ""
   sum = 0
   For i = 1 To n \ 2
```

```
            If n Mod i = 0 Then
                sum = sum + i
                str = str & i & "+"      ' str 用来构建所有因子求和的式子
            End If
        Next i
        If sum = n Then pnum = True Else pnum = False
    End Function
```

图 7.16　例 7.16 的运行结果

程序运行后的输出结果如图 7.16 所示。

【例 7.17】 统计一个班某门课 0～9，10～19，20～29，…，90～99 及 100 各分数段的人数。

分析：本例可用选择结构和循环结构处理，学生的成绩用随机函数产生，但因学生成绩的分数段较多（11 个），程序会繁琐、冗长。可用数组进行处理，即用数组 num 来存储各分数段的人数：用 num(0)存储 0～9 分的人数，num(1)存储 10～19 分的人数，…，num(9)存储 90～99 分的人数，num(10)存储 100 分的人数。

统计各分数段人数的代码编写在 Sub 过程中，在事件过程中进行调用，调用时用数组 num 做参数，将统计结果返回到调用过程中并输出。

程序代码如下：

```
Private Sub Form_Activate()
    Dim num%(), n%, i%
    n = InputBox("请输入学生人数")
    ReDim num(n)
    Call stunum(n, num)
    For i = 0 To 9
        Picture2.Print " " & (i * 10) & "～" & (i * 10 + 9) _
                    & "分的学生人数：" & num(i)
    Next i
    Picture2.Print " 100 分的学生人数："; num(i)
End Sub
Private Sub stunum(n%, num%())
    Dim score%, m%, i%
    For i = 1 To n
        score = Int(Rnd * 101)
        Picture1.Print score;
        If i Mod 5 = 0 Then Picture1.Print
        m = score \ 10
        num(m) = num(m) + 1      ' 统计各分数段学生人数
    Next i
End Sub
```

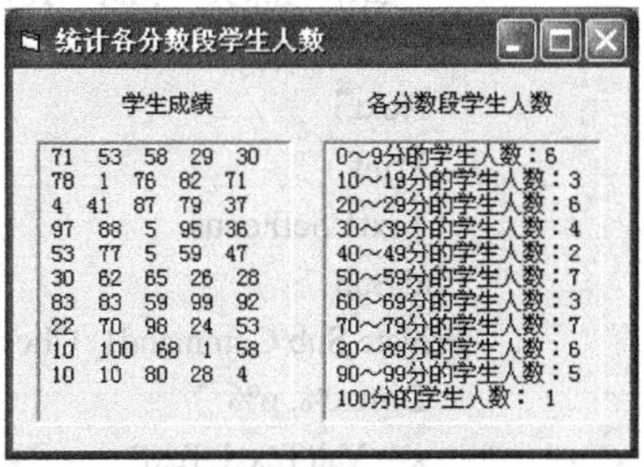

图 7.17　例 7.17 的运行结果

程序运行后，若输入学生的人数为 50，则输出结果如图 7.17 所示。

【例 7.18】 随机产生 10 个两位整数，将另外输入的一个整数插入其中指定的位置。

分析：先将 10 个数存入数组 a 中。考虑到插入数据后数组的大小发生了变化（增大），因此应将数组 a 声明为动态数组。用变量 x 存放要插入的数据，用变量 p 存放插入的位置。

要将整数 x 插入到 p 的位置，首先需要将数组 a 中 p 位置的元素到最后一个元素全部向后移动一个位置，然后将整数 x 插入到数组 a 的 p 位置。移动时，应该从最后一个元素开始依次向后移动，即执行以下的赋值语句：

```
a(n + 1) = a(n)                    ' n 为最后一个元素的下标
a(n) = a(n - 1)
:
a(p + 1) = a(p)
```

移动完成后，数组第 p 个元素的位置被空了出来，然后将 x 存放到数组 a 的 p 位置（存放到数组元素 a(p)中），即执行以下的赋值语句：

```
a(p) = x
```

在窗体上添加 2 个标签、2 个文本框和 1 个命令按钮，属性设置如表 7.2 所示。

表 7.2　属 性 设 置

对象名	属性名	属性值	说明
Form1	Caption	在一批无序的数据中插入	
Label1	Caption	插入的数据	
Label2	Caption	插入的位置	
Text1	Text		初始内容为空，用于输入插入的数据
Text2	Text		初始内容为空，用于输入插入的位置
Command1	Caption	插入	

程序代码如下：

```
Option Base 1
Dim a%(), i%                       ' 声明模块级动态数组 a 和变量 i
Private Sub Form_Activate()
  ReDim a(10)
  Print  "插入前的数据"
  For i = 1 To UBound(a)
    a(i) = Int(90 * Rnd + 10)
    Print a(i);                    ' 输出插入前的数据
  Next i
  Print
  Text1.SetFocus
End Sub
Private Sub Command1_Click()
  Dim x%, p%
  x = Val(Text1.Text)              ' 输入插入的数据
  p = Val(Text2.Text)              ' 输入插入的位置
  Call insert(a, x, p)             ' 调用过程 insert 完成插入
  Print  "插入后的数据"
  For i = 1 To UBound(a)
    Print a(i);                    ' 输出插入后的数据
  Next i
End Sub
' 定义 Sub 过程 insert，用于将给定的数据插入到数组 a 中指定的位置
Private Sub insert(a%(), x%, p%)
```

```
    Dim n%
    n = UBound(a)
    ReDim Preserve a(n + 1)
    If p <= 0 Then                  ' 如果插入的位置值小于或等于 0，将数据插入到数组的最前面
      For i = n To 1 Step -1
        a(i + 1) = a(i)
      Next i
      a(1) = x
    ElseIf p > n Then               ' 如果插入的位置值大于原数据总数，将数据插入到数组的最后
      a(n + 1) = x
    Else
      For i = n To p Step -1        ' 从最后面的元素开始移动数据
        a(i + 1) = a(i)
      Next i
      a(p) = x                      ' 将给定的数据 x 插入到数组的指定位置 p
    End If
End Sub
```

程序运行后，产生 10 个随机整数并输出。然后在“插入的数据”对应的文本框中输入 15，在“插入的位置”对应的文本框中输入 4，单击“插入”命令按钮，运行结果如图 7.18 所示。

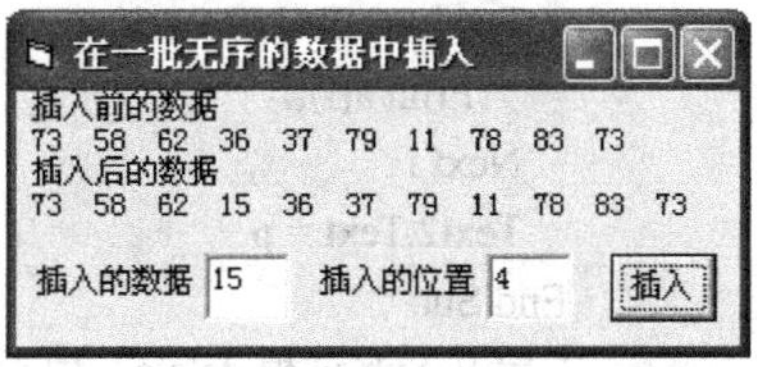

图 7.18　例 7.18 的运行结果

【例 7.19】 随机产生 10 个两位整数，从中删除与给定值相同的数据。

分析：先将 10 个数存入数组 a 中。考虑到删除数据后数组的大小发生了变化（减小），因此应将 a 数组声明为动态数组。用变量 x 存放要删除的数据，用变量 p 存放删除数据的位置。

要删除与给定值 x 相同的数据，首先需要查找 x 的位置 p，然后将数组 a 中第 p+1 到最后一个元素全部向前移动一个位置。移动时，应该从第 p+1 个元素开始依次向前移动，即执行以下的赋值语句：

```
a(p) = a(p + 1)
a(p + 1) = a(p + 2)
⋮
a(n - 1) = a(n)                 ' n 为最后一个元素的下标
```

移动完成后，原数组元素的个数减 1。

在窗体上添加 2 个标签、2 个文本框和 1 个命令按钮，属性设置如表 7.3 所示。

表 7.3　属 性 设 置

对象名	属性名	属性值	说明
Form1	Caption	删除与给定值相同的数据	
Label1	Caption	删除的数据	
Label2	Caption	删除数据的位置	
Text1	Text		初始内容为空，用于输入删除的数据
Text2	Text		初始内容为空，用于输出删除数据的位置
Command1	Caption	删除	

程序代码如下：

```
Option Base 1
Dim a%(), i%
Private Sub Form_Activate()
  ReDim a(10)
  Print  "删除前的数据"
  For i = 1 To UBound(a)
    a(i) = Int(90 * Rnd + 10)
    Print a(i);                    ' 输出删除前的数据
  Next i
  Print
  Text1.SetFocus
End Sub
Private Sub Command1_Click()
  Dim x%, p%
  x = Val(Text1.Text)              ' 输入删除的数据
  Call delete(a, x, p)
  Print  "删除后的数据"
  For i = 1 To UBound(a)
    Print a(i);                    ' 输出删除后的数据
  Next i
  Text2.Text = p                   ' 输出删除数据的位置
End Sub
' 定义 Sub 过程 delete，用于删除数组 a 中与给定值相同的数据
Private Sub delete(a%(), x%, p%)
  Dim n%
  n = UBound(a)
  For i = 1 To n                   ' 查找删除的数据 x 在数组中的位置
    If a(i) = x Then Exit For
  Next i
  p = i
  If p > n Then
    MsgBox "要删除的数据不存在，请重新输入！"
    Text1.SetFocus
    Text1.Text = ""
  Else
    For i = p To n – 1             ' 将删除位置 p 之后的所有
数据依次向前移动一个位置
      a(i) = a(i + 1)
    Next i
    n = n - 1
    ReDim Preserve a(n)            ' 重新确定数组的大小
  End If
End Sub
```

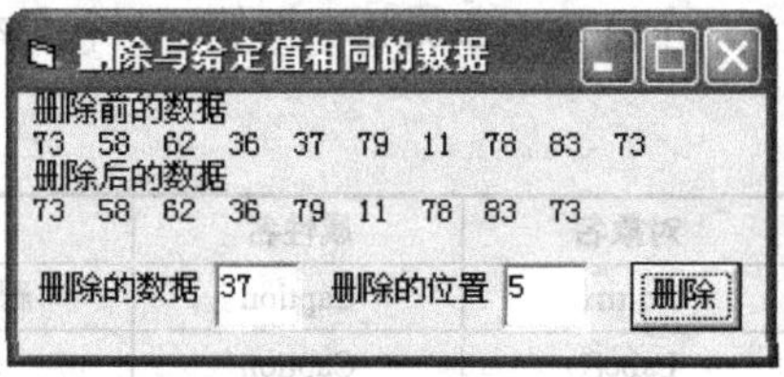

图 7.19　例 7.19 的运行结果

程序运行后，先执行事件过程 Form_Activate，产生 10 个随机整数并输出，然后在“删除的数据”对应的文本框中输入 37，单击“删除”命令按钮，运行结果如图 7.19 所示。

请思考：如果输入要删除的数据 x 在数组中有多个，程序如何修改？

【例 7.20】 输入一个字符串，将其中的所有字母加密并解密。

分析：加密的方法有多种，比较简单的方法是：将字符串中的每个字母变成向右循环移动 n 位的字母。例如，设 n=4，则 A（a）变成 E（e），F（f）变成 J（j），W（w）变成 A（a），Y（y）变成 C（c）。实现该方法时，只需将每个字母的 ASCII 码加 n 即可。如果相加后的 ASCII 码大于字母 Z（或 z）的 ASCII 码，应减去 26。

解密的方法与加密正好相反，即将加密后字母的 ASCII 码减 n 即可。如果相减后的 ASCII 码小于字母 A（或 a）的 ASCII 码，应加上 26。

在窗体上添加 1 个标签、3 个文本框和 2 个命令按钮，属性设置如表 7.4 所示。

表 7.4 属 性 设 置

对象名	属性名	属性值	说明
Form1	Caption	加密与解密	
Label1	Caption	字符串	
Text1	Text		初始内容为空，用于输入
Text2、Text3	Text		初始内容为空，用于输出
Command1	Caption	加密	
Command2	Caption	解密	

程序代码如下：

```
Private Sub Command1_Click()
  Text2.Text = encrypt(Text1.Text, 4)
End Sub
Private Sub Command2_Click()
  Text3.Text = decrypt(Text2.Text, 4)
End Sub
' 定义 Function 过程 encrypt，用于加密
Function encrypt(str$, n%) As String
  Dim i%, ch$, t1 As Boolean, t2 As Boolean
  For i = 1 To Len(str)
    ch = Mid(str, i, 1)
    t1 = ch >= "A" And ch <= "Z"
    t2 = ch >= "a" And ch <= "z"
    If t1 Or t2 Then
      ch = Chr(Asc(ch) + n)              ' 字母加密
      If ch > "Z" And ch <= Chr(Asc("Z") + n) Or ch > "z" Then
        ch = Chr(Asc(ch) - 26)           ' 加密后字母的 ASCII 码大于 Z 或 z 的 ASCII 码时减 26
      End If
    End If
    encrypt = encrypt + ch               ' 加密后的字母与其他字符重新连接
  Next i
End Function
' 定义 Function 过程 decrypt，用于解密
Function decrypt(str$, n%) As String
  Dim i%, ch$, t1 As Boolean, t2 As Boolean
  For i = 1 To Len(str)
```

```
        ch = Mid(str, i, 1)
        t1 = ch >= "A" And ch <= "Z"
        t2 = ch >= "a" And ch <= "z"
        If t1 Or t2 Then
            ch = Chr(Asc(ch) - n)                  ' 字母解密
            If ch < "A" Or ch >= Chr(Asc("a") - n) And ch < "a" Then
                ch = Chr(Asc(ch) + 26)             ' 解密后字母的 ASCII 码小于 A 或 a 的 ASCII 码时加 26
            End If
        End If
        decrypt = decrypt + ch                     ' 解密后的字母与其他字符重新连接
    Next i
End Function
```

程序运行后，先在“字符串”对应的文本框中输入 Happy New Year!，然后依次单击“加密”和“解密”命令按钮，运行结果如图 7.20 所示。

图 7.20　例 7.20 的运行结果

第 8 章　用户界面设计

应用程序是否易用，除功能齐全外，界面设计也是非常重要的。前面章节已经介绍了设计界面的常用控件，但仅用这些控件并不能完全满足界面设计的需要。通常，典型的 Windows 应用程序的界面要素还包括菜单和对话框等，Visual Basic 提供了设计这些界面要素的方法。本章将介绍键盘与鼠标事件、菜单、对话框和多重窗体的设计方法。

8.1　键盘与鼠标事件

Windows 的普及使人们越来越习惯使用键盘和鼠标来操作计算机，如按下键盘上的某个按键、单击鼠标、双击鼠标、拖动鼠标等，这些操作往往会触发键盘、鼠标事件，程序执行相应的事件过程来响应用户的要求。本节将介绍一些常用的键盘、鼠标事件，如 KeyPress、KeyUp、KeyDown、MouseDown、MouseUp、MouseMove 等。

8.1.1　键盘事件

在实际应用中，用户经常要与应用程序进行交互，可以通过键盘事件来实现交互过程。常用的键盘事件有 KeyPress、KeyUp、KeyDown 等。

1. KeyPress 事件

当用户按下键盘上的某个键时，将触发 KeyPress 事件，其事件过程的一般格式为：

```
Private Sub 对象名_KeyPress(KeyAscii As Integer)
  …  ' 事件过程代码
End Sub
```

其中，参数 KeyAscii 是所按键的 ASCII 码。

【例 8.1】 触发命令按钮 Command1 的 KeyPress 事件，在窗体上输出相应的字符及其 ASCII 码。程序代码如下：

```
Private Sub Command1_KeyPress(KeyAscii As Integer)
  Print Chr(KeyAscii), KeyAscii
End Sub
Private Sub Form_Load()
  Form1.AutoRedraw = True      ' 自动重画
  Print "字符", "ASCII 码"
End Sub
```

程序运行后的输出结果如图 8.1 所示。

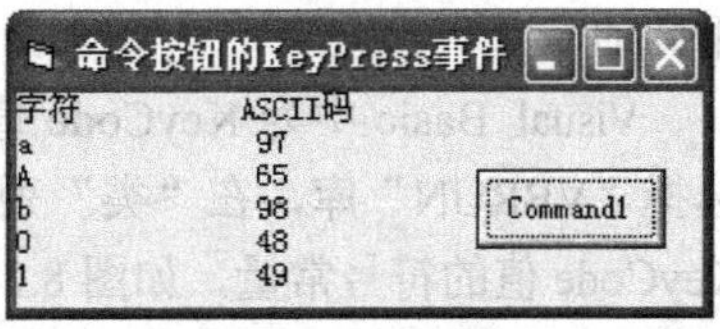

图 8.1　例 8.1 的运行结果

需要注意的是，同一个英文字母，其大、小写的 ASCII 码值是不同的。

在例 8.1 基础上增加一个命令按钮 Command2，不添加任何代码。程序运行后，先单击 Command2 一次，然后在键盘上按除

Esc 键、方向键、Tab 键等之外的其他按键时，发现窗体上没有输出任何内容。这是因为只有当对象具有焦点时，才能触发 KeyPress 事件。由于先单击了命令按钮 Command2，使命令按钮 Command1 失去了焦点，因而在键盘上按键时不会触发命令按钮 Command1 的 KeyPress 事件。这里需要强调的是：获得焦点的命令按钮 Command2 的 KeyPress 事件被触发了，因为其中不包含任何代码，所以不会有任何操作。

对于窗体（如 Form1）来说，只有满足以下两个条件之一才能触发其 KeyPress 事件。

① 窗体上没有可视的、有效的或没有能获得焦点的控件。

② 窗体的 KeyPreview 属性设置为真（True）。

很多情况下都会自然而然地使用 KeyPress 事件，例如，登录某一系统需要输入密码时，一般先输入密码，然后按回车键（ASCII 码为 13）进行密码验证，可用如下事件过程来实现。

```
Private Sub Text1_KeyPress(KeyAscii As Integer)
  If KeyAscii = 13 Then                          ' 按回车键进行密码验证
     If Text1.Text = "PassWord" Then             ' 假设密码为：PassWord
       MsgBox "密码正确！", vbOKOnly + vbInformation
     Else
       MsgBox "密码错误！", vbOKOnly + vbCritical
     End If
  End If
End Sub
```

上面的程序只是要说明 KeyPress 事件的使用，显然这样去判断密码并不安全，在实际应用中也并不是这样处理的。

2．KeyUp、KeyDown 事件

顾名思义，KeyUp、KeyDown 事件分别是键盘的某个按键弹起、按下时触发的事件。KeyUp、KeyDown 事件过程的一般格式为：

```
Private Sub 对象名_KeyUp(KeyCode As Integer, Shift As Integer)
   …      ' 事件过程代码
End Sub
Private Sub 对象名_KeyDown(KeyCode As Integer, Shift As Integer)
   …      ' 事件过程代码
End Sub
```

说明：

（1）这两个事件过程具有同样的两个参数：KeyCode 和 Shift。

（2）KeyCode 参数表示所按下或弹起的物理键的扫描码，与 KeyPress 事件过程中的 KeyAscii 参数有所不同。该码以“键”来区分其值，而不是以“字符”来区分，因此同一字母的大、小写所对应的 KeyCode 值是相同的，均为大写字母的 ASCII 码。大键盘上的数字键和数字键盘上的数字键也是不同的。

Visual Basic 中为 KeyCode 值定义了符号常量，可以在“对象浏览器”的“工程/库”下拉列表中选择“VBRUN”库，在“类”列表框中选择“KeyCodeConstants”，在右侧的列表框中会列出所有键 KeyCode 值的符号常量，如图 8.2 所示。

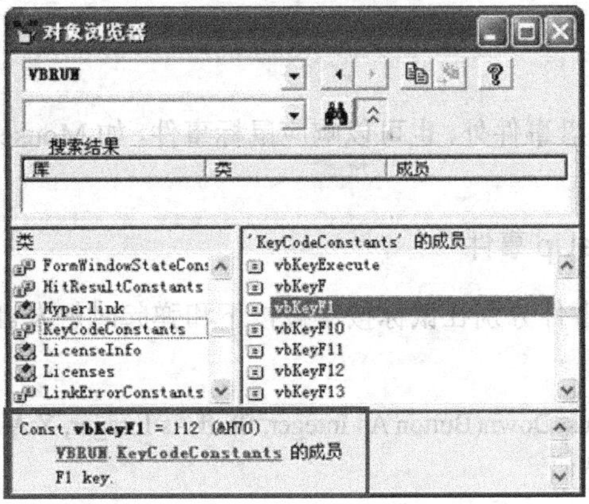

图 8.2　KeyCodeConstants 成员

（3）Shift 参数指的是 3 个转换键 Shift、Ctrl、Alt 的状态，均以二进制数表示。3 个转换键的 Shift 参数值如表 8.1 所示。

表 8.1　转换键的 Shift 参数值

转换键	Shift 值	十进制数
Shift	001	1
Ctrl	010	2
Alt	100	4

如果同时按下 2 个或 3 个转换键，则 Shift 参数值是表 8.1 中对应的 Shift 参数值之和，所以 Shift 参数值共有 8 个。例如，同时按下 Ctrl+Shift 键，则 Shift 参数值为 011。

【例 8.2】 编写一个程序，在键盘上分别按下字母 a、空格键、数字 2（数字键盘）、数字 2（大键盘）、功能键 F1 时，输出对应的扫描码。

程序代码如下：

```
Private Sub Form_KeyDown(KeyCode As Integer, Shift As Integer)
    Print Spc(5); Chr(KeyCode), KeyCode
End Sub
Private Sub Form_Load()
    Form1.AutoRedraw = True        ' 自动重画
    Print Spc(5); "按键", "扫描码"
End Sub
```

程序运行后的输出结果如图 8.3 所示。

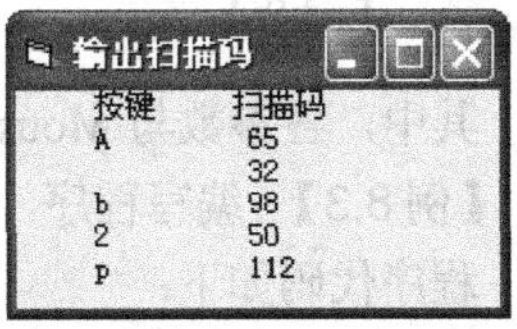

图 8.3　例 8.2 的运行结果

从图 8.3 的运行结果可以看出，按下字母键时，输出的扫描码与大写字母的 ASCII 码相同；按下空格键时，输出的扫描码与 ASCII 码相同；按下数字键盘上的数字 2 时，输出的扫描码为 98（与 ASCII 码不同）；按下大键盘上的数字 2 时，输出的扫描码与 ASCII 码相同；按下 F1 键时，显示为小写字母 p，输出的扫描码为 112。

KeyUp 事件与 KeyDown 事件的使用完全相同，只是在按键被弹起时触发，这里不再赘述。需要说明的是，当按键后，KeyDown、KeyUp、KeyPress 这 3 个事件均被触发，其触发的顺序依次为：KeyDown、KeyPress、KeyUp。

8.1.2 鼠标事件

Visual Basic 除可以响应键盘事件外，也可以响应鼠标事件，如 MouseDown、MouseUp、MouseMove 等。

1. MouseDown 和 MouseUp 事件

MouseDown 和 MouseUp 事件分别在鼠标按键被按下和弹起时触发。MouseDown 和 MouseUp 事件过程的一般格式为：

```
Private Sub 对象名_MouseDown(Button As Integer, Shift As Integer, X As Single, Y As Single)
…           ' 事件过程代码
End Sub
Private Sub 对象名_MouseUp(Button As Integer, Shift As Integer, X As Single, Y As Single)
…           ' 事件过程代码
End Sub
```

说明：

（1）Button 参数用来表示哪个鼠标按键被按下，其取值如表 8.2 所示。

表 8.2 Button 参数取值

符号常量	值	说明
vbLeftButton	1	按下鼠标左键
vbRightButton	2	按下鼠标右键
vbMiddleButton	4	按下鼠标中间键

（2）Shift 参数与键盘事件中的 Shift 参数相同。

（3）X、Y 的值用来指定鼠标指针的位置。

注意：MouseDown、MouseUp 事件与 Click 事件相似，都是单击鼠标时触发的事件，区别在于鼠标的这两个事件过程带有参数，通过参数可以区分鼠标的哪个按键被按下了，而 Click 事件过程不带参数（控件数组例外）。

2. MouseMove 事件

MouseMove 事件是在移动鼠标时触发的，其一般格式为：

```
Private Sub 对象名_MouseMove(Button As Integer, Shift As Integer, X As Single, Y As Single)
…           ' 事件过程代码
End Sub
```

其中，各参数与 MouseDown、MouseUp 事件过程中的参数完全相同。

【例 8.3】 编写程序，在鼠标移动的路径上交替输出“*”和“@”符号。

程序代码如下：

```
Dim i As Integer, m As Integer
Dim str As String
Private Sub Form_Load()
    m = -1
    str = "*"                           ' 初始符号为“*”
```

```
End Sub
Private Sub form_MouseDown(Button As Integer, Shift As Integer, X As Single, Y As Single)
  If Button = 2 Then Cls              ' 右击鼠标时清屏
End Sub
Private Sub form_MouseMove(Button As Integer, Shift As Integer, X As Single, Y As Single)
  CurrentX = X                        ' 确定当前的坐标位置
  CurrentY = Y
  i = i + 1
  If i Mod 10 = 0 Then                ' 每触发 MouseMove 事件 10 次，输出一个符号
    Print str                         ' 输出当前的符号
    i = 0
  End If
End Sub
Private Sub form_MouseUp(Button As Integer, Shift As Integer, X As Single, Y As Single)
  Select Case m
    Case 1
      str = "*"                       ' 交替使用不同的符号
      m = -m
    Case -1
      str = "@"
      m = -m
  End Select
End Sub
```

程序运行后，在窗体上移动鼠标，鼠标移动过的路径上输出一系列"*"，按下鼠标左键不松开，移动鼠标时继续输出"*"；鼠标按键弹起后再移动鼠标，鼠标移动过的路径上输出一系列"@"；按下鼠标右键，清除窗体上的内容。输出结果如图 8.4 所示。

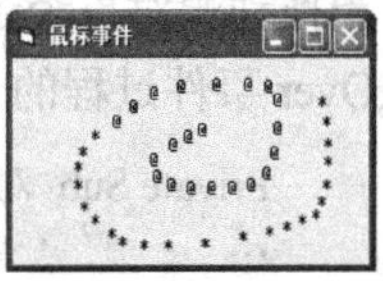

图 8.4 例 8.3 的运行结果

8.1.3 鼠标拖放

在某个对象上按住鼠标按键并移动对象的操作称为拖动，释放鼠标的操作称为放置。将鼠标指针移动到某个对象上，按住鼠标按键不松开，然后再移动鼠标到需要的位置并松开按键的过程称为拖放。被拖动的对象称为源对象，接收源对象的窗体或控件称为目标对象。

要拖动一个对象，必须了解与拖放有关的一些属性、事件和方法。

1. 与拖放有关的属性

（1）DragMode。

DragMode 属性用来设置拖放的模式，0—Manual 表示手动模式（默认值），1—Automatic 表示自动模式。

为了能够实现自由拖动某个对象，可以把这个对象的 DragMode 属性设置为 1—Automatic。该属性既可以在属性窗口中设置，也可以在程序运行时通过代码设置。例如：

```
Image1.DragMode = 1
```

注意：如果某个对象的 DragMode 属性设置为 1，则该对象不响应鼠标的 Click、MouseDown 等事件。如果既要求对象可以被拖动，又要求它可以响应鼠标事件，应将 DragMode 属性设置为 0，并且调用对

象的 Drag 方法来实现拖动操作。

（2）DragIcon。

DragIcon 属性用来设置拖放时显示的图标，默认情况下用源对象的灰色轮廓作为拖动图标。若将该属性设置为某个图标（.ico），则在拖动时不再显示为灰色的轮廓，而显示为所设置的图标。

2．与拖放有关的事件

（1）DragDrop 事件。

只有当一个完整的拖放动作结束时，才会触发 DragDrop 事件。

DragDrop 事件过程的一般格式为：

```
Private Sub 对象名_DragDrop(Source As Control, X As Single, Y As Single)
…            ' 事件过程代码
End Sub
```

说明：

①“对象名”指的是目标对象名。

② 参数 Source 指的是被拖动的源对象。

③ X、Y 表示拖动后鼠标在目标对象中的坐标。

如果只将某个对象的 DragMode 属性设置为 1，在拖动该对象并释放鼠标时，虽然触发了 DragDrop 事件，但由于 DragDrop 事件过程中没有任何代码，所以它并不会被真正移动到新位置。要实现对象的移动，必须在 DragDrop 事件过程中调用 Move 方法，或设置源对象的 Left 和 Top 属性。

（2）DragOver 事件。

当拖动源对象经过目标对象时，目标对象会触发 DragOver 事件。该事件先于 DragDrop 事件发生。DragOver 事件过程的一般格式为：

```
Private Sub 对象名_DragOver(Source As Control, X As Single, Y As Single, State As Integer)
…            ' 事件过程代码
End Sub
```

说明：

①“对象名”指的是目标对象名。

② 参数 Source、X、Y 与 DragDrop 事件中的参数完全相同。

③ 参数 State 的取值及含义如表 8.3 所示。

表 8.3　State 参数值及含义

取值	含义
0	源对象正进入目标对象
1	源对象正离开目标对象
2	源对象在目标对象内移动

3．与拖放有关的方法

常用的方法是 Drag，其一般格式为：

```
对象名.Drag [动作]
```

其中[动作]取值有 3 个，如表 8.4 所示。

表 8.4 Drag 方法的动作取值

取值	常量	含义
0	vbCancel	取消拖放
1	VbBeginDrag	启动拖放
2	vbEndDrag	结束拖放

【例 8.4】 采用手动模式（DragMode 属性设置为 0），实现图像框的拖动操作。

在窗体上添加 1 个图像框 Image1，并设置其 Picture 属性（装入一幅图片），界面设计如图 8.5 所示。

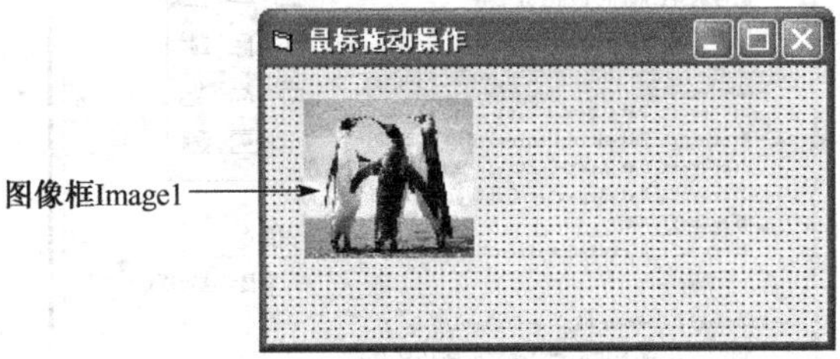

图 8.5 例 8.4 的界面设计

程序代码如下：

```
Private Sub Form_DragDrop(Source As Control, X As Single, Y As Single)
  Source.Move X, Y                  ' 移动源对象
End Sub
Private Sub Form_Load()
  Image1.DragMode = 0               ' 手动模式
End Sub
Private Sub Image1_MouseDown(Button As Integer, Shift As Integer, X As Single, Y As Single)
  Image1.Drag vbBeginDrag           ' 调用 Drag 方法，参数为 1
End Sub
```

程序运行后，图像框 Image1 可以在窗体上被任意拖动。松开鼠标时，图像框左上角处于鼠标指针当前的位置。

使用自动拖放模式无须调用 Drag 方法，只需编写 DragDrop 事件过程即可。在例 8.4 中，将事件过程 Form_Load 中的 Image1.DragMode = 0 语句改为 Image1.DragMode = 1，去掉事件过程 Image1_MouseDown，即可实现自动模式的拖放操作。

8.2 通用对话框

众所周知，Windows 操作系统之所以比 DOS 操作系统更易于被大众接受，原因之一是 Windows 提供了友好的人机交互方式。在设计应用程序时，应用程序与用户之间也需要交互操作，而对话框是用户与应用程序进行交互操作的一种重要手段。Visual Basic 提供了 3 种对话框：预定义对话框、通用对话框和用户自定义对话框。

预定义对话框(即输入/输出对话框)已在第 4 章中介绍过。本节主要介绍通用对话框。在 Visual Basic 中使用通用对话框时，需使用一种称为 CommonDialog 的 ActiveX 控件。利用它可以创建 6 种通用对话框："打开"对话框、"另存为"对话框、"颜色"对话框、"字体"对话框、"打印"对话框和"帮助"对话框。

默认情况下，通用对话框控件 CommonDialog 并不在工具箱中，如果在应用程序中使用它，需要向工具箱中添加该控件。具体操作如下：

（1）在工具箱上右击鼠标，在弹出的快捷菜单中选择"部件"命令；或选择"工程"菜单下的"部件"命令；或使用 Ctrl+T 快捷键，都会打开"部件"对话框，如图 8.6 所示。

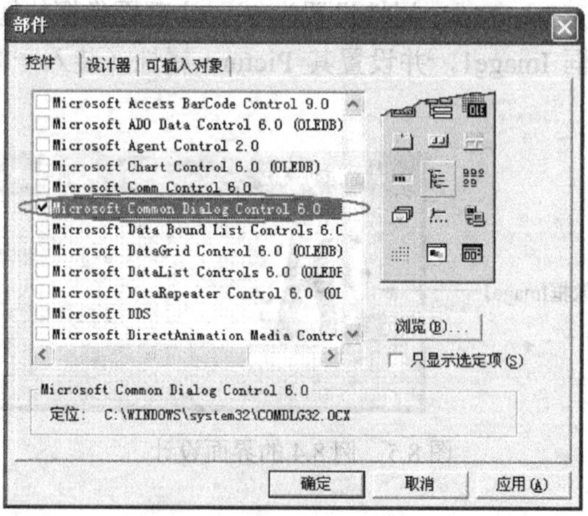

图 8.6　"部件"对话框

（2）在"控件"选项卡中选定"Microsoft Common Dialog Control 6.0"。

（3）单击"确定"按钮，就可以将通用对话框控件 CommonDialog 添加到工具箱中，如图 8.7 所示。

使用 CommonDialog 控件创建通用对话框的操作步骤如下：

（1）在窗体上添加一个 CommonDialog 控件。

（2）选定该控件，在属性窗口中选择"自定义"属性，单击⋯按钮，或直接在该控件上单击鼠标右键后选择快捷菜单中的"属性"命令，打开如图 8.8 所示的"属性页"对话框。

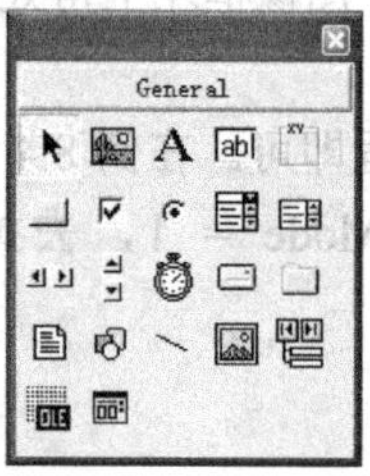

图 8.7　通用对话框

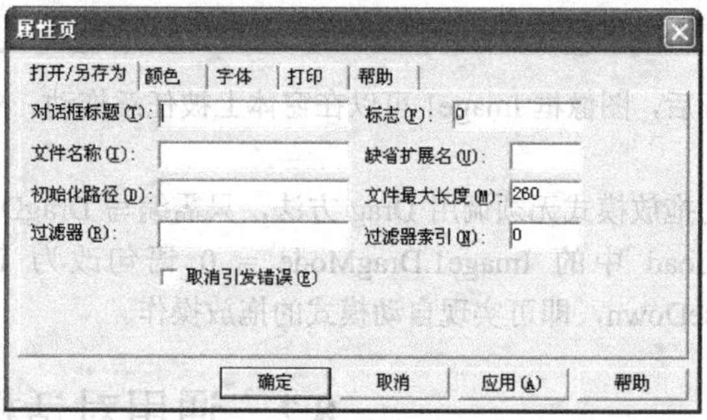

图 8.8　CommonDialog 的"属性页"对话框

（3）在"属性页"对话框中选择不同的选项卡可以设置不同类型对话框的常用属性。

（4）通过代码设置通用对话框的 Action 属性或调用相应的方法打开不同类型的对话框。Action 属性值、方法和对应的通用对话框类型如表 8.5 所示。

表 8.5 Action 属性值、方法和对应的对话框类型

Action 属性值	方法	对话框类型
1	ShowOpen	“打开”对话框
2	ShowSave	“保存”对话框
3	ShowColor	“颜色”对话框
4	ShowFont	“字体”对话框
5	ShowPrinter	“打印”对话框
6	ShowHelp	“帮助”对话框

【例 8.5】 分别通过设置属性和调用方法创建“打开”对话框和“颜色”对话框。

在窗体上添加 1 个通用对话框控件 CommonDialog1、2 个命令按钮（Command1、Command2），界面设计如图 8.9 所示。

图 8.9 例 8.5 的界面设计

程序代码如下：

```
Private Sub Command1_Click()
  ' 设置 Action 属性，显示“打开”对话框
  CommonDialog1.Action = 1
End Sub
Private Sub Command2_Click()
  ' 调用方法，显示“颜色”对话框
  CommonDialog1.ShowColor
End Sub
```

程序运行后，单击“打开对话框”命令按钮，打开“打开”对话框；单击“颜色对话框”命令按钮，打开“颜色”对话框。

需要说明的是，对话框打开后，后续的操作需要通过编程实现。

CommonDialog 控件和 Timer 控件一样，在运行时都是不可见的。

下面分别介绍 6 种通用对话框的创建及使用。

8.2.1 “打开”对话框

设置 CommonDialog 控件的 Action 属性值为 1，或调用 ShowOpen 方法可以创建一个“打开”对话框。除 Action 属性外，“打开”对话框还有其他一些属性需要设置，如 DialogTitle、FileName、InitDir、Filter、FilterIndex、DefaultExt 等。这些属性既可以通过“属性页”对话框设置，也可以通过代码设置。“打开”对话框的常用属性及功能如表 8.6 所示。

表 8.6 “打开”对话框的常用属性及作用

属性	属性说明	功能
DialogTitle	对话框标题	设置显示的对话框标题内容
Flags	标志	设置对话框的一些特性，具体内容请查阅帮助文件
FileName	文件名称	设置显示“打开”对话框或“另存为”对话框时的初始文件名
DefaultExt	默认扩展名	设置“打开”对话框或“另存为”对话框中需要打开或保存的文件的扩展名
InitDir	初始化路径	为“打开”对话框或“另存为”对话框指定初始路径

续表

属性	属性说明	功能
MaxFileSize	文件最大长度	设置文件的最大长度，单位为字节
Filter	过滤器	指定在对话框文件类型表中所要显示的文件类型
FilterIndex	过滤器索引	若对话框有多个过滤器，则为对话框指定哪个是默认的过滤器

【例 8.6】 创建“打开”对话框，打开一个图形文件。

在窗体上添加 1 个通用对话框控件 CommonDialog1、1 个命令按钮 Command1 和 1 个图像框 Image1。界面设计如图 8.10 所示。

程序代码如下：

```
Private Sub Command1_Click()
    CommonDialog1.DialogTitle = "请选择要打开的图片"
    ' 设置图形文件的类型
    CommonDialog1.Filter = "All Files|*.*|BMP|*.bmp|Icon|*.ico|JEPG|*.jpg"
    CommonDialog1.Action = 1
    Image1.Stretch = True                                ' 调整图像大小
    ' FileName 属性返回已选定的文件的文件名、路径等信息
    Image1.Picture = LoadPicture(CommonDialog1.FileName)
End Sub
```

程序运行后，单击“打开图片”命令按钮，显示“打开”对话框，其中的标题栏内容、文件类型等均按代码中设置的内容显示；在“打开”对话框中选择需要显示的图片文件，单击“打开”按钮，运行结果如图 8.11 所示。

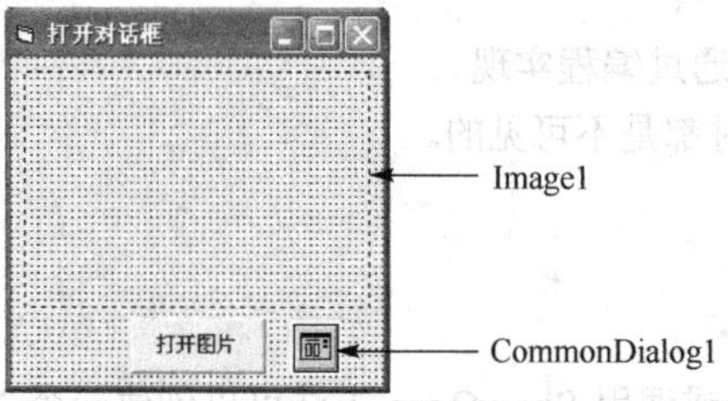

图 8.10 例 8.6 的界面设计

图 8.11 例 8.6 的运行结果

8.2.2 “另存为”对话框

“另存为”对话框与“打开”对话框相似，从图 8.8 中可以看到，“另存为”对话框与“打开”对话框的相关属性在同一选项卡内。

设置 CommonDialog 控件的 Action 属性值为 2，或调用 ShowSave 方法可以创建一个“另存为”对话框。

“另存为”对话框的使用方法与“打开”对话框的使用方法基本相同。

8.2.3 “颜色”对话框

设置 CommonDialog 控件的 Action 属性值为 3，或调用 ShowColor 方法可以创建一个“颜色”对

话框。除 Action 属性外，“颜色”对话框还有 Color 和 Flags 属性需要设置，这两个属性既可以通过“属性页”对话框设置，也可以通过代码设置。

（1）Color 属性：设置对话框的初始颜色，当标志为 1 时起作用。

（2）Flags 属性：设置对话框的一些特性，具体内容请查阅帮助文件。

“颜色”对话框如图 8.12 所示。

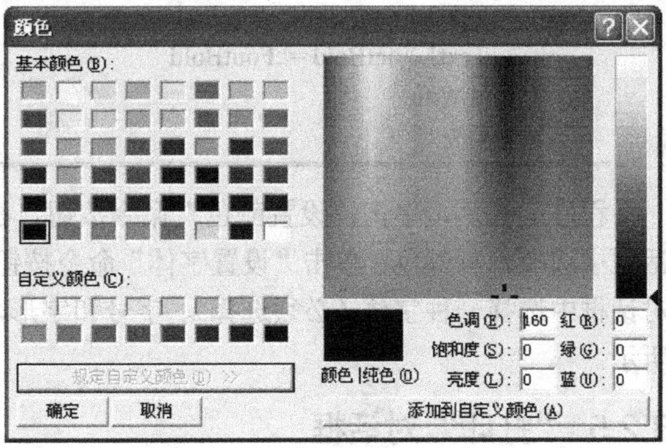

图 8.12　“颜色”对话框

8.2.4 “字体”对话框

设置 CommonDialog 控件的 Action 属性值为 4，或调用 ShowFont 方法可以创建一个“字体”对话框。除 Action 属性外，“字体”对话框还有其他一些属性需要设置。

“字体”对话框的常用属性如下。

（1）字体名称（FontName）：设置初始字体。

（2）字体大小（FontSize）：设置初始字体的大小。

（3）样式（Style）：这是一系列属性，用于设置粗体（FontBold）、斜体（FontItalic）、下画线（FontUnderline）、删除线效果（FontStrikethru）。

注意：在显示“字体”对话框前，可设置标志属性（Flags）为 1、2 或 3。若在“字体”对话框上显示字体效果和字体颜色，可将标志属性值设置为 257、258 或 259。

【例 8.7】 编写程序，通过“颜色”对话框和“字体”对话框，设置文本框中文字的颜色和字体。

在窗体上添加 1 个通用对话框控件 CommonDialog1、2 个命令按钮（Command1、Command2）和 1 个文本框 Text1。属性设置如表 8.7 所示。

表 8.7　属性设置

对象名	属性名	属性值	说明
Form1	Caption	“颜色”对话框和“字体”对话框	
Command1	Caption	设置颜色	
Command2	Caption	设置字体	
Text1	MultiLine	True	允许换行
	Text	使用对话框设置字符的颜色和字体	

程序代码如下：

```
Private Sub Command1_Click()
  CommonDialog1.ShowColor
  Text1.ForeColor = CommonDialog1.Color          ' 设置文本框字体颜色
End Sub
Private Sub Command2_Click()
  With CommonDialog1
    .Flags = 257                                 ' 可显示字体效果和字体颜色
    .ShowFont
    Text1.FontName = .FontName
    Text1.FontSize = .FontSize
```

```
        Text1.FontItalic = .FontItalic
        Text1.FontBold = .FontBold
    End With
End Sub
```

程序运行后，单击“设置颜色”命令按钮，在打开的“颜色”对话框中选择一种颜色；单击“设置字体”命令按钮，在打开的“字体”对话框中选择一种字体（必须选择）、字号和字形，运行结果如图 8.13 所示。

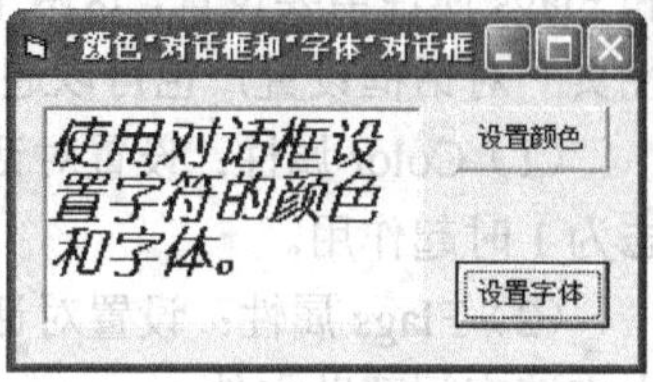

图 8.13 例 8.7 的运行结果

8.2.5 “打印”对话框

设置 CommonDialog 控件的 Action 属性值为 5，或调用 ShowPrinter 方法可以创建一个“打印”对话框。在“打印”对话框中可以设置打印页面范围（起始页和终止页）、打印份数等，如图 8.14 所示。

“打印”对话框仅提供设置打印选项的界面，并不完成实际的打印工作。用户设置的选项内容会保存在相应的属性中，利用这些属性可以编写程序使其完成打印工作。

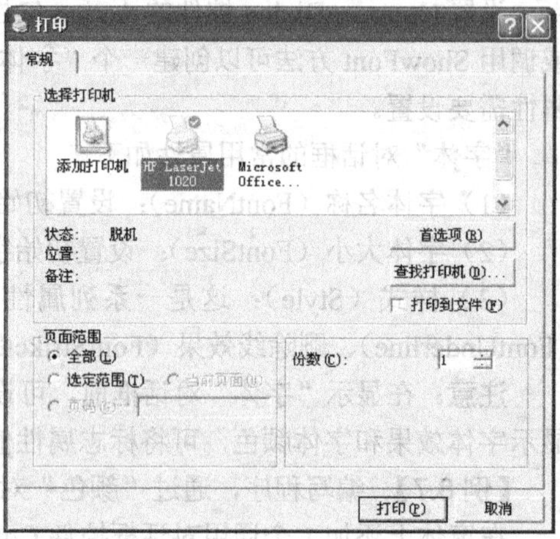

图 8.14 “打印”对话框

8.2.6 “帮助”对话框

在代码中将 CommonDialog 控件的 Action 属性值设置为 6 或调用 ShowHelp 方法都可以创建“帮助”对话框。该对话框使用 Windows 标准接口，为用户提供帮助。

“帮助”对话框的常用属性如下。

（1）帮助文件（HelpFile）：设置 Help 文件所在的绝对路径及名称。

（2）帮助命令（HelpCommand）：设置或返回需要的联机帮助类型。

（3）帮助键（HelpKey）：设置需要显示的帮助内容的关键字。

有关“帮助”对话框的详细内容这里不做介绍，读者可参阅 Visual Basic 的帮助文档。

8.3 菜单设计

在 Windows 环境中，几乎所有的应用程序都具有菜单。下面介绍 Visual Basic 中菜单的设计和使用方法。

Visual Basic 中的菜单分为两种类型：下拉式菜单和弹出式菜单。位于窗口标题栏下方的称为下拉式菜单，单击鼠标右键弹出的菜单称为弹出式菜单，也称为快捷菜单。Visual Basic 最多可以建立 6 层下拉式菜单。

使用菜单有两个目的：一是提供一种人机交互的方式；二是为用户提供一组命令，管理和控制应用程序的各个功能模块。

一个下拉式菜单系统通常包含以下相关元素。

（1）菜单栏：位于窗体标题栏的下方，包含若干菜单标题。

（2）菜单标题：菜单栏中的各个选项。

（3）菜单项：单击菜单标题后下拉出的菜单命令。

（4）子菜单：菜单项的一个分支菜单，也称为层叠菜单，它的右边有一个“▸”，当鼠标指针指向该菜单项时，会打开下一级子菜单。

弹出式菜单通常在单击鼠标右键时出现，其中包含的命令与右击的对象有关。

在 Visual Basic 中，使用菜单编辑器（Menu Editor）创建一个下拉式菜单或弹出式菜单。打开菜单编辑器的方法有 3 种：

（1）选择“工具”菜单下的“菜单编辑器”命令。

（2）在需要建立菜单的窗体上单击鼠标右键，从快捷菜单中选择“菜单编辑器”命令。

（3）单击标准工具栏上的“菜单编辑器”按钮。

要打开菜单编辑器，当前的活动窗口必须是窗体设计器窗口。如果是其他窗口，如代码窗口，则不能打开菜单编辑器。打开的菜单编辑器如图 8.15 所示。

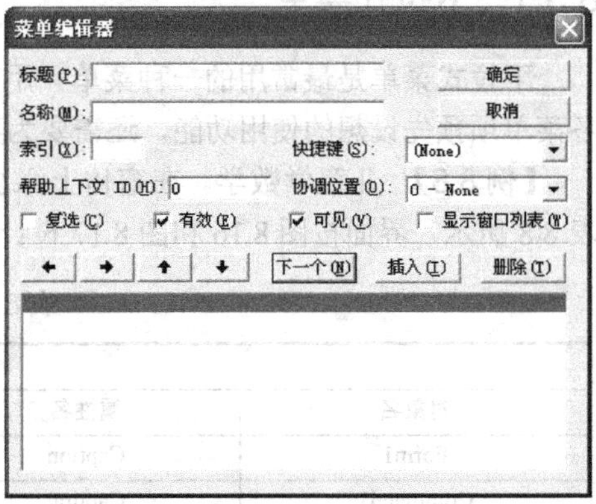

图 8.15　菜单编辑器

建立在窗体上的菜单标题、菜单项及子菜单项在菜单编辑器中以分层格式显示，通过缩进格式来表明它们的层次。

菜单是一个控件，也有相应的属性和事件。

在菜单编辑器中，需要设置如下属性。

（1）标题：菜单的 Caption 属性，是在菜单项中显示的文字。如果标题为连字符“-”，则在菜单中生成一个分隔栏（注意，只需要输入一个连字符即可）。分隔栏也是一个菜单项，需要输入合法的 Name 属性值。

（2）名称：菜单的 Name 属性，用于在代码中访问菜单控件。该属性必须设置。

（3）索引：菜单的 Index 属性，作用与控件数组的 Index 属性相同。

（4）快捷键：菜单的 Shortcut 属性，用于给菜单项指定一个快捷键。

注意：不能在顶层菜单上加快捷键。

（5）帮助上下文 ID：菜单的 HelpContextID 属性。设置或返回一个帮助文件中的主题编号，用于为应用程序提供上下文有关的帮助。

（6）协调位置：菜单的 NegotiatePosition 属性，具体内容这里不做介绍，请参阅 Visual Basic 的帮助文档。

（7）复选：菜单的 Checked 属性，其属性值为 True 或 False，默认值为 False。

（8）有效：菜单的 Enabled 属性，其属性值为 True 或 False，默认值为 True，作用同其他控件的 Enabled 属性。

（9）可见：菜单的 Visible 属性，其属性值为 True 或 False，默认值为 True，作用同其他控件的 Visible 属性。

（10）显示窗口列表：菜单的 WindowList 属性，用于多文档界面应用程序设计。

在菜单编辑器中，以上属性的下面有 7 个编辑按钮，使用它们可以对输入的菜单项进行简单的编辑。

（1）“➡”按钮：单击该按钮一次，可使菜单列表窗口中已选定的菜单向下移动一级，该菜单的标题属性前会显示一个“…”符号，使该菜单项变为下一级子菜单。最多可以创建 4 级子菜单。

（2）“⬅”按钮：单击该按钮一次，可使菜单列表窗口中已选定的菜单项向上移动一级。

（3）“⬆”按钮：单击该按钮一次，可使菜单列表窗口中已选定的菜单项在同级别菜单内向上移动一个位置。

（4）“⬇”按钮：单击该按钮一次，可使菜单列表窗口中已选定的菜单项在同级别菜单内向下移动一个位置。

（5）“下一个”按钮：创建一个新的菜单项，若某个已经建立好的菜单项是某一级别的子菜单，则新创建的菜单项与上一个菜单项同级。

（6）“插入”按钮：在当前选定的菜单项上方插入一个新的菜单项，且新插入的菜单项与当前选定的菜单项同级。

（7）“删除”按钮：删除当前选定的菜单项。

这 7 个按钮下面是菜单编辑和显示区，用于编辑和显示菜单的结构。

菜单设计完成后，单击菜单编辑器中的“确定”按钮，关闭菜单编辑器，即可完成菜单的创建。

8.3.1 下拉式菜单

下拉式菜单是最常用的一种菜单。用菜单编辑器设计的菜单只是建立了菜单的层次结构，要完成各菜单项预先设想的使用功能，还需要为菜单项编写相应的事件过程代码。

【例 8.8】 儿童学数学。在窗体上添加 1 个图片框和 1 个命令按钮，各控件及菜单的属性设置如表 8.8 所示，界面按图 8.16 和图 8.17 设计。

表 8.8 对象及菜单属性设置

窗体及控件			
对象名	**属性名**	**属性值**	**说明**
Form1	Caption	儿童学数学	
Command1	Caption	试一试	
菜单控件			
标题	**名称**	**快捷键**	**说明**
选择运算类型	m1		主菜单标题及名称
加法	m11	Ctrl+A	加法题目
-	cut1		分隔线
减法	m12	Ctrl+B	减法题目
选择数据大小	m2		
1～9	m21		数据为 1～9
-	cut2		分隔线
10～20	m22		数据为 10～20

菜单的层次结构如图 8.18 所示。

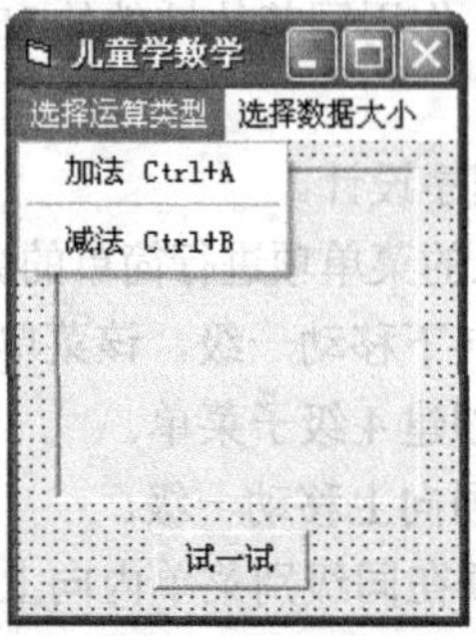

图 8.16 例 8.8 的“选择运算类型”菜单

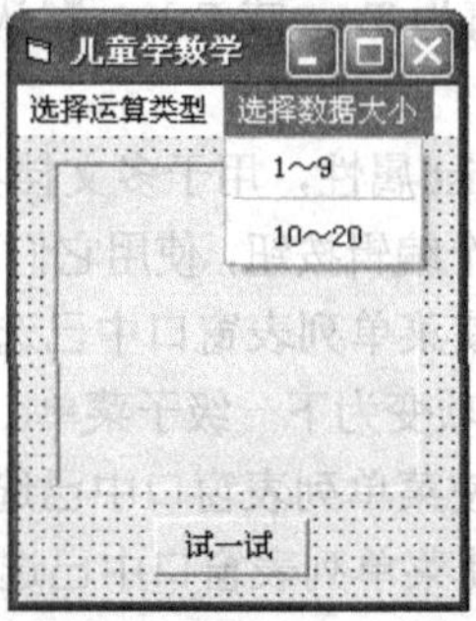

图 8.17 例 8.8 的“选择数据大小”菜单

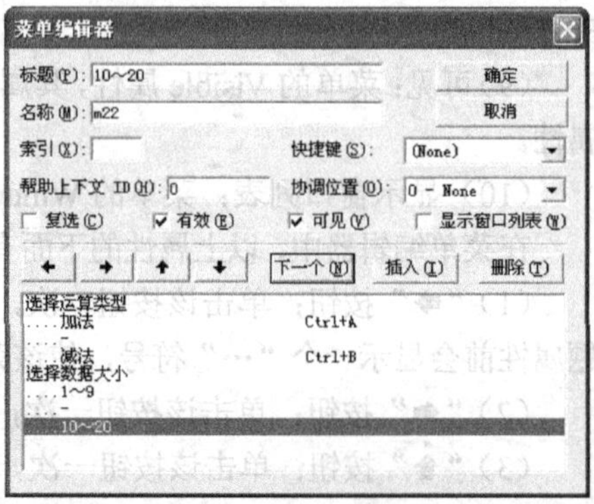

图 8.18 菜单的层次结构

在设计模式下，单击窗体上“选择运算类型”菜单下的“加法”子菜单项，可自动生成该菜单项的 Click 事件过程框架，然后在其中编写事件过程代码。同理可生成其他各菜单项的 Click 事件过程框架并进行编码。

程序代码如下：

```
Dim p1%, p2%, p3$, res!, flag1 As Boolean, flag2 As Boolean
Private Sub m11_Click()
  p3 = "+"
End Sub
Private Sub m12_Click()
  p3 = "-"
End Sub
Private Sub Command1_Click()
  Randomize
  If p3 = "" Then
    MsgBox "请先选择运算类型和数据大小。", vbInformation
    Exit Sub
  Else
    If flag1 Then
      p1 = Int(Rnd * 9 + 1)
      p2 = Int(Rnd * 9 + 1)
    Else
      p1 = Int(Rnd * 11 + 10)
      p2 = Int(Rnd * 11 + 10)
    End If
    Select Case p3
      Case "+"
        anw = Val(InputBox(p1 & p3 & p2 & "=?"))
        res = p1 + p2
        If res = anw Then
          Picture1.Print p1; p3; p2; "="; anw; "   √"
        Else
          Picture1.Print p1; p3; p2; "="; anw; "   ×"
        End If
      Case Else
        If p1 < p2 Then
          t = p1
          p1 = p2
          p2 = t
        End If
        anw = Val(InputBox(p1 & p3 & p2 & "=?"))
        res = p1 - p2
        If res = anw Then
          Picture1.Print p1; p3; p2; "="; anw; "   √"
        Else
          Picture1.Print p1; p3; p2; "="; anw; "   ×"
        End If
```

```
        End Select
      End If
    End Sub
    Private Sub m21_Click()
      flag1 = True
      flag2 = False
    End Sub
    Private Sub m22_Click()
      flag1 = False
      flag2 = True
    End Sub
```

程序运行后，在“选择运算类型”菜单下选择“加法”或“减法”；在“选择数据大小”菜单下选择“1～9”或“10～20”，运行结果如图 8.19 所示。

【例 8.9】 编写一个程序，模拟简单的抽奖、兑奖过程。

在窗体上添加 1 个标签 Label1，界面和菜单设计如图 8.20 和图 8.21 所示。

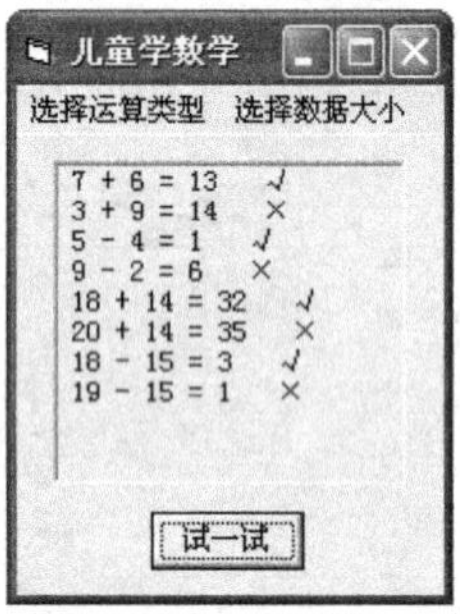

图 8.19 例 8.8 的运行结果

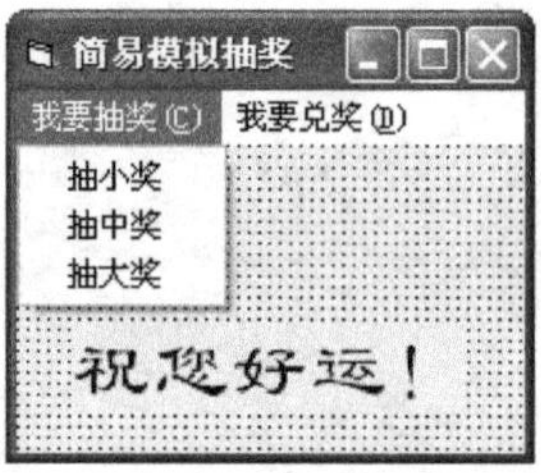

图 8.20 例 8.9 的界面和菜单设计 1

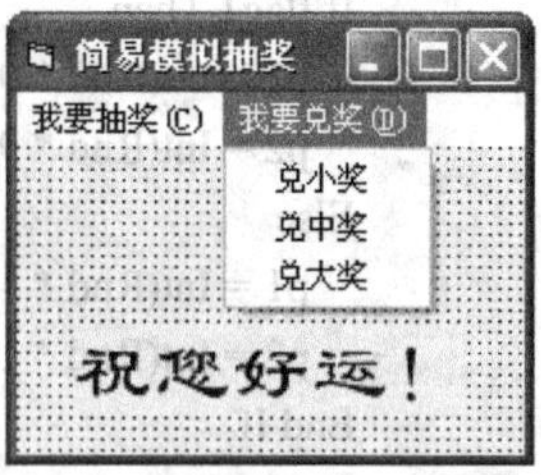

图 8.21 例 8.9 的界面和菜单设计 2

各菜单项的属性设置如表 8.9 所示。

表 8.9 各菜单项属性设置

标题	名称	索引	说明
我要抽奖(&C)	meun1		设置热键 Alt+C
抽小奖	meun11		
抽中奖	meun12		
抽大奖	meun13		
我要兑奖(&D)	meun2		设置热键 Alt+D
兑小奖	meun21	0	建立一个控件数组 menu21
兑中奖	meun21	1	
兑大奖	meun21	2	

程序代码如下：

```
Dim djh%, zjh%, xjh%                    ' 大奖号、中奖号、小奖号
Private Sub Form_Load()                 ' 初始化
  menu21(0).Enabled = False
  menu21(1).Enabled = False
```

```
    menu21(2).Enabled = False
End Sub
Private Sub menu11_Click()                    ' 用户自己抽一个小奖号码
    menu21(0).Enabled = True
    menu21(1).Enabled = False                 ' 兑中奖和兑大奖菜单无效
    menu21(2).Enabled = False
    xjh = Val(InputBox("请选择 1～5 中的一个号码", "抽小奖", 1))
    Do While xjh < 0 Or xjh > 5
        xjh = Val(InputBox("请选择 1～5 中的一个号码", "抽小奖", 1))
    Loop
End Sub
Private Sub menu12_Click()                    ' 用户自己抽一个中奖号码
    menu21(0).Enabled = False                 ' 兑小奖和兑大奖菜单无效
    menu21(1).Enabled = True
    menu21(2).Enabled = False
    zjh = Val(InputBox("请选择 1～10 中的一个号码", "抽中奖", 1))
    Do While zjh < 0 Or zjh > 10
        zjh = Val(InputBox("请选择 1～10 中的一个号码", "抽中奖", 1))
    Loop
End Sub
Private Sub menu13_Click()                    ' 用户自己抽一个大奖号码
    menu21(0).Enabled = False                 ' 兑小奖和兑中奖菜单无效
    menu21(1).Enabled = False
    menu21(2).Enabled = True
    djh = Val(InputBox("请选择 1～20 中的一个号码", "抽大奖", 1))
    Do While djh < 0 Or djh > 20
        djh = Val(InputBox("请选择 1～20 中的一个号码", "抽大奖", 1))
    Loop
End Sub
Private Sub menu21_Click(Index As Integer)
    Randomize
    Select Case Index                         'NO 表示随机抽出的中奖号码
        Case 0
            NO = Int(5 * Rnd + 1)
            If xjh = NO Then
                MsgBox "恭喜你，获得小奖！" & vbCrLf & "小奖号：" & NO, 64, "兑奖"
            Else
                MsgBox "很遗憾，没有中奖。小奖号为：" & NO, vbCritical, "兑奖"
            End If
        Case 1
            NO = Int(10 * Rnd + 1)
            If zjh = NO Then
                MsgBox "恭喜你，获得中奖！" & vbCrLf & "中奖号：" & NO, 64, "兑奖"
            Else
```

```
            MsgBox "很遗憾，没有中奖。中奖号为：" & NO, vbCritical, "兑奖"
        End If
    Case 2
        NO = Int(20 * Rnd + 1)
        If djh = NO Then
            MsgBox "恭喜你，获得大奖！" & vbCrLf & "大奖号：" & NO, 64, "兑奖"
        Else
            MsgBox "很遗憾，没有中奖。大奖号为：" & NO, vbCritical, "兑奖"
        End If
  End Select
  menu21(0).Enabled = False
  menu21(1).Enabled = False
  menu21(2).Enabled = False
End Sub
```

程序运行后，先选择“我要抽奖”菜单下的“抽小奖”、“抽中奖”或“抽大奖”命令，然后在输入对话框中按要求输入一个整数（兑奖号），再选择“我要兑奖”菜单下的“兑小奖”、“兑中奖”或“兑大奖”命令，即可显示兑奖是否成功的提示信息。

说明：因为程序中将“兑奖”菜单设计成控件数组，所以在菜单设计时需要设置“兑奖”菜单下各菜单项相应的“索引”属性。

8.3.2 弹出式菜单

弹出式菜单又称为快捷菜单，通常是单击鼠标右键后产生的菜单。弹出式菜单有两种：系统弹出式菜单和用户自定义弹出式菜单（本节所介绍的弹出式菜单是用户自定义弹出式菜单）。Visual Basic 对某些对象（如 TextBox）提供了系统弹出式菜单，该菜单提供了相应的菜单命令，不需要编程。用户自定义弹出式菜单是在下拉式菜单的基础上建立的，所以该菜单也需要使用菜单编辑器来建立。建立弹出式菜单的步骤如下：

（1）在菜单编辑器中新建下拉式菜单。

（2）若将某个菜单项的下拉式菜单设计为弹出式菜单，则将该菜单项设置为不可见，即将该菜单项的 Visible 属性设置为 False。

（3）在对象的鼠标事件（MouseDown、MouseUp 等）中调用 PopupMenu 方法，即可在相应的对象上显示弹出式菜单，PopupMenu 方法的一般格式为：

```
[对象名.]PopupMenu <菜单名> [ ,flags][ ,x][ ,y][ ,boldcommand]
```

其中：

（1）对象名指鼠标单击的对象，一般为窗体。

（2）菜单名是在菜单编辑器中设计菜单时，为菜单项指定的名称。

（3）flags 指定弹出式菜单的位置和行为，是一个数值或常量。具体取值如表 8.10 和表 8.11 所示。

（4）x、y 指定弹出式菜单的坐标位置，默认为鼠标当前所在位置。

（5）boldcommond 指定弹出式菜单中菜单命令的名称加粗显示。

表 8.10　位置常量

值	位置常量	说明
0	vbPopupMenuLeftAlign	默认值，弹出式菜单的左上角位于坐标(x,y)处
4	vbPopupMenuCenterAlign	弹出式菜单的上框中央位于坐标(x,y)处
8	vbPopupMenuRightAlign	弹出式菜单的右上角位于坐标(x,y)处

表 8.11　行为常量

值	行为常量	说明
0	vbPopupMenuLeftButton	默认值，弹出式菜单项只响应鼠标左键单击
2	vbPopupMenuRightButton	弹出式菜单项可以响应鼠标左、右键单击

【例 8.10】 改写例 8.8，将“选择运算类型”下拉菜单改为弹出式菜单。

在菜单编辑器中，只需将 menu1 菜单的“可见”属性设置为 False。

在例 8.8 程序的基础上，只需再编写窗体的鼠标事件过程 MouseDown。

程序代码如下：

```
Private Sub Form_MouseDown(Button As Integer, Shift As Integer, X As Single, _
Y As Single)
  If Button = 2 Then PopupMenu m1
End Sub
```

由于例 8.8 的窗体上 Picture1 占了很大的面积，为了不影响使用者的体验，可以添加 Picture1 的 MouseDown 事件过程。

程序代码如下：

```
Private Sub Picture1_MouseDown(Button As Integer, Shift As Integer, X As
Single, _
  Y As Single)
    If Button = 2 Then   PopupMenu m1
  End Sub
```

程序运行后，在窗体空白处单击鼠标右键，显示的弹出式菜单如图 8.22 所示。

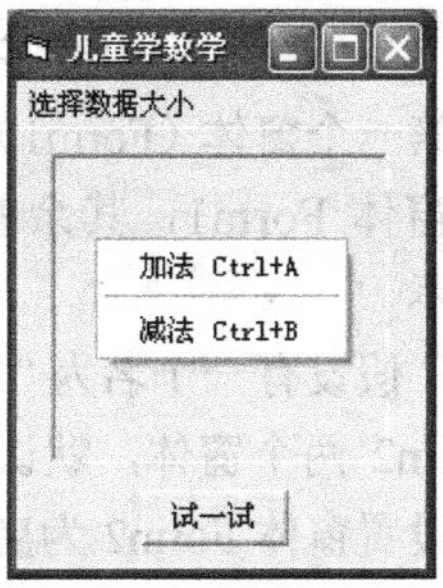

图 8.22　例 8.10 的“选择运算类型”弹出式菜单

8.4　多重窗体与 Sub Main 过程

前面章节中涉及的工程基本上都只有一个窗体，大部分应用程序的实际情况并非如此。通常情况下，一个应用程序由多个窗体组成，每个窗体都有各自的界面和代码，不同的窗体具有不同的功能。有些复杂的程序，甚至由多个窗体来共同完成一个功能。如果把一个应用程序的多个功能都放到同一个窗体上完成，这样做不但使程序的界面设计工作变得复杂，而且使后期的程序维护工作变得难以完成。因此，设计应用程序时往往需要使用多重窗体。

8.4.1 多重窗体程序的设计方法

1．添加窗体和删除窗体

在工程中添加一个新窗体可以采用以下方法：

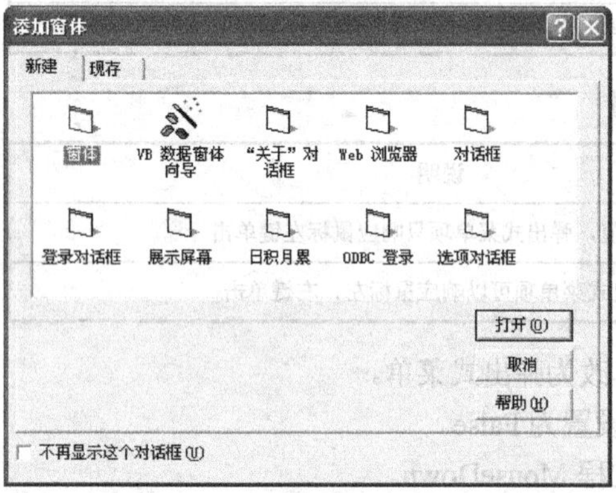

图 8.23 “添加窗体”对话框

（1）选择“工程”菜单下的“添加窗体”命令。

（2）在“工程资源管理器”窗口中单击鼠标右键，在弹出的快捷菜单中选择“添加”子菜单中的“添加窗体”命令。

用上述方法将打开如图 8.23 所示的“添加窗体”对话框。该对话框中有“新建”和“现存”两个选项卡，在“新建”选项卡中可以向当前工程添加一个新窗体，在“现存”选项卡中可以给当前工程添加一个已存在的窗体。

要删除当前工程中的某个窗体，先在“工程资源管理器”窗口中选定该窗体，然后选择“工程”菜单中的“移除”命令；或在该窗体上右击鼠标，在弹出的快捷菜单中选择“移除”命令。

2．保存窗体

多窗体保存需要对界面设计中的每一个窗体都分别保存。

3．设置启动窗体

当一个工程中有多个窗体时，默认情况下，该工程的第一个窗体（Form1）作为启动窗体。程序运行后，显示窗体 Form1，其余的窗体需要通过 Show 方法才能显示。

假设有一个名为“Project1”的工程，它包含 Form1、Form2 两个窗体，默认情况下它的启动窗体为 Form1，要设置窗体 Form2 为启动窗体，可以按以下步骤完成。

（1）选择“工程”菜单下的“Project1 属性”命令，打开“Project1-工程属性”对话框，如图 8.24 所示。

（2）在“通用”选项卡的“启动对象”列表框中选择“Form2”，单击“确定”按钮，即可将 Form2 设置为“Project1”的启动窗体。

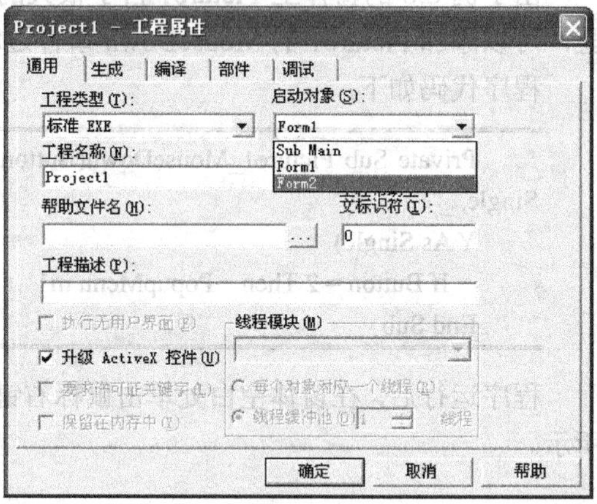

图 8.24 “Project1-工程属性”对话框

4．与多重窗体相关的语句和方法

（1）Load 语句。

一般格式为：

Load 窗体名

功能：将指定的窗体加载到内存中。

说明：一个窗体加载到内存中并不会显示出来，但它的各种属性已经可以被使用。

例如：

```
Load Form1              ' 加载窗体 Form1
```

（2）UnLoad 语句。

一般格式为：

```
UnLoad 窗体名
```

功能：卸载指定的窗体。

说明：在应用程序中只有一个窗体的情况下，执行“Unload Me”语句，则程序会停止运行。

例如：

```
Unload Form1        ' 卸载窗体 Form1
Unload Me           ' 卸载当前活动窗体
```

（3）Show 与 Hide 方法。

Show 与 Hide 方法的一般格式和使用方法参见 2.4.2 节。

这里需要强调两点：

① 在调用一个窗体的 Show 方法后，如果该窗体之前没有被加载到内存中，则会将该窗体加载到内存并显示。

② 虽然调用 Hide 方法和执行 UnLoad 语句同样可以使窗体在屏幕上消失，但它们有本质的区别。使用 Hide 方法只是使某个窗体不可见，被隐藏的窗体仍然在内存中，该窗体上的对象和属性等仍然可以使用；使用 UnLoad 语句则彻底将窗体从内存中清除，该窗体上的对象和属性都不能使用了。

【例 8.11】 编写多重窗体程序，模拟简单应用程序的登录、欢迎和退出。

分析：本例中使用“登录”、“欢迎”和“退出”3 个窗体，模拟一个完整的应用程序的运行过程。

（1）在“登录”窗体上添加 1 个标签 Label1、1 个文本框 Text1 和 2 个命令按钮（Command1、Command2），该窗体各对象的属性设置如表 8.12 所示，界面设计如图 8.25 所示。

表 8.12 “登录”窗体各对象的属性设置

对象名	属性名	属性值	说明
Form1	Caption	登录	
Command1	Caption	确定	
Command2	Caption	取消	
Label1	Caption	请输入您的密码：	
Text1	Text		初始内容为空
	PasswordChar	*	密码显示为“*”

“登录”窗体的程序代码如下：

```
Private Sub Command1_Click()
  If Text1.Text = "123" Then
    Form2.Show
    Me.Hide
  End If
End Sub
Private Sub Command2_Click()
```

```
  End
End Sub
```

（2）在“欢迎”窗体上添加 1 个标签 Label1 和 1 个命令按钮 Command1，该窗体各对象的属性设置如表 8.13 所示，界面设计如图 8.26 所示。

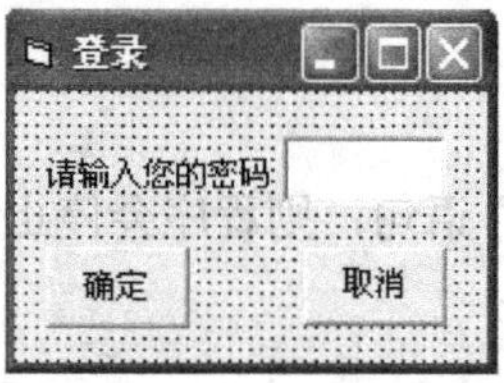

图 8.25　例 8.11“登录”窗体的界面设计

表 8.13　“欢迎”窗体各对象的属性设置

对象名	属性名	属性值	说明
Form2	Caption	欢迎	
Label1	Caption	欢迎使用本系统!	
Command1	Caption	退出系统	

“欢迎”窗体的程序代码如下：

```
Private Sub Command1_Click()
  Form3.Show
  Unload Me
End Sub
```

（3）在“退出”窗体上添加 1 个标签 Label1 和 1 个时钟控件 Timer1，该窗体各对象的属性设置如表 8.14 所示，界面设计如图 8.27 所示。

表 8.14　“退出”窗体中各对象的属性设置

对象名	属性名	属性值	说明
Form3	Caption	退出	
Label1	Caption	谢谢使用!	
Timer1	Interval	1000	每秒钟触发一次

“退出”窗体的程序代码如下：

```
Private Sub Timer1_Timer()
  Static i  As Integer        ' 静态变量，用于计时
  ' 3 秒钟后自动退出系统
  If i < 2 Then i = i + 1 Else End
End Sub
```

程序运行后，首先启动“登录”窗体，在“登录”窗体中输入密码 123，单击“确定”命令按钮，显示“欢迎”窗体；单击“欢迎”窗体的“退出系统”命令按钮，显示“退出”窗体，3 秒钟后自动退出系统。

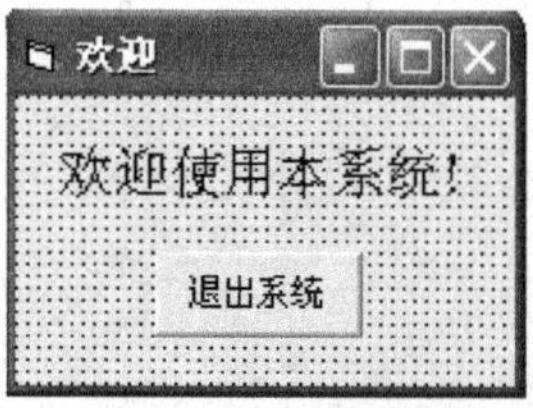

图 8.26　例 8.11“欢迎”窗体的界面设计

图 8.27　例 8.11“退出”窗体的界面设计

8.4.2　Sub Main 过程

前面章节编写的所有程序，都是通过启动窗体后执行事件过程代码来运行的。但一个程序并不一定需要通过事件过程启动，而是可以通过一个特殊的过程——Sub Main 过程来启动。通过执行 Sub Main 过程，可以根据某些条件进行初始化，或者根据条件决定加载哪个窗体。

Sub Main 过程只能添加在标准模块中，并且只能添加一次。

如果用户在一个工程中添加了 Sub Main 过程，并且该工程有窗体 Form1，虽然在工程中存在 Sub Main 过程，但是 Visual Basic 并不能自动从 Sub Main 过程启动程序。默认情况下，Visual Basic 会启动第一个窗体 Form1。如果要从 Sub Main 过程启动工程，需要在如图 8.24 所示的对话框中，将启动对象设置为 Sub Main。

【例 8.12】 编写一个程序，模拟一个 App 程序的注册、登录。

分析：用户在使用一个 App 程序时，新用户需要先注册，后登录；老用户直接登录。针对不同身份的用户需要“新用户注册”窗体和“老用户登录”窗体，以及 1 个用来建立 Sub Main 过程的标准模块。

（1）“新用户注册”窗体界面设计如图 8.28 所示。

程序代码如下：

```
Private Sub Command1_Click()
  name1 = Trim(Text1.Text)
  keywords1 = Trim(Text2.Text)
  If name1 = "" Then
    MsgBox "请输入用户名", vbOKOnly + vbInformation, "提示"
    Text1.SetFocus
  ElseIf Text2.Text = "" Or Text2.Text <> Text3.Text Then
    MsgBox "您输入的密码有误，请重新输入！", vbOKOnly + vbInformation, "提示"
    Text2.Text = "": Text3.Text = "": Text2.SetFocus
  Else
    MsgBox "注册成功，请登录。", vbOKOnly + vbApplicationModal, "注册成功"
    Me.Hide
    Call main
  End If
End Sub
Private Sub Command2_Click()
  Unload Me
  Call main
End Sub
```

（2）“老用户登录”窗体界面设计如图 8.29 所示。

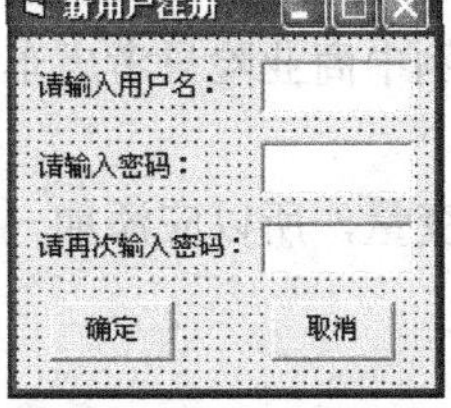

图 8.28　“新用户注册”窗体的界面设计

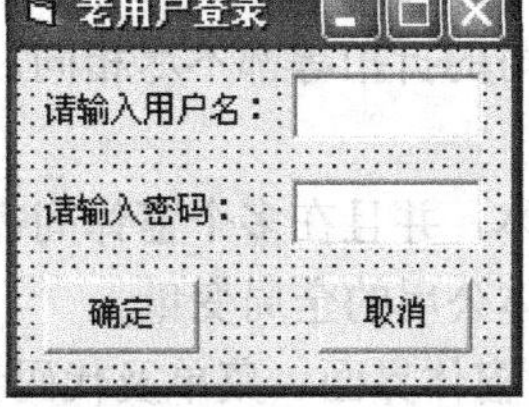

图 8.29　“老用户登录”窗体的界面设计

程序代码如下：

```
Private Sub Command1_Click()
   name2 = Trim(Text1.Text)
   keywords2 = Trim(Text2.Text)
   If name2 = name1 And keywords2 = keywords1 Then
      MsgBox "登录成功!", vbOKOnly + vbExclamation, "欢迎"
      End
   Else
      MsgBox "用户名或密码错误，请重新输入！ ", vbOKOnly + vbCritical, "警告"
      Text1.Text = "": Text2.Text = "": Text1.SetFocus
   End If
End Sub
Private Sub Command2_Click()
   Unload Me
   Call main
End Sub
```

（3）标准模块程序代码：

```
Public name1 As String, keywords1 As String
Public Sub main()
   n = MsgBox("请选择登录方式： " & vbCrLf & "新用户注册请按" & _
   " “确定”，老用户登录请按“取消” ", 32 + 1, "请选择登录方式")
   If n = 1 Then
      Form1.Show              ' 单击"确定"按钮，启动"新用户注册"窗体
   Else
      Form2.Show              ' 单击"取消"按钮，启动"老用户登录"窗体
   End If
End Sub
```

各窗体界面设计及代码编写完成后，需设置该工程的启动对象为 Sub Main。

程序运行后，首先执行 Sub Main 过程，在打开的 MsgBox 对话框中单击“确定”按钮，启动“新用户注册”窗体，单击“取消”按钮，启动“老用户登录”窗体。

8.5 应用程序举例

【例 8.13】 编写一个车辆保险费用计算器程序。

分析：车辆的保险主要由交强险和商业险构成。交强险保费是固定的 960 元/年，根据用户出险的情况，可以有部分折扣；商业险主要有车损险、第三方责任险和划痕险等。真实的情况很复杂，险种非常多，且各保险公司的折扣等都不尽相同。为了处理简单，本例中商业险只考虑车损险、第三方责任险和划痕险。

本例需要多个窗体，并且在多个窗体间需要使用某些相同的变量，所以应添加一个标准模块，用于声明一些在多个窗体公用的全局变量。

（1）“车辆保险”窗体界面、菜单及代码设计。

菜单设计如图 8.30 所示，主菜单栏包括 3 个菜单标题：交强险、商业险和退出系统；交强险和商

业险都有“进入”二级子菜单。“车辆保险”窗体界面设计如图 8.31 所示。

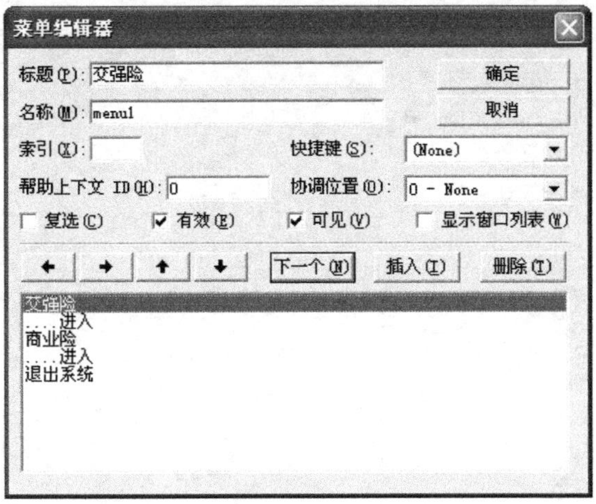

图 8.30 “车辆保险”窗体的菜单设计

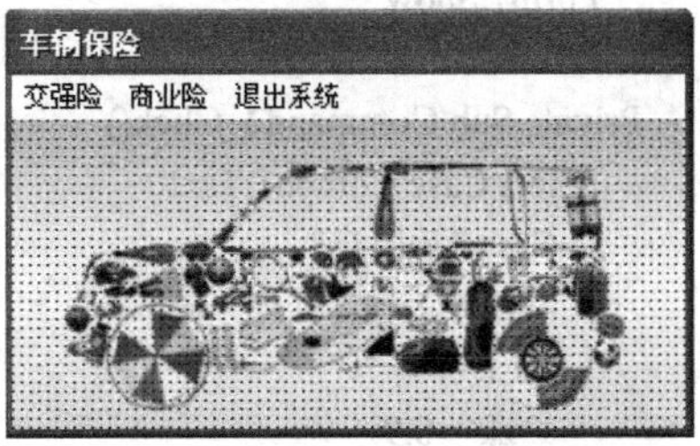

图 8.31 “车辆保险”窗体的界面设计

程序代码如下：

```
Private Sub menu11_Click()
  Me.Hide
  Form2.Show
End Sub
Private Sub menu21_Click()
  If zk = 0 Then              ' 折扣为 0，表示没有选择交强险
    MsgBox "请先选择交强险！", vbExclamation + vbOKOnly, "提示"
    Form2.Show
  Else
    Me.Hide
    Form3.Show
  End If
End Sub
Private Sub menu3_Click()
  End
End Sub
```

（2）“交强险”窗体界面设计如图 8.32 所示。

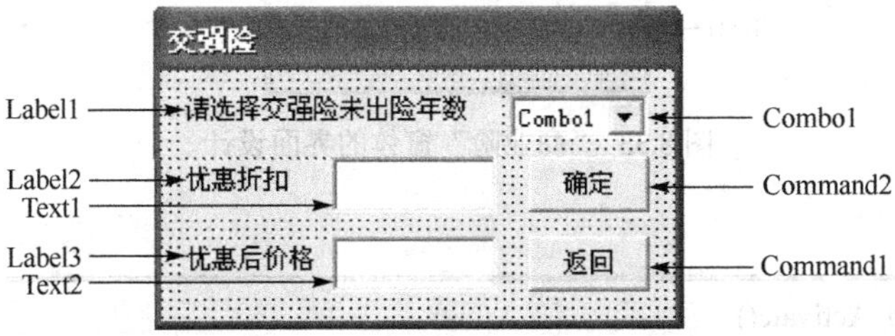

图 8.32 “交强险”窗体的界面设计

程序代码如下：

```
Private Sub Form_Activate()
  Combo1.Text = Combo1.List(0)
  Text1.Text = ""
  Text2.Text = ""
End Sub
Private Sub Command1_Click()
  Me.Hide
  Form1.Show
End Sub
Private Sub Command2_Click()
  Select Case Combo1.Text
    Case "新用户"
      zk = 1#
    Case "1 年"
      zk = 0.9
    Case "2 年"
      zk = 0.85
    Case "3 年"
      zk = 0.8
    Case "4 年"
      zk = 0.7
    Case "5 年"
      zk = 0.6
    Case Else
      zk = 0.5
  End Select
  jqx = zk * 960
  Text1.Text = Format(zk, "0.0")
  Text2.Text = jqx & "元"
End Sub
```

（3）“商业险”窗体界面设计如图 8.33 所示。

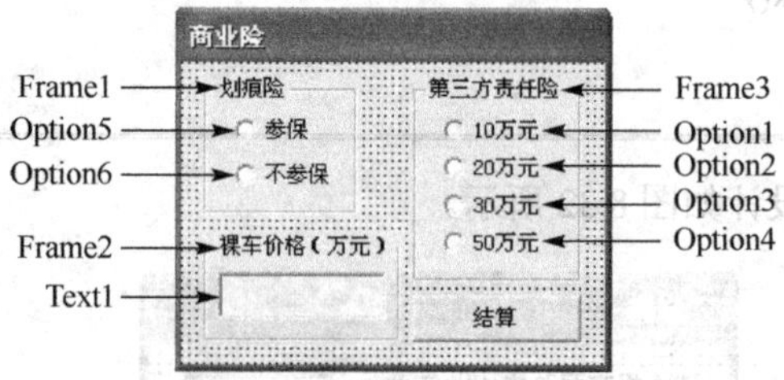

图 8.33 “商业险”窗体的界面设计

程序代码如下：

```
Private Sub Form_Activate()
  Text1.Text = ""
End Sub
Private Sub Form_Load()
```

```
    Option1.Value = True
    Option5.Value = True
End Sub
Private Sub js_Click()
    Dim pride As Integer
    sx = 0
    If Text1.Text <> "" Then
        Select Case True
            Case Option1.Value
                sx = 1000
            Case Option2.Value
                sx = 1100
            Case Option3.Value
                sx = 1250
            Case Option4.Value
                sx = 1500
        End Select
        hhx = IIf(Option5.Value, 380, 0)
        csx = Val(Text1.Text) * 25
    Else
        MsgBox "请输入裸车价格！", vbOKOnly, "提示"
        Exit Sub
    End If
    Me.Hide
    Form4.Show
End Sub
```

（4）“结算清单”窗体界面设计如图 8.34 所示。

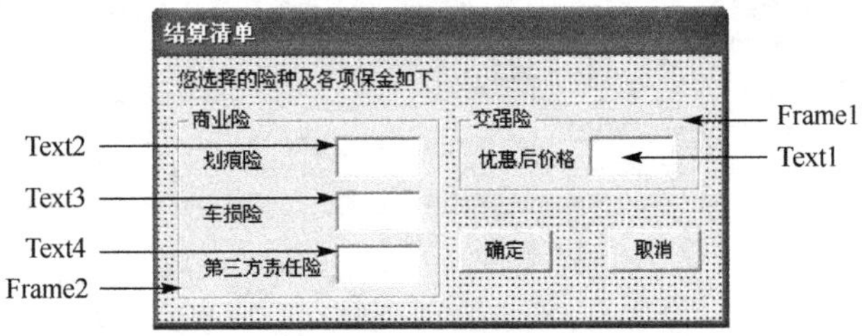

图 8.34 “结算清单”窗体的界面设计

程序代码如下：

```
Private Sub Command1_Click()            ' 确定
    Randomize
    cost = jqx + hhx + csx + sx
    MsgBox "订单已经生成，请顾客及时缴纳保费。" _
            & vbCrLf & "保单号：" & Int(Rnd * 100000) _
            & vbCrLf & "需要缴纳的保费为：" & Str(cost) & "元。" _
            , vbInformation + vbOKOnly, "生成订单"
    jqx = 0: hhx = 0: csx = 0: sx = 0: zk = 0
```

```
    Me.Hide
    Form1.Show
End Sub
Private Sub Command2_Click()            ' 取消
    Unload Me
    Form1.Show
End Sub
Private Sub Form_Load()
    Text1.Text = jqx
    Text2.Text = hhx
    Text3.Text = csx
    Text4.Text = sx
End Sub
```

（5）标准模块中的代码。

```
Public zk As Single, cost As Currency   ' 声明折扣变量 zk，保费变量 cost
' 声明交强险变量 jqx，划痕险变量 hhx，车损险变量 csx，第三方责任险变量 sx
Public jqx As Currency, hhx As Currency, csx As Currency, sx As Currency
```

第9章 数 据 文 件

程序中的数据都是以变量或常量的形式表示的，不论变量还是常量都只能在应用程序运行期间存放在内存中。如果希望将这些数据脱机保存，供用户随时使用，则需要将它们保存在文件中。Visual Basic 支持对文件的操作。本章主要介绍 Visual Basic 文件的概念、类型、相应的操作方法以及文件系统控件的使用。

9.1 文 件 概 述

到目前为止，编写的所有程序都保存在外存中，而程序中产生的数据，如变量、数组等只能存放在内存中，一旦退出程序，这些数据就会消失。使用文件可以将程序运行时输入的数据，或程序运行后产生的输出数据，以文件的形式保存在外存中，这样用户就可以方便地读取和使用这些数据了。

9.1.1 数据文件的基本概念

文件是一组相关信息的集合，是操作系统管理信息的基本单位。在计算机系统中，所有的程序和数据都是以文件的形式存储的。

Visual Basic 提供了 3 种访问数据文件的方法：

（1）使用 Visual Basic 语句和函数对文件进行读取、修改、复制等访问及操作。

（2）通过 Windows 的 API 函数进行操作。

（3）使用 Visual Basic 提供的 FSO（文件系统对象）对文件进行访问。

1. 文件的结构

数据都以某种特定的方式存放，这种特定的方式称为文件结构。Visual Basic 的数据文件由记录组成，每条记录由字段组成，字段则由字符组成。下面给出一个职工信息表，如表 9.1 所示。

表 9.1 职工信息表

姓名	性别	年龄	职称	爱好
张三	男	20	助理工程师	电影，运动
李四	男	35	高级工程师	书法，读书，电影
王五	男	30	工程师	健身，音乐

表 9.1 中的第一行为字段名，字段名下面的每一行为一条记录，多条记录就组成了文件。

2. 文件的类型

按照文件的访问方式可以分为顺序文件、随机文件和二进制文件。

（1）顺序文件：这类文件中的数据都是以 ASCII 码形式存储的字符。在顺序文件中，各记录只能按照记录的顺序依次读/写，不能随意访问记录。因此，顺序文件只用于存储数据规律性强或者不经常修改的数据。优点是结构简单；缺点是查找记录速度慢，必须按顺序进行，且读/写操作不能同时进行。

（2）随机文件：随机文件中的每条记录的长度相同，每条记录都有唯一的一个记录号（索引）。优点是可以同时进行读/写操作，可以直接定位到某条记录，查找记录较为迅速；缺点是不能直接查看文件中的内容。

（3）二进制文件：二进制文件是字节的集合，以字节为单位进行读/写操作，它没有随机文件那样严格的文件结构。优点是灵活性大，占空间小；缺点是不能直接查看文件中的内容。

9.1.2 文件的打开与关闭

1. 文件操作步骤

（1）打开或新建文件。如果文件已经存在，则打开该文件；如果不存在，则新建一个文件。

（2）读/写操作。打开文件后，可以对其进行读/写操作。通常情况下，读操作是将文件中的数据读取到内存中的变量、数组中；写操作是将数据存入已经打开的数据文件中。

（3）关闭文件。为了保证文件中数据的安全，在文件操作后要关闭文件。

2. Open 语句

在对文件进行操作时，先要使用 Open 语句打开文件，其一般格式为：

Open 文件名 For 模式 [Access 存取类型] [锁定] As [#]文件号 [Len=reclength]

功能：按指定的方式打开一个文件，并为该文件指定一个文件号。

说明：

（1）打开文件后，自动产生一个文件指针。文件指针用于指向文件的读/写位置。

（2）文件名是一个字符串表达式，用于指定文件名，该文件名可以包含路径。

（3）模式指定文件打开的模式。具体有以下 5 种模式。

① Input：指定以读方式打开顺序文件，从顺序文件中输入（读）数据到内存中。文件不存在时会出错。

② Output：指定以写方式打开顺序文件，将内存中的数据输出（写）到顺序文件中。如果文件已经存在，则在打开该文件的同时删除文件中的全部数据，相当于新建一个文件；如果文件不存在，则会新建一个文件。

③ Append：指定以追加方式打开顺序文件，打开文件后，文件指针位于文件的末尾。如果文件已经存在，则打开该文件并在文件尾部追加数据；如果文件不存在，则会新建一个文件，相当于以 Output 方式打开文件。

④ Random：指定以随机文件方式打开文件。For Random 可省略。

⑤ Binary：指定以二进制文件方式打开文件。

（4）Access 存取类型用于指定打开的文件可以进行的操作。存取类型如下。

① Read：打开只读文件。

② Write：打开只写文件。

③ Read Write：打开读/写文件。

（5）锁定：用于限定其他进程对打开文件的操作，具体包括如下 4 种方式。

① Shared：其他进程可以共享打开的文件。

② Lock Read：不允许其他进程读打开的文件。

③ Lock Write：不允许其他进程写打开的文件。

④ Lock Read Write：不允许其他进程读/写打开的文件。

“锁定”省略时，锁定方式为 Lock Read Write，即不允许其他进程读/写打开的文件。

（6）文件号用于指定一个文件号，范围是 1～511 之间的整数。打开文件时将文件号与打开的文件建立联系，在读/写文件时用文件号代替文件名。可以使用 FreeFile 函数得到下一个可用的文件号。

（7）Len是范围在1～32767之间的整数，默认值为128字节。对于用随机访问方式打开的文件，该值就是记录长度。对于顺序文件，该值就是缓冲字符数。

例如：

```
Open "D:\data.txt" For Random As #1
```

表示以随机方式打开D盘根目录下的data.txt文件，文件号为1。

3. Close语句

文件使用后要用Close语句关闭文件，其一般格式为：

```
Close [[#]文件号1[,[#]文件号2…]]
```

功能：用来关闭打开的文件。

说明：

若在Close语句中没有指定文件号，则关闭所有已打开的文件。

例如：

```
Close #1
```

表示关闭文件号为1的文件。

有关打开、关闭文件操作的说明：

（1）在对文件进行读/写操作之前都必须先打开文件。

（2）如果由文件名指定的文件不存在，在使用Append、Binary、Output或Random模式打开文件时，可以新建一个文件。

（3）如果模式是Binary方式，则Len子句会被忽略掉。

（4）使用Open语句时，如果在代码中没有使用绝对路径指定文件的存储位置，则需要将工程文件与数据文件保存在同一目录下；否则读操作会提示“文件未找到”的错误。为避免出现此类错误，本章例题均先保存工程并退出程序，然后再重新启动程序并运行。

9.2 顺序文件

1. 顺序文件的读操作

对于顺序文件的读操作来说，在Open语句中应指定Input模式，并使用Input语句、Line Input语句或Input函数读取数据。

（1）Input语句。

一般格式为：

```
Input #文件号,变量列表
```

功能：用于读取顺序文件中的数据，并保存在变量列表中。

注意：变量列表中的变量个数要与读取记录中数据个数保持一致，类型赋值相容。

【例9.1】 将磁盘文件in1.txt中的20个整数读入一维数组Arr中，找到并输出其中的最大值和最小值。

分析：文件in1.txt应与工程文件存放在同一目录下，或者在Open语句的文件名中指定绝对路径。

在窗体上添加3个文本框（Text1、Text2、Text3）、3个标签（Label1、Label2、Label3）和2个命令按钮（Command1、Command2）。属性设置如表9.2所示。

表 9.2 属 性 设 置

对象名	属性名	属性值	说明
Form1	Caption	读文件	
Command1	Caption	读数据	
Command2	Caption	求最大和最小值	
Label1	Caption	原始数组	
Label2	Caption	最大值	
Label3	Caption	最小值	
Text1	MultiLine	True	允许多行显示
	Text		初始化内容为空，用于显示读取的原始数据
Text2、Text3	Text		初始化内容为空，用于显示最大值和最小值

程序代码如下：

```
Dim Arr(1 To 20) As Integer                    ' 模块级数组变量，用来存放读取的数据
Private Sub Command1_Click()
   Dim i As Integer
   Open "in1.txt" For Input As #1              ' 以 Input 模式打开文件 in1.txt，文件号为 1
   For i = 1 To 20
      Input #1, Arr(i)                         ' 从文件中读取的一个数据存入数组中
   Next
   For i = 1 To 20
      Text1.Text = Text1.Text & Arr(i) & Space(1)
      If i Mod 4 = 0 Then Text1.Text = Text1.Text & vbCrLf  ' 每输出 4 个数换行
   Next
   Close #1
End Sub
Private Sub Command2_Click()                   ' 求最大值和最小值
   Dim max As Integer, min As Integer
   max = Arr(1): min = Arr(1)
   For i = 1 To 20
      If Arr(i) > max Then max = Arr(i)
      If Arr(i) < min Then min = Arr(i)
   Next
   Text2.Text = max
   Text3.Text = min
End Sub
```

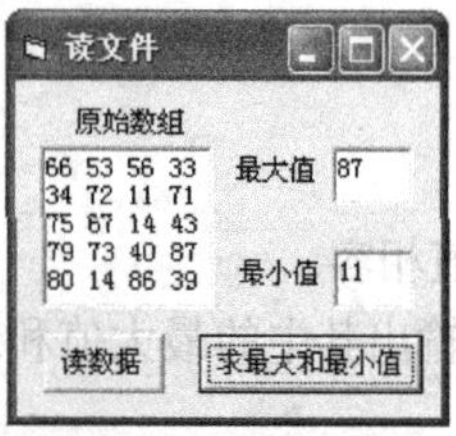

图 9.1 例 9.1 的运行结果

程序运行后，单击“读数据”命令按钮，将 20 个整数读入到数组 Arr 中，并按照 5 行 4 列的格式显示在“原始数组”对应的文本框中；单击“求最大和最小值”命令按钮，运行结果如图 9.1 所示。

（2）Line Input 语句。

一般格式为：

Line Input #文件号,字符串型变量

功能：从已打开的顺序文件中读出一行信息并赋给字符串变量。

【例 9.2】 使用 Line Input 语句读取磁盘文件 in2.txt 中的数据，并显示在文本框中。

程序代码如下：

```
Private Sub Form_Load()
  Dim str1 As String
  Text1.FontName = "隶书"
  Text1.FontSize = 14
  Open "in2.txt" For Input As #1
  Do While Not EOF(1)
    Line Input #1, str1
    Text1.Text = Text1.Text & str1 & vbCrLf    ' 将读取的一行内容输出并换行
  Loop
  Close #1
End Sub
```

程序运行后的输出结果如图 9.2 所示。

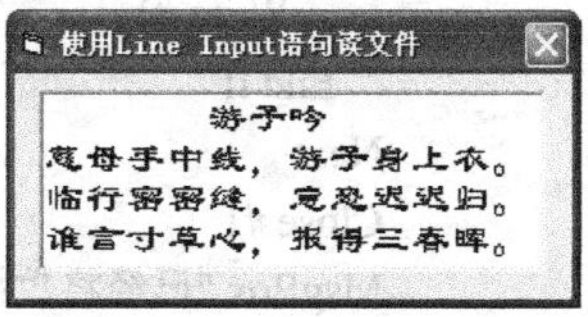

图 9.2　例 9.2 的运行结果

（3）Input 函数。

一般格式为：

Input(字符数, #文件号)

功能：从指定文件的当前位置读取指定个数的字符。

说明：该函数与 Input 语句不同，它返回所读出的所有字符，包括回车符、空格、换行符等。

【例 9.3】 使用 Input 函数读取例 9.2 中使用的 in2.txt 文件，并输出在窗体上。

程序代码如下：

```
Private Sub Form_Activate()
  Dim x As String
  Me.FontName = "隶书"
  Me.FontSize = 14
  Open "in2.txt" For Input As #1
  Do While Not EOF(1)
    x = Input(1, #1)
    If x <> Chr(13) Then        ' 该行中的 Chr(13)也可改为 Chr(10)
      Print x;
    End If
  Loop
  Close #1
End Sub
```

程序运行后的输出结果如图 9.3 所示。

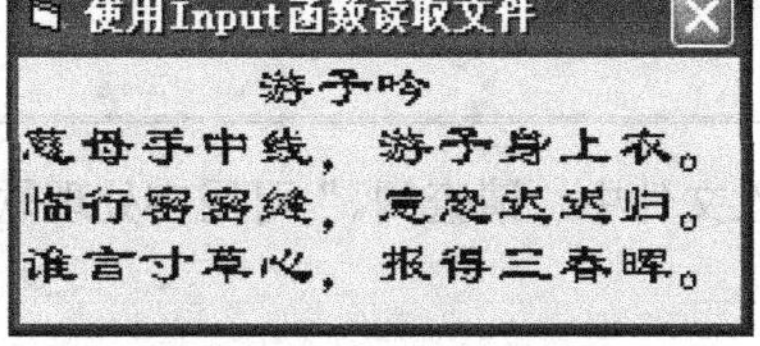

图 9.3　例 9.3 的运行结果

2．顺序文件的写操作

对于顺序文件的写操作来说，在 Open 语句中应指定 Output 或 Append 模式，并使用 Write #语句或 Print #语句写入数据。

（1）Write #语句。

一般格式为：

Write #文件号,[输出列表]

功能：将输出列表中的数据写入指定的顺序文件中。

说明：

① 输出列表是可选项，可以是常量、变量和表达式，各输出项之间用逗号隔开。若省略，则输出一个空行。

② 写入文件中的数据之间自动加逗号，并在字符串两边加双引号。

③ 所有数据写完后，Write #语句会在最后加一个回车换行符。

【例 9.4】 使用 Write #语句将 100 以内所有同时能被 2 和 3 整除的自然数输出到 Out.txt 文件中。

程序代码如下：

```
Private Sub Form_Load()
  Open "out.txt" For Output As #1
  For i = 1 To 100
    If i Mod 2 = 0 And i Mod 3 = 0 Then
      Write #1, i        ' 将当前数输出到 Out.txt 中
    End If
  Next
  Close #1
  MsgBox "已经将数据写入文件，请查阅。", vbInformation + vbOKOnly, "提示"
  End
End Sub
```

程序运行后，显示一个消息对话框，提示“已经将数据写入文件，请查阅。”此时，在工程文件所在的目录中可以找到 Out.txt 文件，可用字处理软件打开并查看文件中的内容。

【例 9.5】 在例 9.4 所生成的 Out.txt 文件中追加写入 1～20 之间的偶数。

分析：因为要在已存在的 Out.txt 文件中追加写入数据，所以要在 Open 语句中使用 Append 模式打开 Out.txt 文件。本例的代码与例 9.4 基本相同，可在上例基础上稍做调整即可。

程序代码如下：

```
Private Sub Form_Load()
  Dim i As Integer
  Open "out.txt" For Append As #1              ' 以 Append 模式打开文件，追加写入数据
 For i = 1 To 20
    If i Mod 2 = 0 Then
      Write #1, i                              ' 将数据追加写入到 Out.txt 中
    End If
  Next
  Close #1
  MsgBox "已经将偶数追加写入文件中，请查阅。", vbInformation + vbOKOnly, "提示"
  End
End Sub
```

程序运行后，显示一个消息对话框，提示“已经将偶数追加写入文件中，请查阅。”可用字处理软件打开并查看文件中追加的内容。

（2）Print #语句。

一般格式为：

Print #文件号,[输出列表]

功能：将输出列表中的数据写入指定的顺序文件中。

说明：使用 Print #语句在顺序文件中写入数据和在窗体上使用 Print 方法输出数据类似，也可以使用“,”或“;”来控制输出格式。

【例 9.6】 比较 Print #语句和 Write #语句在顺序文件中的输出结果。

```
Private Sub Form_Load()
    Open "out1.txt" For Output As #1
    Print #1, "张三", "男", 20
    Print #1, "张三"; "男"; 20
    Write #1, "张三", "男", 20
    Close #1
    MsgBox "数据已经写入文件！"
    End
End Sub
```

程序运行后，用记事本打开文件 out1.txt，结果如图 9.4 所示。

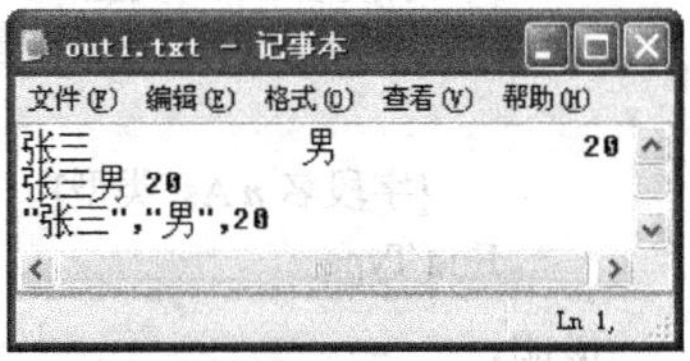

图 9.4 例 9.6 的运行结果

顺序文件“out1.txt”有 3 条记录。第 1 条 Print #语句用逗号分隔输出项，显示结果以分区格式输出；第 2 条 Print #语句用分号分隔输出项，显示结果以紧凑格式输出；第 3 条用 Write #语句输出，字符串型数据会自动加上字符串定界符“"”，并且数据间会自动添加逗号。

3. 与读/写操作有关的函数

（1）EOF 函数。

一般格式为：

EOF(文件号)

功能：用来测试是否到达文件尾。

说明：如果已经到达文件尾，则 EOF 函数返回 True，否则返回 False。

（2）LOF 函数。

一般格式为：

LOF(文件号)

功能：返回文件的长度，以字节为单位。

说明：若返回值为 0，则表示空文件。

（3）FreeFile 函数。

一般格式为：

FreeFile[(文件号范围)]

功能：返回下一个可供 Open 语句使用的文件号。

说明：该函数的返回值是 1～511 之间的整数。

（4）Seek 函数

一般格式为：

Seek(文件号)

功能：返回由文件号指定的文件中待读/写的位置。

说明：该函数主要用于随机文件，返回已读/写记录的下一条记录的记录号。

9.3 随 机 文 件

从前面的介绍可知，随机文件中每条记录的长度都相同，每条记录都有一个记录号，根据记录号就可以任意地读/写数据。由于随机文件中每条记录的长度都相同，因此各记录中对应字段的类型也必须相同。为了准确地读/写记录中的数据，通常在对文件操作之前，先定义一种用户自定义类型，称为记录类型，然后再声明记录类型的变量，用来保存记录中的数据。

随机文件操作的一般步骤如下。

（1）定义记录类型并声明该类型的变量。

定义记录类型的一般格式为：

```
[Public | Private] Type 记录类型名
    字段名 1 As 类型
    [字段名 2 As 类型]
    ⋮
    [字段名 n As 类型]
End Type
```

说明：

① 记录类型是用户自定义的类型，它与系统提供的基本数据类型一样，同属于数据类型。记录类型名的命名规则与变量相同。定义记录类型之后，若使用记录类型的变量，则要像声明基本类型变量一样，用 Dim 语句声明记录类型的变量。

② 每一个字段名都是记录类型的一个成员。字段的类型可以是基本数据类型，也可以是记录类型（即记录类型可以嵌套定义），如果是字符串类型，则必须是定长字符串。

③ 记录类型必须定义在窗体模块或标准模块的通用声明段，通常定义在标准模块中，默认为 Public。如果定义在窗体模块中，则必须用 Private 关键字加以限定。

（2）在 Open 语句中使用 Random 模式打开随机文件。

（3）使用 Get #语句从文件中读取记录；使用 Put #语句将记录写入文件中。

（4）关闭随机文件。

1. 随机文件的读操作

Get #语句的一般格式为：

```
Get #文件号,[记录号],变量
```

功能：从随机文件中将记录号所对应的记录读取到变量中。

说明：记录号指出读取的是第几条记录，如果省略，则表示读取指针指向的当前记录。

2. 随机文件的写操作

Put #语句的一般格式为：

```
Put #文件号,[记录号],变量
```

功能：将变量中的数据写入随机文件由记录号对应的记录中。

说明：记录号指出写入到第几条记录中，如果省略，则表示写入到指针指向的当前记录中。在 Get #和 Put #语句中，记录号省略时，其后的分隔符逗号不能省略。

例如：

```
Get #1,5,x        ' 将随机文件（文件号为 1）中第 5 条记录读入到变量 x 中
Put #2, 7, y      ' 将变量 y 中的数据写入到随机文件（文件号为 2）中的第 7 条记录中
Put #2, , y       ' 将变量 y 中的数据写入到随机文件（文件号为 2）中的第 8 条记录中
```

【例 9.7】 建立一个随机文件，其中包含 3 名学生的 3 门课程的成绩，如表 9.3 所示。使用 Put #语句写入 3 名学生的成绩，然后用 Get #语句按输入的相反顺序读出 3 名学生的成绩并输出。

表 9.3 学生成绩表

记录号	语文	数学	英语
1	98	87	65
2	88	92	89
3	100	65	76

分析：首先定义一个记录类型：Stu_Sco，它包含 3 个成员：Chi、Mat 和 Eng，它们分别表示 3 门课程的成绩，再声明一个 Stu_Sco 类型的变量 ss，用于存放记录数据；使用输入对话框给变量 ss 的每个成员输入数据；使用 Put #语句先将变量 ss 中的数据写入文件 Score.dat 中，再使用 Get #语句按与输入相反的顺序读取文件 Score.dat 中的记录并显示在窗体上。

程序代码如下：

```
Private Type Stu_Sco
  Chi As Integer
  Mat As Integer
  Eng As Integer
End Type
Dim ss As Stu_Sco
Private Sub Form_Activate()
  Caption = "随机文件的写入与读取"
  Print "记录号", "语文", "数学", "英语"
  Open "Score.dat" For Random As #1 Len = Len(ss)
  For i = 1 To 3
    ss.Chi = Val(InputBox("请输入第" & i & "个学生的语文成绩：", "输入成绩"))
    ss.Mat = Val(InputBox("请输入第" & i & "个学生的数学成绩：", "输入成绩"))
    ss.Eng = Val(InputBox("请输入第" & i & "个学生的英语成绩：", "输入成绩"))
    Put #1, i, ss             ' 写入记录
  Next
  For i = 3 To 1 Step -1      ' 按与输入的相反顺序读出记录并显示在窗体上
    Get #1, i, ss
    Print i, ss.Chi, ss.Mat, ss.Eng
  Next
  Close #1
End Sub
```

程序运行后，依次输入表 9.3 中的成绩，将这些成绩写入 Score.dat 文件中，然后按与输入的相反顺序读出记录并显示在窗体上。运行结果如图 9.5 所示。

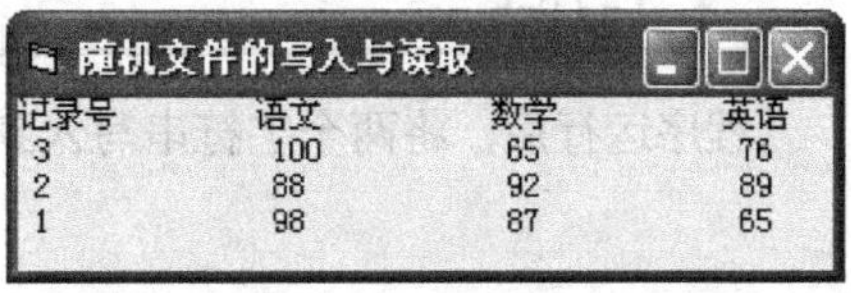

图 9.5 例 9.7 的运行结果

思考：如果在上述记录类型中加入一个新的成员——姓名，

并且在结果中显示出来，应该怎样修改程序呢？

9.4 二进制文件

二进制文件的操作与随机文件类似，同样可以使用 Get #和 Put #语句对文件进行任意读/写。与随机文件不同的是，二进制文件的读/写单位为字节，而随机文件的读/写单位为记录。对二进制文件进行读/写时，需在 Open 语句中指定 Binary 模式。

1．二进制文件的读操作

Get #语句的一般格式为：

Get #文件号,[位置],变量

功能：将二进制文件中的数据读入到变量中。

说明：位置表示读取的起始字节位置，文件中的第 1 个字节位于位置 1，第 2 个字节位于位置 2，以此类推，从指定的位置开始读取 Len（变量）个字节的数据到变量中。如果省略，则表示从指针指向的当前位置读取数据。

2．二进制文件的写操作

Put #语句的一般格式为：

Put #文件号,[位置],变量

功能：将变量中的数据写入二进制文件中。

说明：位置表示写入数据的字节位置，将变量中长度为 Len（变量）个字节的数据写入到二进制文件中指定的位置。如果省略，则表示写入到指针指向的当前位置。

【例 9.8】 将两个字符串“你好，”“北京。”分别在位置 10 和 40 处用 Put #语句写入数据文件“file1.dat”中，用 Get #语句读出数据并显示在窗体上。

程序代码如下：

```
Private Sub Form_Activate()
    Dim str1 As String * 8, str2 As String * 8, s1 As String * 8, s2 As String * 8
    str1 = "你好，"
    str2 = "北京。"
    Open "file1.dat" For Binary As #1
    Put #1, 10, str1
    Put #1, 40, str2
    MsgBox "数据已经写入指定文件！"
    Get #1, 10, s1
    Get #1, 40, s2
    Print s1; s2
    Close #1
End Sub
```

程序运行后，将两个字符串写入到文件 file1.dat 中的指定位置，然后读出显示在窗体上。

9.5 文件的基本操作

前面介绍了对数据文件的读/写操作。本节介绍对文件的一般操作，这里所指的文件是操作系统能够管理的任何文件或文件夹，所涉及的操作不是对数据文件的读/写操作，而是对文件整体的操作，类似于 Windows 中的复制、移动、重命名等操作。

常用的文件、文件夹操作语句如下。

1．CurDir 语句

一般格式为：

CurDir [驱动器]

功能：返回一个字符串，用于表示某驱动器的当前路径。

说明：驱动器是一个字符串表达式，若省略该参数，则返回当前驱动器的路径。

默认情况下，Visual Basic 的安装路径就是当前工程所在的路径。

例如，假设新建一个工程且未保存，执行下面的事件过程：

```
Private Sub Form_Activate()
  Print CurDir
  Print CurDir("d")
End Sub
```

程序运行后，在窗体上可看到如图 9.6 所示的输出结果。

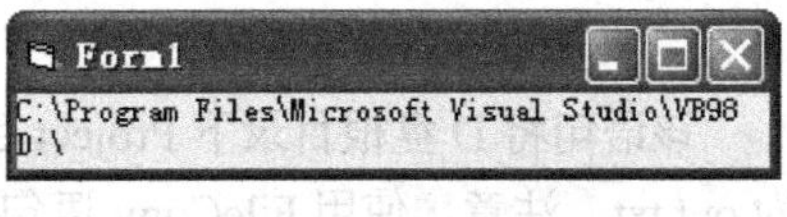

图 9.6　当前路径

2．ChDrive 语句

一般格式为：

ChDrive 驱动器

功能：改变当前驱动器。

说明：驱动器是一个字符串表达式，它指定一个存在的驱动器；如果使用空串 („"), 则当前的驱动器将不会改变；如果驱动器参数中有多个字母，则 ChDrive 只会使用首字母。例如：

```
ChDrive "D"          ' 改变当前驱动器为 D 盘
ChDrive "ED"         ' 改变当前驱动器为 E 盘
```

3．MkDir 语句

一般格式为：

MkDir 路径名

功能：创建一个新的目录（文件夹）。

说明：路径名是一个字符串，可以包含驱动器符，如果不包含驱动器符，则在当前驱动器下建立一个新的目录。注意，在指定路径下建立的目录必须是唯一的，否则会提示“路径/文件访问错误”。例如：

```
MkDir "D:\Project"          ' 在 D 盘根目录下新建一个文件夹 Porject
```

4．ChDir 语句

一般格式为：

ChDir 路径名

功能：更改当前目录。

说明：路径名是一个字符串表达式，它把指定的目录设置为默认目录。路径名可包含驱动器，如果没有指定驱动器，则改变的是当前驱动器上的目录。例如：

```
ChDir "mypath"    ' 若当前驱动器为 C 盘，则改变当前路径为：..\mypath
```

5. RmDir 语句

一般格式为：

```
RmDir 路径名
```

功能：删除一个已经存在的目录。

说明：路径名是一个字符串表达式，用来指定要删除的目录，路径名可以包含驱动器，如果没有指定驱动器，则 RmDir 删除当前驱动器上指定的目录。例如：

```
RmDir "C:\mypath"    ' 删除 C 盘根目录下的 mypath 目录
```

6. FileCopy 语句

一般格式为：

```
FileCopy 源文件名, 目标文件名
```

功能：将源文件复制到目标文件中。

说明：其中源文件名、目标文件名均为一个字符串表达式，均可包含路径，分别表示复制操作的源文件和目标文件。使用 FileCopy 语句时源文件不能打开，否则会产生错误。例如：

```
FileCopy "D:\Project\in.txt", "C:\Project\out.txt"
```

该语句将 D 盘根目录下 Project 目录中的文件 in.txt 复制到 C 盘根目录下 Project 目录中，并将其命名为 out.txt。注意，使用 FileCopy 语句时，源文件和目标文件所在的目录都必须存在，否则会出现错误。

7. Kill 语句

一般格式为：

```
Kill 文件名
```

功能：从磁盘中删除指定的文件。

说明：文件名是字符串表达式，可以包含路径，其中可以使用通配符“*”和“？”。例如：

```
Kill "*.doc"
```

该语句可以删除当前目录下的所有 Word 文档。因为该语句可以删除文件，所以一定要慎用，以免带来不必要的损失。

8. Name 语句

一般格式为：

```
Name 原路径名 As 新路径名
```

功能：重命名一个文件或目录。

说明：原路径名是一个字符串表达式，表示已存在的文件名或目录名；新路径名是一个字符串表达式，表示新的文件名或目录名。该语句可以重新命名一个文件或在重新命名的同时将其移动到不同的目录中，甚至可以跨驱动器移动文件；该语句也可以重新命名目录名。

【例 9.9】在 D 盘根目录下创建一个文件夹 Project，然后将 C:\Windows\System32 目录下的 calc.exe 文件复制到新建的 Project 文件夹中，并改名为“计算器.exe”。

程序代码如下：

```
Private Sub Form_Load()
  MkDir "D:\Project"
  FileCopy "C:\Windows\system32\calc.exe", "D:\Project\计算器.exe"
  MsgBox "文件操作结束", vbOKOnly + vbInformation, "提示"
  End
End Sub
```

程序运行后，在 D 盘根目录中如果没有文件夹 Project，程序会新建该文件夹，将 calc.exe 文件复制到其中并重命名为“计算器.exe”；如果已经存在文件夹 Project，将给出“路径/文件访问错误”的提示信息。

9.6　文件系统控件

在 Visual Basic 系统中，用户可以使用 3 个文件系统控件，分别是驱动器列表框（DriveListBox）、目录列表框（DirListBox）和文件列表框（FileListBox）。这 3 个控件可以分别自动获取驱动器、目录和文件的信息和状态。

9.6.1　驱动器列表框

驱动器列表框用于选择一个驱动器。默认情况下，驱动器列表框中显示系统当前驱动器名称。例如，当前工程保存在“D:\Project”目录下，程序运行后，则驱动器列表框中显示“D:\”。

1. 常用属性

驱动器列表框的常用属性是 Drive，该属性用于指定出现在驱动器列表框顶端的驱动器。该属性只能在程序运行时通过代码设置。

2. 常用事件

驱动器列表框的常用事件是 Change，该事件在驱动器列表框的 Drive 属性发生变化时触发。例如，要将在驱动器列表框中选择的驱动器设置为当前驱动器，可通过执行以下事件过程代码完成：

```
Private Sub Drive1_Change()
  ChDrive Drive1.Drive
End Sub
```

9.6.2　目录列表框

目录列表框用于显示一个磁盘的树形目录结构。如果双击某个目录，则会显示该目录中的子目录。

1. 常用属性

目录列表框的常用属性是 Path，该属性用于返回由指定驱动器、目录或文件组成的完整路径。Path 属性只能在代码中设置。

2. 常用事件

目录列表框的常用事件是 Change，该事件在双击一个目录或通过代码更改目录列表框的 Path 属性时触发。

在目录列表框中选择一个目录并不能使当前的目录更改为选择的目录，可通过执行以下事件过程代码完成当前目录的更改：

```
Private Sub Dir1_Change()
    ChDir Dir1.Path
End Sub
```

9.6.3 文件列表框

文件列表框用于显示当前目录下的文件。可以使用过滤器来控制在文件列表框中显示的文件类型。当一个文件列表框中有多个文件时，系统会自动增加一个滚动条，以方便用户浏览。

1．常用属性

（1）Path：与目录列表框的 Path 属性相同。设置该属性后，文件列表框中会显示当前目录下的文件；也可通过设置 Pattern 属性，按类型显示文件。

（2）Pattern：用于设置或返回在文件列表框中显示的文件类型，通常配合使用通配符“*”。

（3）FileName：用于设置或返回所选择文件的路径和文件名。

2．常用事件

文件列表框的常用事件有 Click、DblClick、PathChange、PatternChange 等。其中 Click、DblClick 事件已经非常熟悉了，这里不再赘述。PathChange 和 PatternChange 事件分别在文件路径或过滤器发生改变时触发。

9.6.4 文件系统控件应用

通常情况下，3 个文件系统控件是配合使用的。

【例 9.10】 在窗体 Form1 上添加 1 个驱动器列表框 Drive1、1 个目录列表框 Dir1 和 1 个文件列表框 File1，编写程序实现文件系统控件的联动操作。

分析：文件系统控件联动是指当改变一个文件系统控件（如 Dir1）的某个（如 Path）属性时，其余控件随之进行相应的变化。

如果不编写使 3 个控件联动的代码，只是改变驱动器列表框或目录列表框中的内容，则不会产生联动操作。要产生联动操作，需要编写如下事件过程代码：

```
Private Sub Dir1_Change()
    File1.Path = Dir1.Path
End Sub
Private Sub Drive1_Change()
    Dir1.Path = Drive1.Drive
End Sub
Private Sub File1_PathChange()
    File1.Pattern = "*.xls;*.txt;*.doc"              ' 指定文件类型
End Sub
```

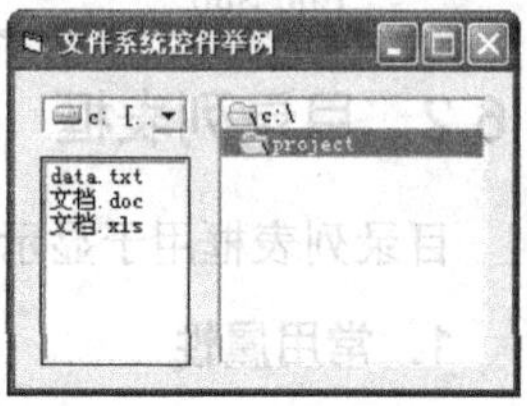

图 9.7 例 9.10 的运行结果

程序运行后，在驱动器列表框中选择 C 盘，则在目录列表框中显示 C 盘根目录下的所有目录；在目录列表框中选择 project 目录，则在文件列表框中显示出该目录中指定类型的所有文件。运行结果如图 9.7 所示。

第 10 章　图 形 操 作

Visual Basic 为用户提供了较强的图形操作功能，除可以利用第 5 章介绍的 4 种图形控件绘制简单的图形外，还可以使用图形方法绘制更加复杂的图形。本章主要介绍 Visual Basic 中的坐标系统和 4 种图形方法：Pset 方法、Point 方法、Line 方法和 Circle 方法。

10.1　坐 标 系 统

在 Visual Basic 中，任何对象都定位于存放它的容器内。例如，窗体处在屏幕中，控件可以处在窗体或图片框等容器对象中。绘制图形需要在窗体、图片框等容器类对象中完成，为了定位绘制的图形，就需要一个二维坐标系统。

在图形操作中，坐标系统是绘制各种图形的参照系。每个容器都有自己的坐标系统，容器不同，其参照系也不同。例如，窗体以屏幕为参照系；窗体中的控件以窗体为参照系；图片框中的控件以图片框为参照系。

坐标系统有 3 个要素：坐标原点、坐标度量单位和坐标轴的方向。Visual Basic 提供两类坐标系统：标准坐标系统和自定义坐标系统。

1. 标准坐标系统

Visual Basic 中的标准坐标系统以容器类对象的左上角为坐标原点 (0,0)，水平向右为 *X* 轴坐标的正方向，垂直向下为 *Y* 轴坐标的正方向，度量单位为缇（Twip）、磅（Point）、像素（Pixel）等，默认为缇。以窗体作为参照系的标准坐标系统如图 10.1 所示。

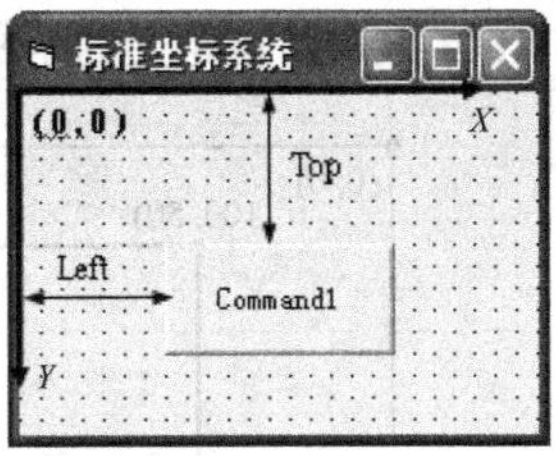

图 10.1　标准坐标系统

所有可视的对象都有 Left 属性和 Top 属性，对象的 Left 属性和 Top 属性分别表示该对象左上角顶点距容器对象坐标系中 *X* 轴和 *Y* 轴的距离，即该控件在窗体坐标系中的位置坐标(Left,Top)。

坐标系中的度量单位可以通过对象的 ScaleMode 属性进行设置。ScaleMode 属性值及相应的度量单位如表 10.1 所示。

表 10.1　ScaleMode 属性设置

属性值	说明
0—User	用户自定义
1—Twip	缇，默认值（1 英寸=1440 缇）
2—Point	磅（1 英寸=72 磅）
3—Pixel	像素
4—Character	字符
5—Inch	英寸
6—Millimeter	毫米
7—Centimeter	厘米（1 厘米=567 缇）

ScaleMode 属性值既可以在程序设计阶段通过属性窗口设置，也可以在程序运行阶段通过赋值语句来设置或引用。例如，在程序中通过执行赋值语句 Form1.ScaleMode = 2 设置窗体坐标系统的度量单位为磅；Picture1.ScaleMode = 5 设置图片框 Picture1 坐标系统的度量单位为英寸。当坐标系统的度量单位改变后，系统会重新确定对象水平方向和垂直方向的单位数，即 ScaleWidth 和 ScaleHeight 属性值，而容器对象的原点坐标，即 ScaleTop 和 ScaleLeft 属性值仍为默认值 0。

2. 自定义坐标系统

当使用标准坐标系统不能满足用户需求时，Visual Basic 允许用户根据需要自己定义坐标系统。当 ScaleMode 属性值为 0 时即为自定义坐标系统。设置用户自定义坐标系统有两种方法。

（1）使用对象的 ScaleTop、ScaleLeft、ScaleWidth 和 ScaleHeight 属性设置坐标系统。当设置这些属性后，ScaleMode 属性自动设置为 0。

ScaleLeft、ScaleTop 属性分别指定在新坐标系统下容器对象绘图区左上角的 *X* 轴和 *Y* 轴坐标值，ScaleWidth 和 ScaleHeight 属性分别指定容器对象绘图区的宽度和高度。

例如，在窗体上设置一个自定义坐标系统的绘图区，使其左上角和右下角的坐标分别为(100,50)和(250,200)，自定义的坐标系统如图 10.2 所示。

为实现该坐标系统，可编写如下代码：

```
Form1.ScaleLeft = 100
Form1.ScaleTop = 50
Form1.ScaleWidth = 250 – ScaleLeft          ' Form1.ScaleWidth 属性值为 150
Form1.ScaleHeight = 200 – ScaleTop          ' Form1.ScaleHeight 属性值为 150
```

又如，在窗体上设置一个自定义坐标系统的绘图区，使其左上角和右下角的坐标分别为(–100,100)和(100,–100)，自定义的坐标系统如图 10.3 所示。

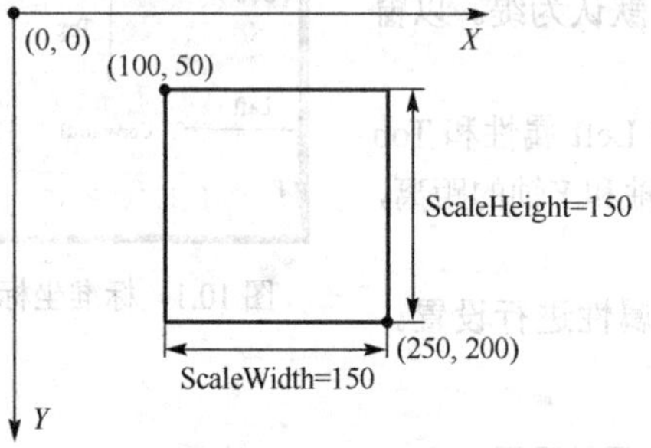

图 10.2 自定义坐标示例 1

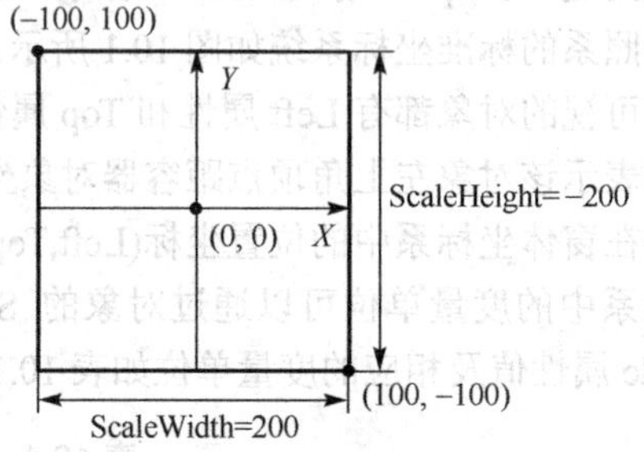

图 10.3 自定义坐标示例 2

为实现该坐标系统，可编写如下代码：

```
Form1.ScaleLeft = –100
Form1.ScaleTop = 100
Form1.ScaleWidth = 100 – ScaleLeft          ' Form1.ScaleWidth 属性值为 200
Form1.ScaleHeight = –100 – ScaleTop         ' Form1.ScaleHeight 属性值为–200
```

在自定义坐标系统中，当 ScaleWidth 和 ScaleHeight 的属性值为负数时，会改变坐标轴的正方向。

（2）使用 Scale 方法设置坐标系统。

Scale 方法的一般格式为：

```
[对象名.]Scale[(xLeft,yTop)-(xRight,yBottom)]
```

其中，(xLeft,yTop)为左上角坐标，(xRight,yBottom)为右下角坐标，与对象的 ScaleLeft、ScaleTop、ScaleWidth 和 ScaleHeight 属性的对应关系为：

```
ScaleLeft = xLeft
ScaleTop = yTop
ScaleWidth = xRight-xLeft
ScaleHeight = yBottom-yTop
```

当 Scale 方法的(xLeft,yTop)-(xRight,yBottom)参数省略时，默认为标准坐标系统（ScaleMode 属性值为 1）。

例如，设置一个窗体的自定义坐标系统，左上角和右下角坐标分别为(100,200)和(500,500)，则可使用如下 Scale 方法：

```
Scale(100,200)–(500,500)
```

调用该方法后，则设置窗体绘图区的宽度为 400，高度为 300。

10.2 图 形 方 法

Visual Basic 提供了 4 种基本的绘图方法，即 Pset（画点）、Point（返回指定点的颜色）、Line（画线或矩形）和 Circle（画圆、椭圆、扇形或圆弧）。在图形操作中，有一个重要的属性 AutoRedraw，即自动重画。当 AutoRedraw 属性值为 True 时，如果程序运行时窗体或图片框被遮盖或隐藏，而再次显示时，对象上的图形还会自动重画显示出来；当 AutoRedraw 属性值为 False 时，自动重画无效。

10.2.1 Pset 方法

Pset 方法可以在对象的指定位置上画点，并能在该点上加指定的颜色。其一般格式为：

```
[对象名.]Pset[Step](x,y)[,Color]
```

其中：

（1）对象名是窗体或图片框的名称，即要在其上画点的对象名称。若对象名省略，则默认为当前窗体。

（2）Step 是可选项，表示当前坐标的相对位置偏移量。若省略，则其坐标(x,y)是相对于坐标原点(0,0)的偏移量；否则，是相对于当前作图位置(CurrentX,CurrentY)的偏移量。

（3）(x,y)为所画点的坐标。默认单位为 Twip，x 和 y 均为单精度数。

（4）Color 为所画点指定的颜色，可以省略。若省略，则点的颜色为当前对象的前景色 ForeColor，也可以用 QBColor 和 RGB 函数指定颜色。若 Color 使用当前对象的背景色 BackColor，则相当于“擦除”该点。

（5）Pset 方法画点的大小可由当前窗体或图片框的 DrawWidth 属性值决定。

例如：

```
Pset(100,200)                         ' 在当前窗体(100,200)位置上画点
Pset Step(200,300),vbRed              ' 相对于(100,200)，在当前窗体(300,500)位置上画红色点
Picture1.Pset(300,300),RGB(0,0,255)   ' 在图片框(300,300)位置上画蓝色点
Picture1.Pset(300,300),BackColor      ' 清除图片框(300,300)位置的蓝色点
```

【例 10.1】 利用 Pset 方法在窗体上每隔 1 秒画一个红点。

分析：要求每隔 1 秒画一个红点，需在窗体上添加 1 个时钟控件，在 Form_Load 事件过程中将 Interval 属性值设置为 1000，窗体的 AutoRedraw 属性设置为 True，窗体的 Caption 属性设置为“Pset 方法应用示例”。在时钟控件的 Timer 事件过程中编写代码，自动完成画点操作。

程序代码如下：

```
Private Sub Form_Load()
  Form1.Caption = "Pset 方法应用示例"
  Timer1.Interval = 1000
  Form1.AutoRedraw = True
End Sub
Private Sub Timer1_Timer()
  Form1.DrawWidth = 10                ' 设置所画点的大小
  x = Rnd * Form1.ScaleWidth          ' 设置 x 值
  y = Rnd * Form1.ScaleHeight         ' 设置 y 值
  PSet (x, y), vbRed                  ' 在(x,y)坐标位置画红色点
End Sub
```

程序的运行结果如图 10.4 所示。

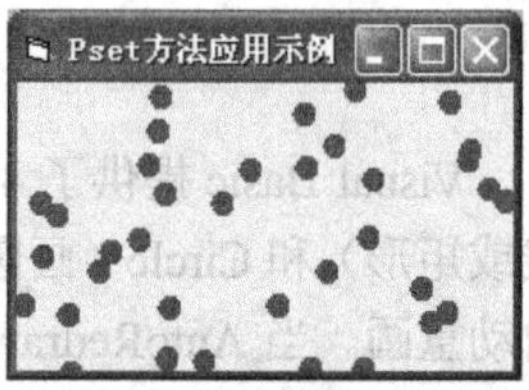

图 10.4 例 10.1 的运行结果

10.2.2 Point 方法

Point 方法用于返回图片框或窗体上指定点的 RGB 颜色。其一般格式为：

[对象名.]Point(x,y)

其中，(x,y)表示所画点当前的坐标，若(x,y)点在当前窗体或图片框之外，则 Point 方法返回的值为 –1。

10.2.3 Line 方法

Line 方法用于在对象上的指定位置画直线或矩形。其一般格式为：

[对象名.]Line[[Step](x1,y1)]-[Step](x2,y2)[,Color][,B[F]]

其中：

（1）对象名是指要画线的窗体或图片框的名称，若省略则默认为当前窗体。

（2）Step 表示坐标为相对于当前点的偏移量。

（3）(x1,y1)为线段的起点坐标或矩形的左上角坐标，可省略。若省略，则默认起点为当前点的坐标(CurrentX,CurrentY)。

（4）(x2,y2)为线段的终点坐标或矩形的右下角坐标。

（5）Color 表示直线或矩形线的颜色。若省略，则使用前景色 ForeColor 属性值设置颜色。颜色可使用 QBColor 或 RGB 函数设定。

（6）B 表示以(x1,y1)为左上角坐标、(x2,y2)为右下角坐标画矩形。

（7）F 表示可用某种颜色填充矩形，颜色为画矩形线的颜色，即 Color。F 必须与 B 同时使用。

【例 10.2】 用 Line 方法在图片框中画一条红色线段、一条黑色线段和一个蓝色矩形，单击图片框时画出图形。

在窗体上添加 1 个图片框。窗体及控件的属性设置如表 10.2 所示。

表 10.2 属 性 设 置

对象名	属性名	属性值	说明
Form1	Caption	Line 方法应用示例	
Picture1	AutoRedraw	True	自动重画

程序代码如下：

```
Private Sub Picture1_Click()
  Picture1.DrawWidth = 3                                  ' 设置线宽
  Picture1.Line (200, 200)-(1200, 900), vbRed             ' 画线
  Picture1.Line (200, 900)-(1200, 200)                    ' 画线
  Picture1.Line (1500, 200)-(2500, 900), vbBlue, BF       ' 画矩形
End Sub
```

程序运行后，单击图片框，运行结果如图 10.5 所示。

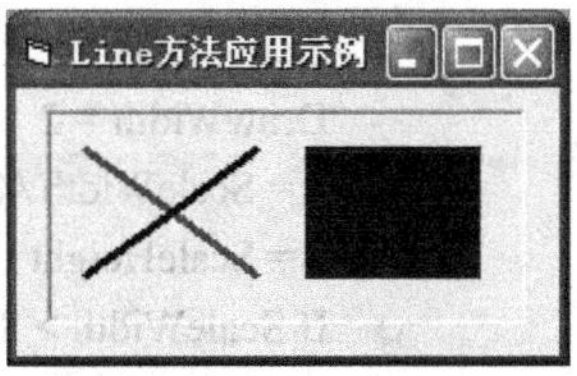

图 10.5 例 10.2 的运行结果

10.2.4 Circle 方法

Circle 方法用于在对象的指定位置画圆、椭圆、圆弧和扇形。其一般格式为：

[对象名.]Circle[Step](x,y),半径[,Color,起始角度,终止角度[,长短轴比率]]

其中：

（1）对象名可以是窗体或图片框的名称，省略时默认为当前窗体。

（2）Step 为可选项，是指圆、椭圆或圆弧等圆心相对于当前坐标的位置，即(x,y)为相对于当前坐标位置(CurrentX,CurrentY)的坐标。

（3）(x,y)是圆、椭圆、圆弧或扇形的圆心坐标。

（4）半径是圆、椭圆、圆弧或扇形的半径长度。椭圆取长轴的长度。

（5）Color 表示所画图形边框的颜色值。若省略，则使用当前窗体或图片框的前景色 ForeColor 属性值设置颜色。颜色也可使用 QBColor 或 RGB 函数设定。

（6）起始角度和终止角度以弧度为单位，取值范围为-2π～2π。起始角度的默认值是 0，终止角度的默认值是 2π。当起始角度和终止角度均为正数时，画出的是圆弧；当均为负数时，画出圆弧，并将两端点连到圆心，即画出扇形。

（7）长短轴比率，用来控制显示椭圆或圆。若省略，则值为 1，表示画圆。当值小于 1 时，以 X 轴为长轴画椭圆；当该值大于 1 时，以 Y 轴为长轴画椭圆。

另外，如果要填充圆、椭圆、扇形区域的颜色，应该设置为实心，即将 FillStyle 的属性值设置为 0，并设置 FillColor 属性值填充颜色，而边线的宽度由 DrawWidth 属性值决定。

【例 10.3】 用 Circle 方法在窗体上画圆、椭圆、圆弧和扇形。

程序代码如下：

```
Private Sub Form_Click()
  Form1.Caption = "Circle 方法应用示例"
  Const PI = 3.14159                          ' 定义符号常量 PI
  Scale (0, 0)-(100, 100)                     ' 定义坐标系统
  DrawWidth = 2                               ' 设置线的宽度
```

```
        Circle (30, 30), 12, RGB(255, 0, 0)                     ' 画红色的圆
        Circle (70, 30), 15, vbGreen, , , 0.5                   ' 画绿色的横椭圆
        Circle (70, 30), 15, vbGreen, , , 1.5                   ' 画绿色的纵椭圆
        Circle (30, 60), 15, vbBlue, 1.25 * PI, 1.75 * PI       ' 画蓝色的圆弧
        Circle (70, 90), 15, , -0.25 * PI, -0.75 * PI           ' 画黑色的扇形
    End Sub
```

程序运行后，单击窗体，运行结果如图 10.6 所示。

【例 10.4】 设计一个窗体，单击窗体时，绘制一组同心圆，颜色随机产生。

程序代码如下：

```
    Private Sub Form_Click()
        Dim x As Integer, y As Integer
        Dim r As Integer, i As Integer
        Randomize
        ScaleMode = 6               ' 坐标刻度单位为 mm
        DrawWidth = 2               ' 设置线的宽度
        x = ScaleWidth / 2
        y = ScaleHeight / 2
        If ScaleWidth > ScaleHeight Then
          r = y
        Else
          r = x
        End If
        For i = 0 To r
          Circle (x, y), i, RGB(255 * Rnd, 255 * Rnd, 255 * Rnd)
        Next i
    End Sub
```

程序运行后，单击窗体，运行结果如图 10.7 所示。

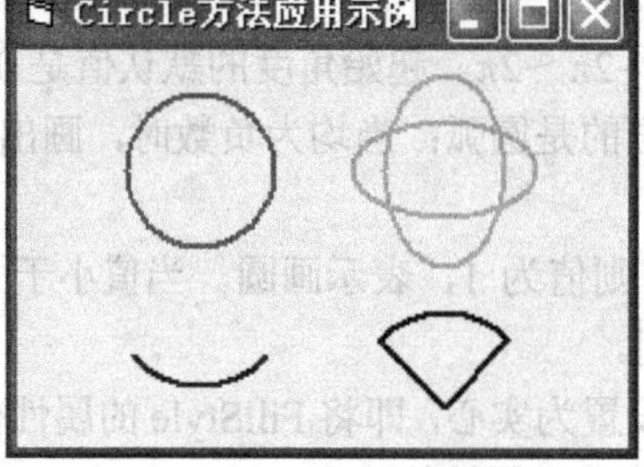

图 10.6　例 10.3 的运行结果

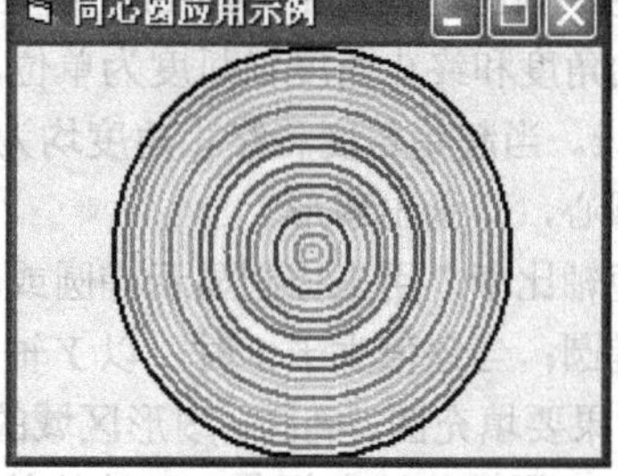

图 10.7　例 10.4 的运行结果

10.3　应用程序举例

【例 10.5】 编写一个程序，用 Pset 方法绘制正弦曲线。

分析：首先在程序中建立一个自定义坐标系统，然后在该坐标系统下绘制正弦曲线。

程序代码如下：

```
Private Sub Form_Load()
  Form1.Caption = "绘制正弦曲线"
  Form1.AutoRedraw = True
End Sub
Private Sub Form_Click()
  Dim x As Single, y As Single
  Scale (-10, -10)-(10, 10)          ' 定义坐标
  Line (0, -8)-(0, 8)                ' 绘制 x 轴和 y 轴
  Line (8, 0)-(-8, 0)
  For x = -6 To 6 Step 0.01          ' 绘制正弦曲线
    y = 6 * Sin(x * 60 * 3.14159 / 180)
    PSet (x, -y)
  Next x
End Sub
Private Sub Form_DblClick()
  End
End Sub
```

程序运行后，单击窗体，则在窗体上画出正弦曲线；双击窗体则退出应用程序。运行结果如图 10.8 所示。

【例 10.6】 用 Line 方法在窗体上绘制射线。要求射线的长短随机，颜色随机，粗细随机。

程序代码如下：

```
Private Sub Form_Load()
  Form1.Caption = "绘制射线"
  Form1.AutoRedraw = True
End Sub
Private Sub Form_Click()
  Dim i As Integer, x As Single, y As Single, clr As Single
  Scale (-350, 300)-(350, -300)                    ' 自定义坐标系统
  For i = 1 To 200
    x = 300 * Rnd                                  ' 产生 x 坐标值
    If Rnd < 0.5 Then x = -x
    y = 250 * Rnd                                  ' 产生 y 坐标值
    If Rnd < 0.5 Then y = -y
    clr = 15 * Rnd                                 ' 产生颜色值
    DrawWidth = Int(1 + 5 * Rnd)                   ' 产生线的宽度值
    Line (0, 0)-(x, y), QBColor(clr)
  Next i
End Sub
```

程序运行后，单击窗体，运行结果如图 10.9 所示。

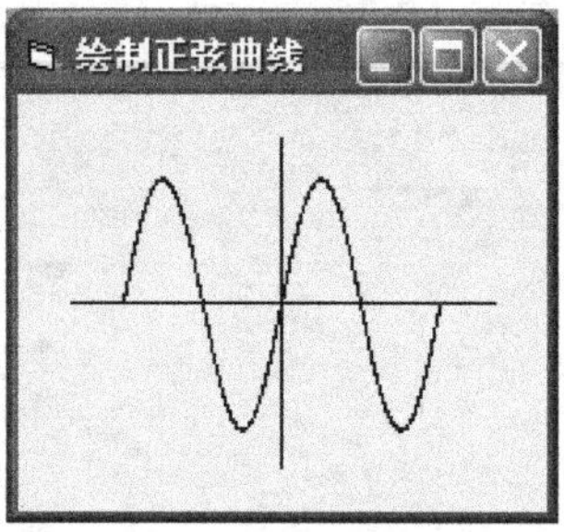

图 10.8　例 10.5 的运行结果

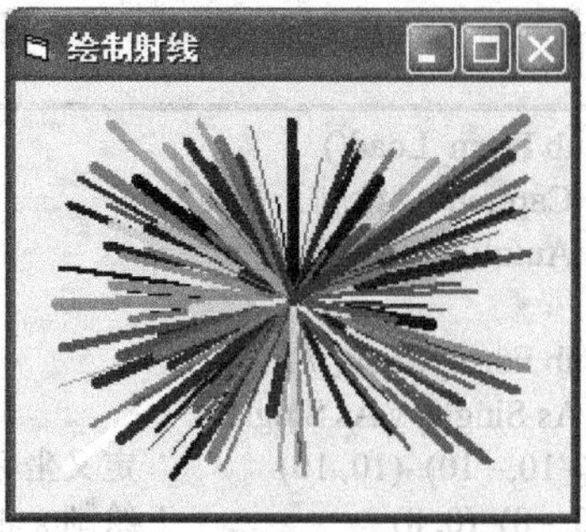

图 10.9　例 10.6 的运行结果

【例 10.7】 用 Pset 方法在窗体上动态绘制抛物线：$y=x^2$。

分析：为了确定曲线中每一点的坐标，用 Scale 方法自定义坐标系统，并在窗体上绘制出水平坐标轴和垂直坐标轴。

程序代码如下：

```
Private Sub Form_Load()
  Form1.Caption = "动态绘制抛物线"
End Sub
Private Sub Form_Click()
  Dim x, y As Single
  DrawWidth = 2                                  ' 设置线的宽度
  Scale (-10, 25)-(10, -25)                      ' 自定义坐标系统
  Line (-10, 0)-(10, 0), RGB(0, 0, 255)          ' 画 X 轴及箭头，颜色为蓝色
  Line (9, 2)-(10, 0), vbBlue
  Line -(9, -2), vbBlue
  Print "X"
  Line (0, 25)-(0, -25), RGB(0, 0, 255)          ' 画 Y 轴及箭头，颜色为蓝色
  Line (-0.5, 22)-(0, 25), vbBlue
  Line -(0.5, 22), vbBlue
  Print "Y"
  CurrentX = 0.5: CurrentY = -0.5: Print "0"     ' 在指定位置显示原点 0
  For x = -10 To 10 Step 0.0001                  ' 用循环语句画点绘制抛物线
    y = x ^ 2
    PSet (x, y), RGB(255, 0, 0)                  ' 在(x,y)位置画红色点
  Next x
End Sub
```

程序运行后，单击窗体，运行结果如图 10.10 所示。

【例 10.8】 利用 Circle 方法在窗体上显示不同填充效果和颜色的圆。要求每次单击鼠标都将显示 1 个圆。

分析：为了确定画圆的位置，将画圆操作的代码编写在 Form_MouseDown 事件过程中。

程序代码如下：

```
Private Sub Form_Load()
  Form1.Caption = "画圆"
  Form1.AutoRedraw = True
End Sub
Private Sub Form_MouseDown(Button As Integer, Shift As Integer, X As Single, Y As Single)
```

```
    Randomize
    FillColor = QBColor(15 * Rnd)           ' 随机产生填充颜色
    FillStyle = Int(8 * Rnd)                ' 随机产生填充样式
    Circle (X, Y), 300                      ' 鼠标指针位置为圆心，300 为半径画圆
End Sub
```

程序运行后，多次单击窗体，运行结果如图 10.11 所示。

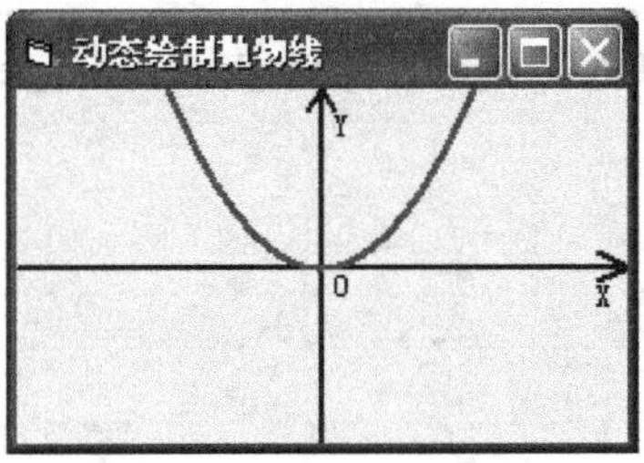

图 10.10　例 10.7 的运行结果

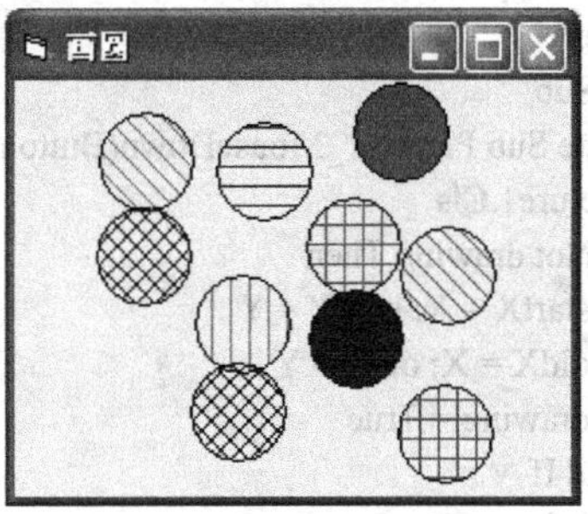

图 10.11　例 10.8 的运行结果

【例 10.9】 利用 Point 方法实现图片的部分复制。通过鼠标移动选择左边图片框 Picture1 中的部分图片，复制到右边的图片框 Picture2 中。

分析：本题需要在窗体上添加 2 个图片框，分别用来加载原始图片和显示复制的图片。使用 LoadPicture 函数加载图片，通过鼠标按下、移动、释放的操作过程从 Picture1 中选择要复制的部分图片，单击命令按钮，将选择的部分图片复制到 Picture2 相应的位置上。

在窗体上添加 2 个图片框和 1 个命令按钮。窗体及控件的属性设置如表 10.3 所示。

表 10.3　属 性 设 置

对象名	属性名	属性值	说明
Form1	Caption	利用 Point 方法复制图片	
Picture1	AutoRedraw	True	自动重画
	ScaleMode	3	度量单位为像素
	AutoSize	True	自动改变大小以显示完整图片
Picture2	AutoRedraw	True	
	ScaleMode	3	
Command1	Caption	复制图片	

程序代码如下：

```
Dim startX As Single, startY As Single
Dim oldX As Single, oldY As Single
Dim drawing As Boolean
Private Sub Form_Load()
    Picture1.Picture = LoadPicture(App.Path + "\P2.bmp")
    Picture2.Height = Picture1.Height
    Picture2.Width = Picture1.Width
End Sub
Private Sub Command1_Click()
```

```
    Dim i As Single, j As Single, s As Long
    Picture1.Cls
    Picture2.Picture = LoadPicture("")
    For i = startX To oldX
        For j = startY To oldY
            s = Picture1.Point(i, j)
            Picture2.PSet (i, j), s
        Next j
    Next i
End Sub
Private Sub Picture1_MouseDown(Button As Integer, Shift As Integer, X As Single, Y As Single)
    Picture1.Cls
    If Not drawing Then
        startX = X: startY = Y
        oldX = X: oldY = Y
        drawing = True
    End If
End Sub
Private Sub Picture1_MouseUp(Button As Integer, Shift As Integer, X As Single, Y As Single)
    If drawing Then
        Picture1.DrawStyle = vbSolid                 ' vbSolid 的值为 0，代表实线
        Picture1.DrawMode = vbBlackness              ' vbBlackness 的值为 1，代表黑色
        Picture1.Line (startX, startY)-(X, Y), , B   ' 画矩形
        drawing = False
    End If
End Sub
Private Sub Picture1_MouseMove(Button As Integer, Shift As Integer, X As Single, Y As Single)
    If drawing Then
        Picture1.DrawStyle = vbDot                   ' vbDot 的值为 2，代表点线
        Picture1.DrawMode = vbInvert                 ' vbInvert 的值为 6，代表反相显示
        Picture1.Line (startX, startY)-(oldX, oldY), , B
        Picture1.Line (startX, startY)-(X, Y), , B
        oldX = X: oldY = Y
    End If
End Sub
```

程序运行后，选择图片框 Picture1 中要复制的部分图片，单击“复制图片”命令按钮，被复制的图片就会显示到图片框 Picture2 中的相同位置上。运行结果如图 10.12 所示。

图 10.12　例 10.9 的运行结果

附录 A 常用 ASCII 码字符集

字符	ASCII 值（十进制）	ASCII 值（十六进制）	字符	ASCII 值（十进制）	ASCII 值（十六进制）	字符	ASCII 值（十进制）	ASCII 值（十六进制）
NUL	0	00	+	43	2B	V	86	56
SOH	1	01	,	44	2C	W	87	57
STX	2	02	-	45	2D	X	88	58
ETX	3	03	.	46	2E	Y	89	59
EOT	4	04	/	47	2F	Z	90	5A
ENQ	5	05	0	48	30	[	91	5B
ACK	6	06	1	49	31	\	92	5C
BEL	7	07	2	50	32	]	93	5D
BS	8	08	3	51	33	^	94	5E
HT	9	09	4	52	34	_	95	5F
LF	10	0A	5	53	35	`	96	60
VT	11	0B	6	54	36	a	97	61
FF	12	0C	7	55	37	b	98	62
CR	13	0D	8	56	38	c	99	63
SO	14	0E	9	57	39	d	100	64
SI	15	0F	:	58	3A	e	101	65
DLE	16	10	;	59	3B	f	102	66
DC1	17	11	<	60	3C	g	103	67
DC2	18	12	=	61	3D	h	104	68
DC3	19	13	>	62	3E	i	105	69
DC4	20	14	?	63	3F	j	106	6A
NAK	21	15	@	64	40	k	107	6B
SYN	22	16	A	65	41	l	108	6C
ETB	23	17	B	66	42	m	109	6D
CAN	24	18	C	67	43	n	110	6E
EM	25	19	D	68	44	o	111	6F
SUB	26	1A	E	69	45	p	112	70
ESC	27	1B	F	70	46	q	113	71
FS	28	1C	G	71	47	r	114	72
GS	29	1D	H	72	48	s	115	73
RS	30	1E	I	73	49	t	116	74
US	31	1F	J	74	4A	u	117	75
（空格）	32	20	K	75	4B	v	118	76
!	33	21	L	76	4C	w	119	77
"	34	22	M	77	4D	x	120	78
#	35	23	N	78	4E	y	121	79
$	36	24	O	79	4F	z	122	7A
%	37	25	P	80	50	{	123	7B
&	38	26	Q	81	51	|	124	7C
'	39	27	R	82	52	}	125	7D
(	40	28	S	83	53	~	126	7E
)	41	29	T	84	54	DEL	127	7F
*	42	2A	U	85	55			

注：前 32 个字符为控制字符，常用控制字符的含义如下。

NUL：空字符　BEL：响铃　BS：退格　HT：水平制表

LF：换行　VT：垂直制表　FF：换页　CR：回车

附录B 颜 色 代 码

（1）使用 RGB(r,g,b)函数设置颜色。RGB 函数中 r，g，b 分别代表红、绿、蓝 3 种颜色，其取值范围为 0～255。一些常见的标准颜色以及这些颜色中所含的红、绿、蓝 3 种颜色值如表 B.1 所示。

表 B.1 常见标准颜色的 RGB 值

颜色	红色值	绿色值	蓝色值
黑色	0	0	0
蓝色	0	0	255
绿色	0	255	0
青色	0	255	255
红色	255	0	0
洋红色	255	0	255
黄色	255	255	0
白色	255	255	255

示例：Form1.ForeColor= RGB(0,255,0)

（2）使用 QBColor(颜色参数)函数设置颜色。QBColor 函数中颜色参数取值范围为 0～15，如表 B.2 所示。

表 B.2 QBColor 函数的颜色参数

颜色参数	值	颜色参数	值
黑色	0	灰色	8
蓝色	1	亮蓝色	9
绿色	2	亮绿色	10
青色	3	亮青色	11
红色	4	亮红色	12
洋红色	5	亮洋红色	13
黄色	6	亮黄色	14
白色	7	亮白色	15

示例：Form1.ForeColor= QBColor(3)

（3）通过颜色常量设置颜色。颜色常量如表 B.3 所示。

表 B.3 常用的颜色常量

颜色常量	颜色	值
vbBlack	黑色	&H0
vbRed	红色	&HFF
vbGreen	绿色	&HFF00
vbYellow	黄色	&HFFFF
vbBlue	蓝色	&HFF0000
vbMagenta	洋红色	&HFF00FF
vbCyan	青色	&HFFFF00
vbWhite	白色	&HFFFFFF

示例：Form1.ForeColor= vbYellow

参 考 文 献

[1] 张彦玲，于志翔．Visual Basic 6.0 程序设计教程．北京：电子工业出版社，2009.

[2] 龚沛曾，杨志强，陆慰民．Visual Basic 程序设计教程．3 版．北京：高等教育出版社，2007.

[3] 邱李华，曹青，郭志强．Visual Basic 程序设计教程．3 版．北京：机械工业出版社，2011.

[4] 蒋加伏，张林峰．Visual Basic 程序设计教程．4 版．北京：北京邮电大学出版社，2009.

[5] 王贺明．Visual Basic 程序设计教程．北京：高等教育出版社，2009.

[6] 刘炳文．Visual Basic 程序设计教程．3 版．北京：清华大学出版社，2006.

[7] 邹晓．Visual Basic 程序设计教程．北京：机械工业出版社，2009.

[8] 于红光．Visual Basic 程序设计教程．上海：上海交通大学出版社，2006.

[9] 罗朝盛．Visual Basic 6.0 程序设计教程．3 版．北京：人民邮电出版社，2009.

[10] 林卓然．VB 语言程序设计．3 版．北京：电子工业出版社，2012.

[11] 刘瑞新．Visual Basic 程序设计教程．4 版．北京：机械工业出版社，2011.

[12] 王春红，杨秦建．Visual Basic 程序设计教程．北京：高等教育出版社，2012.

[13] 刘卫国．Visual Basic 程序设计教程．2 版．北京：北京邮电大学出版社，2009.

[14] 宋汉珍，王贺艳．Visual Basic 程序设计．北京：高等教育出版社，2012.

[15] 孙俏，董华松，朱丽萍．Visual Basic 程序设计．北京：中国铁道出版社，2005.

举报电话：（010）88254396；（010）88258888

传　　真：（010）88254397

E-mail:　　dbqq@phei.com.cn

通信地址：北京市海淀区万寿路 173 信箱

电子工业出版社总编办公室

邮　　编：100036